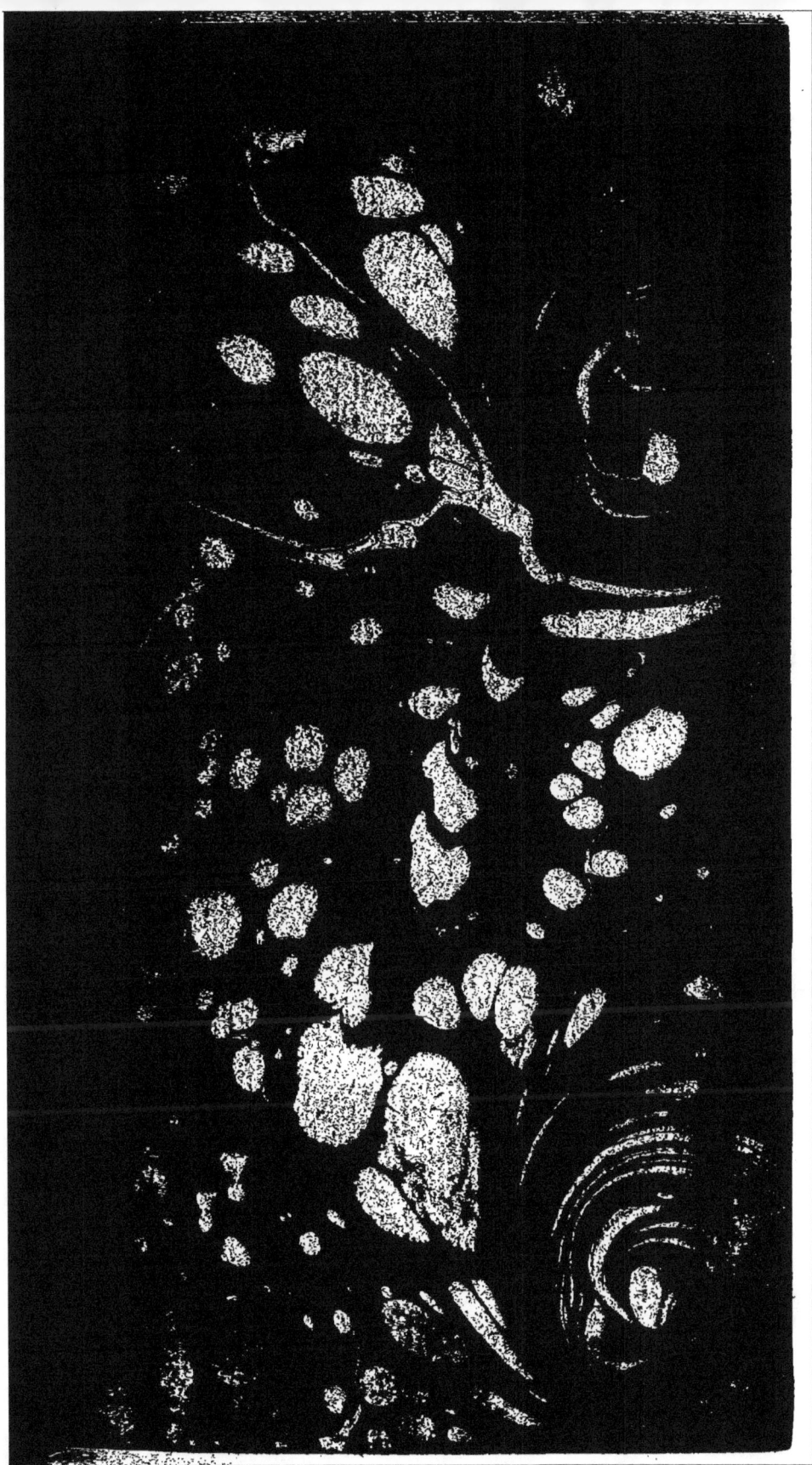

LEÇONS
DE PHYSIQUE
EXPÉRIMENTALE.

Par M. *l'Abbé* NOLLET, *de l'Académie Royale des Sciences, de la Société Royale de Londres, de l'Institut de Bologne, Maître de Physique de Monseigneur* LE DAUPHIN, *& Professeur Royal de Physique Expérimentale au College de Navarre.*

TOME CINQUIEME.
Seconde Edition.

A **PARIS,**

Chez HIPPOLYTE-LOUIS GUERIN, &
LOUIS-FRANÇOIS DELATOUR, rue
S. Jacques, à S. Thomas d'Aquin.

M. DCC. LVIII.

Avec Approbation & Privilege du Roy.

XXXXXXXXXXXXXXXXXX

AVERTISSEMENT.

CET Ouvrage ayant eu le bonheur de plaire au public, je me suis appliqué de plus en plus à le rendre digne de son suffrage. Je veille moi-même très-soigneusement à l'impression & à la réimpression des Volumes, pour les rendre corrects, & je n'épargne rien pour le papier, les desseins & la gravûre; mais je vois avec chagrin que ces attentions de ma part n'ont pas tout le succès que j'en attendois. Il se répand en France & dans les Pays Etrangers des exemplaires contrefaits qui fourmillent de fautes, & qui se ressentent, on ne peut pas plus, de la disette où l'on eſt en province de Correcteurs intelligens, exacts, & de Graveurs propres à ces ſortes d'Ouvrages. Je ſupplie donc les perſonnes qui auront fait emplette de ces mauvaiſes copies, de vouloir bien ne me point imputer les négligences, les obſcurités, les omiſſions, les contreſens qu'elles y trouveront; je déſavoue entiérement ces Editions furtives, & ne reconnois pour mon Ouvrage, que ce qui eſt contenu dans celles qui ſe font ſous mes yeux, à Paris, chez les ſieurs *Guerin* & *Delatour.*

Ces mêmes Libraires m'ont repréſenté que ce cinquiéme Tome de mes Leçons de Phyſique ayant 100 pages d'impreſſion, & 4 ou 5 planches en taille-douce, plus que les précédens, il ne leur étoit pas poſſible de le vendre au prix ordinaire, j'ai conſenti à une augmentation de 10 ſ. pour ce Volume ſeulement, & ſans tirer à conſéquence pour les autres ; de ſorte, qu'au lieu de 2 liv. 10 ſ. il ſe vendra 3 liv. en feuilles, & 3 liv. 2 ſ. 6 d. broché.

Extrait des Registres de l'Académie Royale des Sciences.

Du 15 Mars 1754.

M. DE REAUMUR & moi, qui avons été nommés, le 3 Août 1754, pour examiner *le cinquiéme Volume des Leçons de Physique Expérimentale* de M. l'Abbé Nollet, en ayant fait notre rapport, l'Académie a jugé cet Ouvrage digne de l'impression : en foi de quoi j'ai signé le présent Certificat. A Paris, ce 15 Mars 1755.

GRANDJEAN DE FOUCHY Sécrétaire perpétuel de l'Académie Royale des Sciences.

AVIS AU RELIEUR.

Les Planches doivent être placées de manière qu'en s'ouvrant elles puissent sortir entièrement du Livre, & se voir à droite dans l'ordre qui suit.

TOME CINQUIEME.

LEÇONS

LEÇONS
DE PHYSIQUE
EXPÉRIMENTALE.

****

XV. LEÇON.

Sur la Lumiére.

PLUS nous avançons dans l'étude de la nature, plus nous sommes frappés de la grandeur & du nombre des merveilles qui s'y rencontrent. Dans les deux derniéres Leçons nous avons vu comment tout subsiste & se conserve au milieu d'un élément capable de tout détruire, de tout consumer: nous avons vu le feu intimément mêlé avec toutes les autres substances matérielles sans que rien périsse par

XV.
LEÇON.

Tome V.   A

son action spontanée ; parce que cette action toujours trop foible d'elle-même & comme assoupie , ne peut être excitée ou augmentée que par certains moyens dont l'homme, est seul dépositaire parmi tant d'êtres animés qui en ressentent comme lui les effets. Présentement, il s'agit d'un fluide , qui nous faisant passer dans un clin d'œil des plus épaisses ténébres à cet état inexprimable qu'on nomme clarté , nous donne presque une autre existence , nous fait sortir, pour ainsi dire , hors de nous-mêmes, pour aller au-devant des objets les plus éloignés , & pour entrer en commerce avec eux. La *lumiére* qui nous procure ces grands avantages nous rend encore capables de diriger nos mouvemens avec sûreté, & de mettre dans nos actions l'ordre & la mesure qui leur conviennent : elle donne la couleur & l'éclat à toutes les productions de la nature & de l'art ; elle multiplie l'univers en le peignant dans les yeux de tout ce qui respire.

Cet être admirable & presque incompréhensible que les anciens ont regardé comme un accident de la matiére, & que quelques auteurs très-distingués de ces derniers temps ont voulu mettre dans une claſſe moyenne au-deſſus des corps, n'oſant pas ſans doute l'élever juſqu'au rang des eſprits, cet être, dis-je, ſi difficile à ſaiſir & à dévoiler quand il s'agit de ſa nature & de ſa propagation, ſe ſoumet aſſez aiſément au calcul, aux meſures, à l'expérience, lorſqu'on s'en tient à examiner ceux de ſes mouvemens qui ont un rapport plus direct & plus prochain avec nos ſens. Si nous ſommes donc obligés de nous arrêter à des hypothèſes & à des raiſonnemens ſeulement plauſibles, pour ſatisfaire à des queſtions de pure curioſité, nous pouvons dire que dans celles dont la ſolution nous intéreſſe davantage, nous avons à offrir des connoiſſances plus certaines & mieux établies.

Pour ſuivre les unes & les autres avec ordre, examinons d'abord ce que c'eſt que la lumiére, où elle réſide, & comment elle ſe répand de ſa ſource dans l'eſpace qu'elle éclaire.

A ij

Considérons en second lieu les directions qu'elle affecte de suivre dans ses mouvemens, ce qui peut l'en faire changer, & les routes qu'elle prend quand elle en change.

Essayons ensuite de la décomposer, & voyons quelles sont les propriétés de ses parties séparées les unes des autres.

Enfin, parcourons les principaux effets de la lumiére, tant simple que composée, relativement à l'organe de la vûe & aux instrumens qui aident ou qui augmentent la vision.

I. SECTION.

De la nature & de la propagation de la Lumiére.

J'Entens par le mot de *lumiére* le moyen dont la nature a coutume de se servir pour affecter l'œil de cette impression vive & presque toujours agréable qu'on appelle *clarté*, & pour nous faire appercevoir la grandeur, la figure, la couleur, la situation des objets qui sont hors de nous-mêmes à une diſtance convenable. Ce moyen, quel qu'il ſoit, eſt un être diſtingué du corps viſible & de l'organe ; il réſide comme interméde entre l'un & l'autre, & il occupe par lui-même & par ſon action l'intervalle qui les ſépare : ſans cela il me paroît impoſſible de comprendre comment un corps peut agir ſur un autre corps.

Mais cet agent qui tranſmet à l'œil l'action du corps lumineux ou illuminé doit être lui-même quelque choſe de matériel ; autrement comment pourroit-il recevoir & communiquer une modification qui ne peut convenir qu'à la matiére ? comment pourroit-il être touché ou agité phyſiquement par l'objet viſible & toucher de même l'organe ſur lequel il ſe fait ſentir ? Cette réflexion ſeule devroit ſuffire pour nous faire comprendre que la lumiére eſt l'effet d'une matiére en mouvement ; mais cette vérité ſe montre d'ailleurs par tant d'endroits, qu'il eſt impoſſible de la révoquer en doute, pour peu qu'on raiſonne ſuivant les principes les plus généralement reçus en phyſique. Pourquoi, par exemple, ne peut-on pas regarder

A iij

le foleil en face ? Par quelle raifon les gens qui ont la vue tendre ne voyagent-ils qu'avec peine ayant les yeux ouverts fur la neige ou fur un terrein blanc ? D'où vient qu'une perfonne accoutumée à dormir dans une chambre bien obfcure, s'éveille plutôt que de coutume, fi l'on a oublié de fermer les volets de fes fenêtres ? Tous ces effets ne prouvent-ils pas que la lumiére nous touche, nous incommode, nous bleffe même, quand fes impreffions fe font mal-à-propos, ou qu'elles font trop fortes ; & quelle autre fubftance qu'une matiére, peut fe faire fentir ainfi fur nos corps ? D'ailleurs nous fommes les maîtres d'augmenter, de diminuer, de renfermer la lumiére dans un efpace ; tous les jours il nous arrive de mefurer fes mouvements, de la détourner, de lui oppofer des obftacles : nous ne pourrions pas en ufer ainfi avec un être immatériel, parce qu'il feroit infaififfable à nos fens & à nos efforts.

Nous conviendrons donc avec tous les phyficiens de nos jours, que ce qui répand la clarté dans un lieu, ce qui rend vifibles les objets qu'on y

apperçoit, est une vraie matiére, dont
l'action peut être plus ou moins forte
suivant les circonstances. Mais quelle
est cette matiére, & comment se trou-
ve-t-elle dans le lieu où elle se fait
sentir ? c'est une autre question sur laquelle les sentimens sont partagés.

Selon la pensée de Descartes & de
ceux qui suivent exactement sa doctrine, la matiére propre de la lumiére
est un fluide immense, dont les parties
plus petites qu'on ne le peut dire & ar-
rondies en forme de globules, remplissent uniformement & sans interruption toute la sphére de notre univers : le soleil qui en occupe le centre, les étoiles fixes qui en font comme les limites, & tous les corps qui
s'enflamment, sur la terre & ailleurs,
animent cette matiére par un mouvement qui ne la transporte pas d'un
lieu dans un autre, mais qui l'agite par
une espéce de trémoussement en quelque façon semblable à celui qui fait
le son dans l'air ; de sorte que l'astre
ou le corps flamboyant devient par-là
le centre d'une sphére lumineuse à
peu près de même qu'une cloche, ou
tout autre corps sonore qu'on met

en action, fait refonner au loin & de toutes parts la maffe d'air au milieu de laquelle il eft placé.

Quand on attribue, comme Defcartes, aux parties de cet élement qui porte la lumiére, ou dont l'action eft la lumiére même, une contiguité parfaite & une inflexibilité à toute épreuve, on fe met en droit de dire avec lui, qu'il ne faut qu'un inftant indivifible pour tranfmettre l'impulfion du corps lumineux à la plus grande diftance : une file de ces globules, auffi longue qu'elle puiffe être, étant preffée par un bout, doit agir en même temps par l'autre comme une tringle de fer ou de bois tranfmet fans aucun retardement fenfible le coup de marteau qu'on imprime à l'une de fes extrêmités, ou comme on voit le choc d'une boule d'ivoire paffer fubitement par un grand nombre de boules femblables qui fe touchent ayant leurs centres dans la même ligne : & cette prétention répond fort bien au mouvement de la lumiére qui paroît inftantanée, parce que nous lui voyons parcourir fur la terre des efpaces confidérables

dans des tems fi courts que nous
avons prefque renoncé à l'efpérance
& au deffein de les mefurer.

Telle a été l'opinion de Defcartes
fur la nature de la lumiére, & fur fa
maniére de fe répandre : opinion qui
a dû fouffrir quelques changemens ;
parce qu'on a fait depuis certaines
découvertes qui l'exigeoient, mais
dont le fonds qui peut fubfifter, me
femble fi naturel, fi plaufible, fi commode pour rendre raifon des phénoménes, que je ne crains pas de dire,
qu'elle eût été l'opinion de tout le
monde, fi des intérêts particuliers n'y
euffent mis empêchement. Newton
lui-même l'auroit peut-être adoptée, fi un milieu réfiftant dans la
vafte étendue des cieux lui eût paru
compatible avec le fyftême des attractions, ou s'il eût ofé dire bien
ouvertement que la lumiére eft un
être incapable de réfiftance.

Suivant le fentiment de ce grand
homme (*a*) & de ceux qui font

_____

(*a*) C'eft auffi l'opinion de Gaffendi & de quelques autres philofophes modernes qui ont précédé Newton, & qui ont fuivi en cela les idées
de Démocrite & d'Epicure.

attachés à fes principes, la lumiére eft une émanation réelle du corps lumineux : le foleil lance continuellement autour de lui des rayons de fa propre fubftance, qui s'étendent jufqu'aux extrêmités de la fphére du monde, & ces rayons font compofés de parties qui fe fuccedent & fe renouvellent perpétuellement dans le même lieu avec toute la vîteffe que nous fait appercevoir la propagation de la lumiére : chaque étoile fixe en envoye de même dans toutes les directions imaginables, & par une fuite néceffaire de cette hypothèfe, le flambeau qu'on allume pendant la nuit au milieu d'une grande plaine, n'y devient vifible qu'en rempliffant à chaque inftant de fes écoulements lumineux un efpace hémifphérique qui peut avoir plus de deux lieues de diamétre.

Ainfi, felon ce dernier fyftême, la lumiére, ou ce qui nous fait voir les objets, eft tantôt une fubftance célefte qui part des aftres, tantôt une matiére terreftre que l'inflammation développe ; mais de quelque fource qu'elle vienne, elle coule avec une rapidité dont rien n'approche, & fes parties fe divifent, fe raréfient, s'étendent au point de former des volumes qui tiennent du prodige, eu égard au petit efpace qui les contenoit auparavant, & au peu de tems qu'il faut pour leur faire prendre une fi grande étendue.

S'il faut prendre un parti entre ces deux opinions, j'avoue franchement que la vraifemblance me détermine pour la premiére. Elle a pourtant fes difficultés que je ne diffimulerai pas ; & je n'y veux foufcrire qu'avec les reftrictions & les changemens que les obfervations & l'expérience y ont fait faire, & que Defcartes lui-même n'eût pas manqué d'y introduire conformément à fa méthode, s'il eût affez vécu pour en voir la néceffité. Mais avec ces conditions il me femble qu'on eft bien plus à fon aife pour concevoir l'origine, la propagation & les effets de la lumiére, qu'en fuppofant des émiffions effectives, continuelles & oppofées entr'elles: ce qui met dans la néceffité d'imaginer les accidents les plus bifares, pour prévenir ou réparer l'épuifement des aftres, des principes que la faine phyfique défa-

voue, pour concilier des mouvements
contraires qui devroient se détruire
réciproquement, ou perdre leurs premiéres directions, des modes ou maniéres d'être dans la matiére, aussi
nouveaux qu'incompréhensibles, pour
se débarrasser d'une surabondance de
rayons qui devroient avoir comblé
toutes les planetes depuis le tems
qu'elles y sont exposées, & pour tâcher de trouver le vuide dans l'espace
des cieux, par où les Newtoniens
mêmes ne peuvent se dispenser de
faire passer tous ces torrents de lumiére.

Je trouve donc que l'on fait moins
de violence aux idées établies, &
qu'on se rend plus intelligible, en
disant avec Descartes : » Les objets
» visibles, ainsi que les yeux, par les-
» quels ils doivent être apperçus, sont
» toujours plongés dans un fluide qui
» s'étend sans interruption des uns
» aux autres : cette matiére intermé-
» diaire est susceptible d'une espéce de
» mouvement qui lui est propre, & qui
» ne peut être senti qu'au fond de
» l'œil, de même qu'il ne peut être
» excité que par des corps flamboyans

oucomme tels. Dès qu'elle est agi- «
tée de cette manière, l'organe pla- «
cé en quelque endroit que ce soit de «
la sphère d'activité, ne manque pas «
d'en être affecté, & à cette occasion «
l'ame apperçoit & juge à une certai- «
ne distance & dans la direction du «
mouvement qui a fait impression, «
l'objet qui en est la cause. »

Si l'on a peine à croire que les choses puissent se passer ainsi, on pourra se le persuader en réfléchissant sur l'usage d'un autre sens, destiné comme la vûe à nous faire connoître les objets qui sont hors de nous. Comment entendons-nous la voix d'un homme qui nous parle de loin pendant la nuit? Est-ce par des portions d'air rendues sonores dans sa bouche, & qui traversent ensuite tout l'espace qui est entre cet homme & nous, pour venir frapper nos oreilles? On sçait bien que cela ne se fait point ainsi; on sçait qu'une même masse d'air d'une très-grande étendue reçoit sans se déplacer l'action ou le trémoussement du corps sonore dans toutes ses parties, & que toute oreille saine qui s'y trouve plongée participe au son

que ce fluide tranſmet par la contiguité de ſes molécules. Cet exemple,
que perſonne ne révoque en doute, ne
ſuffit-il pas pour nous porter à croire
que le corps lumineux, de même que
le corps ſonore, fait paſſer ſon action
à l'organe par un fluide qui lui ſert de
véhicule ?

Mais quel eſt ce fluide ſubtil, qui
peut ainſi, en tout tems & en tout
lieu, nous faire paſſer en un inſtant
des ténébres les plus épaiſſes à la plus
brillante clarté ?

Les effets du feu portés juſqu'à l'inflammation, le font briller à nos
yeux, & la clarté qu'il répand s'é-
tend beaucoup au-delà de l'eſpace
où il fait naître la chaleur : d'un autre côté les rayons du ſoleil qui ſont
comme la ſource principale de la lumiére qui éclaire notre globe, échauf-
fent & enflamment tout ce qu'on y
expoſe, lorſque leur action eſt augmentée par le moyen des miroirs, ou
autrement. Si la lumiére brûle & que
le feu éclaire, n'eſt-il pas raiſonnable
de penſer qu'un ſeul & même élement
produit ces deux effets ; & que ſi l'un
ſe voit ſans l'autre, c'eſt que tous

deux ne dépendent pas des mêmes circonſtances, quoiqu'ils aient un feul & même principe? Cette penſée s'accorde bien avec la ſimplicité & l'œconomie qu'on voit régner dans toutes les opérations de la nature ; on peut l'admettre au moins comme une hypothèſe très-vrai-ſemblable, quoiqu'elle déroge à celle de Deſcartes qui faiſoit dépendre la lumiére & la chaleur de deux éléments différents.

Si l'on ſe détermine bien à croire que la matiére du feu eſt préſente dans preſque toutes les ſubſtances qui appartiennent à la terre, parce qu'on les voit s'échauffer ſenſiblement, & même s'embraſer par des chocs & des frottemens extérieurs, ou par des mouvemens inteſtins qu'on y excite, comme je l'ai fait voir dans la 13e. Leçon, on peut ſe perſuader auſſi par quantités d'exemples tirés des trois regnes de la nature, que la lumiére eſt également préſente partout, au-dedans comme au dehors des corps, & qu'il ne lui manque, pour ſe rendre ſenſible à nos yeux, qu'un certain mouvement & un milieu propre à le tranſmettre. Pluſieurs de ces exem-

ples font voir à quiconque n'a point
de préjugé contraire, que ce qui brille à la furface d'un corps, peut auffi
faire naître & entretenir de la chaleur
au-dedans, fi quelque circonftance de
plus occafionne ou favorife cet effet.
Ceci peut fe prouver par les expériences fuivantes.

I. EXPÉRIENCE.

PREPARATION.

Il faut écrire de grands caractères
fur un carton noir avec un bâton de
ce phofphore dont il eft fait mention
dans la 4ᵉ Exp. de la 13ᵉ Leçon, * &
porter enfuite ce carton dans un lieu
bien obfcùr.

* Tom. 4.
p. 229. &
fuiv.

EFFETS.

Les caractères paroiffent très-lumi-
neux : s'il fait chaud, leur lumiére eft
plus vive, mais elle fe diffipe plus
promptement ; elle dure davantage
& fouffre quelques intermittences
quand il fait froid ou humide : on la
fait difparoître entiérement en fouf-
flant brufquement deffus avec la bouche

che ou avec un foufflet : après quoi
elle fe ranime d'elle-même ; le frottement la fait briller avec plus de force ; & fi c'eft avec le doigt que l'on
continue de frotter, cette lumiére devient un feu fenfible qui peut brûler la
peau & caufer une douleur affez vive ;
pendant tout le tems que dure cette
lumiére, il s'éleve continuellement aux
endroits où les caractères font mar-
qués, une vapeur blanchâtre qui a
toute l'odeur du phofphore.

E X P L I C A T I O N.

Les caractères formés avec le phofphore fur le carton doivent être
confidérés comme une légere couche de cette matiére que le frottement a détachée de la petite maffe
qui a la forme d'un crayon. La même
caufe en détachant ainfi les parties du
phofphore , a mis en action le feu
élémentaire qu'elles renferment naturellement ; & comme elles font toutes prêtes à céder à cette action dès
qu'elles font étendues & comme ifo-
lées fur une furface qui n'eft couverte
que d'air, elles fe défuniffent, fe dif-
fipent & laiffent à découvert la petite

Tome V.   B

portion de feu qu'elles renfermoient entr'elles.

Ce font ces parties propres (*a*) du phofphore qu'on voit s'exhaler en une fumée blanche, lorfque cette petite explofion eft paffée. Si le vent les diffipe auparavant, l'éclat de lumiére qu'elles devoient produire n'a pas lieu, les caractères ceffent d'être lumineux jufqu'à ce que de nouvelles parties, cédant d'elles-mêmes au feu intérieur qui les anime, ne quittent que par cette caufe le carton fur lequel elles tiennent.

Ce qui prouve bien, felon moi, que cette diffipation des parties du phofphore eft caufée par une force interne & non par l'action du fluide ambiant, c'eft qu'elle eft plus prompte & plus grande dans le vuide que dans l'air libre : je l'ai expérimenté plufieurs fois en coupant en deux parties égales

(*a*) J'entends ici par les parties propres du phofphore, les autres fubftances avec lefquelles la matiére du feu eft unie ; je ne fais cette diftinction que pour m'expliquer plus commodément : à parler exactement le feu élémentaire eft une des parties propres du phofphore ; fans lui, les autres principes compofants ne feroient jamais phofphore.

une carte fur laquelle j'avois tracé des
lignes avec du phofphore, & en mettant l'un des deux morceaux dans un
récipient de machine pneumatique où
l'air étoit extrêmement raréfié, tandis que l'autre reftoit fur une table
dans la même chambre : fi celui-ci
continuoit de luire pendant 25 minutes, il s'en falloit au moins de 5 ou 6
que la lumiére du premier ne durât
autant ; mais elle étoit toujours bien
plus vive.

La chaleur doit occafionner le même effet que le vuide, comme je m'en
fuis afsûré auffi par l'expérience : la
fuppreffion du poids de l'atmofphére
ou de fa preffion eft un obftacle de
moins ; les parties du phofphore étendues fur le carton en font plus libres
de fe défunir en cédant à la force ex-
panfive qui les follicite à le faire :
quelques degrés de chaleur de plus
dans le lieu où fe fait l'expérience
ajoutent une nouvelle activité au feu
interne qui tend à fe faire jour , & de
l'une ou de l'autre maniére la lumiére
des caractères doit paroître plus vive
& fe diffiper plus promptement.

Le frottement fait encore plus ; il

B ij

irrite non-feulement le feu des parties les plus fuperficielles, les plus promptes à vaincre l'adhérence qui les retient fur le carton; mais il fait la même chofe pour celles qui font plus enfoncées, qui font couvertes & qui tiennent davantage: d'où il réfulte une chaleur fenfible, quand la couche de phofphore qui forme les caractères eft un peu épaiffe; non-feulement parce qu'il y a plus de feu en mouvement, mais parce que ce mouvement devient d'autant plus violent, que le feu élémentaire qui le reçoit fe trouve engagé dans des obftacles plus difficiles à furmonter, comme je l'ai fait remarquer dans les deux derniéres Leçons.

Ainfi nous pouvons dire que l'élément du feu qui fe dégage par lui-même & fans être excité, de la matiére propre du phofphore, n'a point ordinairement de chaleur fenfible,à caufe du peu d'effort qu'il a à faire pour rompre & diffiper fon enveloppe; mais cette foible action qui n'a point d'effet fenfible fur les autres corps, en a beaucoup encore, quand cet élément ne trouve à heurter que des parties de

ſon eſpéce, très-ſuſceptibles ſans doute de cette ſorte de mouvement dont
il eſt lui-même animé. Il n'eſt pas ſi-
tôt libre qu'il agite à ſa maniére, &
juſqu'à une certaine diſtance, la matiére de la lumiére qui remplit l'eſpace
où il éclate : & comme cette matiére
pénétre ſans interruption juſqu'au
fond de nos yeux, ces organes à qui la
nature a donné le dégré de ſenſibilité
proportionné à tel effet, en reçoivent
l'impreſſion autant de tems, & dans le
même ordre ſuivant lequel ces petites
portions de feu brillent à la ſurface
du carton.

II. EXPÉRIENCE.

PRÉPARATION.

On trouve dans pluſieurs endroits
de l'Italie, & principalement auprès
de Bologne, une pierre qui eſt aſſez
communément de la groſſeur d'un
œuf de poule, d'une figure irréguliérement arrondie, de couleur griſe &
d'une nature talqueuſe. Cette pierre,
ou quelqu'autre de celles qu'on y
peut ſubſtituer, (a) ayant été calci-

(a) Je m'abſtiens encore ici, comme je l'aî

née au feu de charbon, & gardée dans une boîte garnie de coton ou de flanelle, s'expose pendant quelques minutes à l'air libre & au grand jour, mais plutôt à l'ombre qu'au soleil, après quoi on la retire pour être vue dans un lieu fermé & sans lumière ; & afin que l'expérience réussisse mieux, il est à propos que ceux qui la doivent considérer ayent eu pendant quelque tems les yeux fermés, ou qu'ils ayent resté pendant quelques minutes dans l'obscurité.

EFFETS.

La pierre portée du grand jour dans l'obscurité paroît lumineuse comme un morceau de fer rougi au feu qui

déja fait dans plusieurs endroits de cet ouvrage, de rapporter en détail les différentes préparations de la pierre de Bologne, & d'indiquer les autres espéces de pierres qu'on peut rendre lumineuses comme elle par la calcination ; en attendant l'ouvrage dans lequel je me propose d'enseigner tous les procédés, que je suis obligé de supprimer ici pour ne point m'écarter par de trop longues digressions, si l'on veut s'instruire de tout ce qui convient pour répéter cette expérience, on pourra consulter le cours de Chymie de Lemery, p. 828. & les Mém. de l'Acad. des Sciences, de 1730. p. 524.

commence à s'éteindre : cette lumiére dure pendant quelques minutes
en s'affoiblissant toujours de plus en
plus, après quoi elle disparoît entiérement.

XV.
Leçon.

La pierre de Bologne & toutes
celles qui en ont les propriétés ne
montrent aucun degré de chaleur
sensible lorsqu'elles deviennent lumineuses ; quand on les a exposées aux
rayons du soleil, ou à l'ardeur du feu
pour les échauffer, la lumiére qu'elles y prennent est ordinairement
moins forte que celle qu'elles reçoivent à la simple clarté du jour.

Quand ces pierres ont servi un
grand nombre de fois, ou qu'elles ont
été gardées longtems à découvert
dans un lieu éclairé, elles perdent
peu à peu leur qualité ; mais on peut
la leur rendre par une nouvelle calcination.

Enfin, ces pierres nouvellement
préparées, & lorsqu'elles sont en état
de servir aux expériences, ont une
odeur comme sulphureuse qu'on ne
leur trouve pas quand on les tire de
la terre.

EXPLICATION.

L'odeur que prend la pierre de Bologne en paſſant au feu fait aſſez connoître que ſes ſoufres naturels ont été dégagés de la partie terreſtre & des autres principes au point de pouvoir paſſer aiſément du dedans au dehors : ces ſoufres ſubtiliſés contiennent comme tout le reſte des parcelles de feu , mais avec cette différence , qu'étant très-diſpoſés à obéir à la force expanſive de cet élement, leur inflammation ne tient preſque à rien ; la lumiére ſeule du jour le plus foible eſt un feu ſuffiſant pour les allumer.

On peut donc conſidérer cette lumiére rougeâtre dont on voit luire la pierre de Bologne , comme une flamme très-légere qui brille dans les pores de cette matiére calcinée & à travers les parties terreſtres qui n'ont qu'une tranſparence imparfaite. Une flamme auſſi légere ne peut cauſer de chaleur ſenſible ; c'eſt un feu qui éclate preſque ſans réſiſtance. Elle s'éteint après quelques minutes, parce que les parties enflammées ſe ſont diſſipées , & parce que ce feu n'a point la force
de

de se communiquer à celles qui sont
plus profondément engagées dans la
masse.

Bien loin de rendre la pierre plus
lumineuse en l'exposant aux rayons
du soleil ou à l'ardeur d'un grand feu,
il semble au contraire qu'on diminue
par-là l'éclat de sa lumiére : apparemment, parce qu'il se fait alors une trop
prompte & trop grande dissipation
des parties inflammables de la superficie ; ou peut-être que l'agitation
causée aux parties les plus grossiéres
de la pierre qui devient chaude, fait
obstacle à la régularité du mouvement
qui convient à la lumiére.

C'est peut-être aussi par une dissipation plus lente de ces parties inflammables de la superficie, que la
pierre perd sa qualité avec le tems :
on peut au moins le supposer, puisqu'elle se conserve plus long-tems
étant enfermée dans du coton, comme si, lorsqu'on l'enveloppe de cette
maniére & qu'on la tient hors du jour,
on lui épargnoit une inflammation qui
dissipe ce qui la fait luire; & puisqu'elle
se rétablit par une nouvelle calcination, comme si l'action du feu faisoit

Tome V. C

remonter de nouveaux foufres à la fuperficie.

III. EXPERIENCE.

PREPARATION.

Prenez une ferviette de linge uni, blanche de leffive, paffablement fine, & qui foit bien feche : préfentez-la au feu jufqu'à ce qu'elle foit fort chaude, & portez-la promptement dans un lieu obfcur pour la fecouer en paffant la main brufquement deffus, ou en la faifant gliffer entre les doigts : un tems fec & frais eft plus propre pour cette expérience que celui qui feroit humide & chaud.

EFFETS.

On voit petiller comme des étincelles de feu fur la ferviette, & l'on remarque des taches & des traînées de lumiére adhérentes aux endroits qui font frottés avec force entre les doigts ou avec le plat de la main.

EXPLICATION.

Le linge, ainfi que les autres corps, contient dans fes parties cet élément

par le moyen duquel les objets deviennent lumineux ou viſibles. Cette
matiére retenue & enveloppée par les
parties propres du linge a beſoin d'être
excitée pour ſe faire jour, & paroître
au-dehors : la chaleur la diſpoſe à cet
effet, & le frottement fait le reſte.

On peut dire auſſi que la ſerviette
expoſée au feu de fort près, a reçu des
parties ignées encore engagées dans
la matiére combuſtible avec laquelle
elles ſe ſont échappées du foyer, &
auſquelles il ne manque pour éclater
que quelques dégrés d'activité de plus,
que les ſecouſſes & le frottement de
la main leur fait prendre.

Quoi qu'il en ſoit, il y a tout lieu
de croire que cette lumiére qui paroît
par étincelles ou par traînée ſur le
linge, n'eſt autre choſe que du feu,
puiſque la chaleur la diſpoſe à luire,
& qu'elle s'excite, comme le feu, par
le frottement des parties qui la contiennent; mais c'eſt un feu qui réſide
dans les pores les plus ouverts & à la
ſurface du linge, & qui s'allumant
avec une très-grande facilité, ſe diſ-
ſipe auſſi ſans rien brûler, ſans produire aucune chaleur ſenſible.

C ij

APPLICATIONS.

Les corps qui luisent dans l'obscurité, sans qu'on les allume par le moyen d'un feu étranger, se nomment *phosphores*, c'est-à-dire, *porte-lumière*. On n'en connoissoit autrefois qu'un très-petit nombre ; mais depuis un siécle sur-tout, qu'on s'est mis à cultiver la physique par la voie de l'observation & de l'expérience, ces merveilles se sont rencontrées si souvent & se font tellement multipliées, qu'il faudroit à présent faire un volume assez ample pour les comprendre toutes. Je dois m'abstenir d'un détail qui m'écarteroit trop de mon objet principal ; mais je ne puis me dispenser de rapporter ici, par forme d'extrait, ce qu'il y a de plus curieux à sçavoir en ce genre, d'autant mieux, que rien n'est plus propre à montrer ce que j'ai maintenant en vue, je veux dire, la présence de la matiére de la lumiére dans tous les corps, dans tous les espaces, & son identité avec celle que nous avons nommée ci-devant *feu élémentaire* ; car il est peu de ces phosphores à qui l'on ne puisse appliquer, d'une maniére assez plausible , si je ne me trompe , quelqu'une des explications dont je viens de faire usage, pour rendre raison des trois expériences précédentes.

On peut distinguer en général deux sortes de phosphores, les uns que nous nommerons *naturels*, parce qu'ils luisent d'une lumière spontanée, sans préparation, ou au moins par des dispositions qu'ils acquèrent d'eux-mêmes : les autres que nous appellerons *artificiels*, parce qu'ils ne deviennent phosphores que par des moyens inventés par l'art : on trouve des uns & des autres dans les trois regnes qu'embrasse l'Histoire Naturelle.

Tout le monde connoît ici cet insecte rampant qui brille pendant la nuit dans les campagnes , & qu'on nomme pour cela *ver-luisant*. Ce petit animal qui semble éclairer les pas du voyageur, est la femelle d'un scarabée (*a*) de couleur brune qui a des aîles, & à qui cette lumière (qu'il n'a presque pas lui-même) fait appercevoir de

(*a*) On appelle *scarabées*, en général, ces insectes volans, dont les aîles se renferment sous des foureaux écailleux : le hanneton, par exemple , est un scarabée.

loin le sujet auquel il doit se joindre pour perpétuer son espéce. Le ver n'est point lumineux dans tout son corps; il ne l'est que par le dessous du ventre, dont la peau est transparente: la lumiére qu'il répand appartient à une matiére fluide qu'il a dans les intestins, & qui luit encore pendant quelques minutes après qu'on l'a fait sortir en pressant la partie qui la contient. Il semble cependant qu'il est au pouvoir de l'animal de la laisser luire ou de l'éteindre pour un tems; car il ne brille pas toujours avec le même éclat, & quelquefois il ne brille pas du tout: ce qui me fait croire que cette espéce de phosphore qui fait partie de l'animal, & qui semble être soumis à sa volonté, est une matiére dans laquelle l'élément du feu n'est que très-légérement engagé; de sorte qu'il s'anime avec facilité au point qu'il faut pour allumer seulement une matiére toute semblable qui réside au dehors.

Je pense la même chose d'une infinité d'autres animaux qui ont cette singuliére propriété de luire dans les ténébres; car on en trouve par-tout,

& l'on pourroit dire que chaque élément habitable a les siens. Dans les pays septentrionaux de l'Europe, & même au centre de la France, il n'y a que de ceux qui rampent sur la terre ; mais en Espagne, en Italie, en Sicile, & même dans quelques-unes de nos provinces méridionales, pendant les nuits d'été, l'on voit étinceller l'air de toutes parts. Ce spectacle, qu'un étranger ne se lasse point d'admirer, vient d'un petit scarabée (*a*) assez semblable au mâle de notre ver-luisant dont j'ai fait mention ci-dessus. Cet insecte se multiplie prodigieusement dans certaines années : sa lumiére qui part du ventre est continue & si forte, que deux ou trois de ces petits animaux que j'avois renfermé dans un tube de verre, me faisoient voir distinctement tous les objets de ma chambre pendant la nuit la plus noire. Cette lumiére devient encore plus vive & augmente, comme par élancement, lorsque l'animal vole, ou qu'on l'agite. Valisnieri avoit cela, sans doute, en vue, lorsqu'il disoit que les insectes lumineux de son pays imitoient

(*a*) On le nomme en Italie *Lucciola.*

C iv

assez bien les étoiles du Ciel, tant par l'éclat, que par la figure de leur lumiére (*a*).

Ce que j'ai fait par forme d'expérience avec les scarabées lumineux d'Italie, les paysans le font par usage, & pour leur commodité, dans les Antilles & dans plusieurs endroits des Indes, avec un autre insecte beaucoup plus gros, & qui jette une lumière bien plus grande & plus durable. C'est une espéce de mouche fort grosse que Mlle Merian a décrite parmi les insectes de Surinam & sur laquelle M. de Reaumur (*b*) a fait de nouvelles remarques. Les habitans du pays s'en éclairent, dit le P. du Tertre (*c*), tant pour aller & venir, que pour travailler pendant la nuit ; le même animal dure environ 15 jours, après quoi on le renouvelle.

La mer posséde aussi de semblables merveilles : on voit briller de ces feux vivans jusques dans le sein des eaux. Sans parler des dails, ni de quelques

(*a*) *Non mancandovi luminosi viventi, delle vere stelle nella figura è nella luce gentilissimi emulatori.* Raccolta di varie osserv. p. 217.

(*b*) Hist. des Insectes, Tom. V. p. 192.
(*c*) Dans son Hist. gen. des Antilles.

autres coquillages admis depuis long-
tems au rang des phofphores, je puis
dire, pour l'avoir obfervé moi-même depuis peu, que pendant l'été, les
bords de l'Adriatique & de la Médi-
terranée fourmillent de petits animaux moins gros que des têtes d'é-
pingles, & qui étincellent d'une maniére admirable : on en voit fur-tout
une très-grande quantité dans les
lagunes de Venife, aux endroits où il
y a de la mouffe ou de cette herbe
qu'on nomme *algue marine*. C'eft-là
que j'en fis la découverte en 1749,
après avoir cherché avec beaucoup
d'empreffement & d'affiduité, quelle
pouvoit être la caufe de tous ces feux
que je voyois pétiller le foir fous les
coups de rames, à la rencontre des
gondoles, & le long des murs battus
par les flots. J'avois été prévenu,
comme je l'ai appris depuis par M.
Vianelli, Docteur en Médecine, établi à Chioggia. On peut voir dans
une brochure (*a*) qu'il fit imprimer

(a) *Nuove fcoperte intorno le luci notturne
dell'aqua marina, &c.* in Venezia 1749. En
lifant l'avant-propos de cet ouvrage, p. 10. on
pourroit croire que c'eft fur le recit que l'on

à Venife , quelques mois après mon départ, & qui m'a été envoyée depuis mon retour en France, on peut voir, dis-je, la figure de cet infecte que je crois être du genre des fcolopendres, quoiqu'à dire vrai, ne l'ayant pu voir qu'avec une loupe ; & n'ayant point eu toutes les commodités néceffaires pour le bien examiner, je ne puis afsûrer que j'aie vu tout ce que repréfente le deffein de M. Vianelli.

m'a fait de la découverte de M. Vianelli, que j'ai reconnu que la lumiére nocturne des eaux de Venife étoit caufée par des infectes ; mais il eft exactement vrai que ce récit ne me fut fait qu'après mon obfervation, dans la maifon de S. E. Mr. Angelo Quirini, & en préfence de huit ou dix perfonnes, qui ne me refuferoient pas leur témoignage fi j'en avois befoin. Je fuis perfuadé que M. Vianelli m'auroit épargné le foin de mettre ici cette note , s'il avoit fçu comment les chofes s'étoient paffées ; & je m'en ferois difpenfé moi-même, fi je n'avois d'autre intérêt que de me conferver la part que je puis avoir à la découverte en queftion : mais j'ai fort à cœur que l'on ne croye pas que j'aie voulu me l'approprier, comme on auroit raifon de le penfer, s'il étoit vrai que j'en euffe été inftruit avant que d'obferver les infectes lumineux, & fi, lorfque j'ai fait mention de ma découverte, je n'avois rendu fur cela toute la juftice qui eft due à M. Vianelli. Voyez les Mém. de l'Acad. des Sciences, 1750. p. 59.

Non-feulement on voit luire quantité d'animaux à qui la nature accorde
cette propriété pour tout le tems
qu'ils ont à vivre, comme on l'a vu
par les exemples que je viens de citer ; mais il femble que ceux-là mêmes qui ne jettent aucune lumiére de
leur vivant, foient tous capables de
devenir lumineux après leur mort, au
moins par quelques-unes de leurs
parties , lorfqu'un certain dégré de
fermentation ou de pourriture a mis la
matiére propre de la lumiére qui réfide dans ces parties, comme par-tout
ailleurs, en état de fe dégager & de
paroître à découvert. On a vu à Or-
léans, & ailleurs, toute la viande d'une
boucherie fe couvrit de taches lumineufes, infpirer de la crainte fur l'u-
fage qu'on en devoit faire, & atti-
rer l'attention des Magiftrats. On
voit fouvent des reftes de poiffons
briller au coin des rues ou dans les
cloaques qui fervent de décharges
aux grandes cuifines; le poil des chats,
& celui de plufieurs autres animaux
étincellent fous la main , & fur-tout
quand il fait froid ; quantité de perfonnes ne peuvent fe peigner dans l'obf-

curité fans faire voir, fans entendre
même, fortir du feu de leur chevelure.
Ce font des lueurs de cette efpéce qui
effrayent les valets d'écurie, & qui
leur font dire, que certains chevaux
font panfés par des *efprits folets*. On a
vu même de tout tems certaines vapeurs graffes ou fpiritueufes exhalées
des corps vivans, s'enflammer comme
d'elles-mêmes, & produire un feu fi
léger, qu'il n'étoit fenfible que par fa
lumiére : c'eft ce qu'on trouve fous le
nom de *ignis lambens* dans les auteurs,
tant anciens que modernes. (*a*)

Des matiéres animales, fi nous paf-
fons aux végétales, nous en trouverons
encore un grand nombre qui brillent
d'une lumiére naturelle & fpontanée.
Qui eft-ce qui ne fçait pas que les
bois tendres & morts, lorfqu'ils font
pourris à un certain point, gardent,

(*a*) Virgil. Eneid. Lib. II.

> *Ecce levis fummo de vertice vifus Iuli*
> *Fundere lumen apex, tactuque innoxia molli*
> *Lambere flamma comas & circum tempora*
> *pafci.*

On trouve des exemples finguliers de ces vapeurs lumineufes dans Valifnieri, t. 3. p. 212.
& fuiv. & dans un traité d'Ezéchiel de Caftris,
qui a pour titre ; *Ignis lambens.*

pour ainsi dire, pendant la nuit la lumiére qui les a éclairés pendant le jour, & si l'on en croit quelques auteurs célébres, * ce phénoméne est si puissant & si commun dans le nord, que les voyageurs, pour marcher d'un pas sûr pendant la nuit, font porter devant eux par leurs guides des morceaux de ce bois lumineux qui les éclaire suffisamment.

XV.
Leçon.

* Olaus magnus, Oviedo, &c.

On n'avoit encore reconnu cette propriété que dans un petit nombre de matiéres de ce genre, lorsque M. Beccari, Professeur de Chymie, & membre de l'Acad. de l'Institut de Bologne, soupçonna qu'elle pourroit bien appartenir à beaucoup d'autres espéces, avec la différence, peut-être, du plus au moins, soit pour la durée de sa lumiére, soit pour son dégré de force. Le moyen qu'imagina cet ingénieux Physicien pour en faire l'épreuve, mérite d'être rapporté. Il se fit faire une loge portative, qui pouvoit se fermer de façon à ne laisser aucun accès à la lumiére du dehors, & à l'un des côtés de cette loge, il fit pratiquer un tour semblable à ceux des couvents de religieuses : moyennant cet appareil, il pouvoit rester long-tems sans voir le jour, disposer par-là ses yeux à sentir une lumiére foible, faire passer autant de fois qu'il vouloit, & presque subitement, les corps qu'il avoit eu vue d'éprouver, du grand jour dans la plus parfaite obscurité, conditions toutes nécessaires dans des expériences de ce genre.

En procédant ainsi, M. Beccari a reconnu que le bois de sapin sec, & tel que l'employent les ouvriers, différentes écorces d'arbres & de plantes dont la couleur tiroit sur le blanc, le coton, le sel concret des plantes, le tartre, le sucre & la cire blanche, la toile de lin, celle de chanvre, & par-dessus tout, le papier, sont autant de phosphores naturels qui s'allument à la clarté du jour, & qui continuent de luire pendant quelques minutes dans l'obscurité, quoique d'une lumiére plus foible que celle des bois pourris.

Le même Physicien a fait de semblables recherches sur les matiéres animales & sur les fossiles : quant à celles-ci il avoit été prévenu en quelque chose par Boyle & par M. Dufay,

Le premier ayant rencontré par hazard un diamant qui étoit lumineux lorſqu'on le portoit du grand jour dans l'obſcurité, l'examina de toutes façons ; & en fit le ſujet d'un petit traité, (a) où l'on trouve des obſervations curieuſes. Le ſecond partant de ce premier fait & de quelques autres à peu près ſemblables produits par différentes perſonnes, étendit beaucoup ces découvertes, en faiſant voir que la propriété de luire ainſi dans les ténébres appartenoit à preſque tous les diamans, principalement à ceux qui ſont jaunes, & à quantité d'autres pierres fines.

M. Dufay voyant donc ces phoſphores naturels ſe multiplier ſans fin, exhorta les Phyſiciens à prendre part à ſon travail, & à l'aider dans une moiſſon nouvelle qui lui paroiſſoit intariſſable : c'eſt apparemment par cette invitation que M. Beccari fut déterminé à ſuivre les recherches qu'il avoit deja commencées ſur de pareils

_____

(a) *Adamas lucens*. Ce diamant qui appartenoit à M. Clayton fut acheté par le Roi Charles II. comme une rareté ; car d'ailleurs, c'étoit une pierre d'une vilaine eau, & aſſez défectueuſe.

sujets. On voit par la lecture de son excellent traité, (a) que différentes espéces de terres, de sables, de pierres dures, tendres, opaques, transparentes, figurées & autres, les concrétions pierreuses, les matiéres animales pétrifiées, les sels, &c. brillent dans l'obscurité d'une lumiére plus ou moins vive, quand ils ont été auparavant exposés au grand jour.

En continuant ses épreuves sur le regne animal, il vit briller de même les os, les dents, les bezoars, les pierres des reins & de la vessie, celles qu'on trouve dans la tête des poissons, & plus que toutes choses, les coquilles d'œufs; de sorte que de toutes les espéces qui composent la nature, si l'on en excepte les métaux, & ce qui en contient, comme aussi les corps d'une couleur obscure, on peut dire qu'il y en a peu qui ne fournissent des exemples de ces corps lumineux; je m'exprime ainsi pour faire entendre que cette qualité n'appartient pas tou-

(a) De quamplurimis phosphoris nunc primùm detectis commentarius. Bonon. 1744. Cet ouvrage doit avoir une suite qui a déja été lue dans les assemblées académiques de l'Institut.

jours

jours à l'espéce entiére, mais souvent
à certains individus de chaque espéce;
tous les diamans blancs, par exemple,
ne la possédent pas, & ceux qui l'ont
ne montrent rien de remarquable, à
quoi l'on ait pu jusqu'à présent attribuer cet effet.

Des phosphores naturels, passons à
ceux que l'art nous a procurés: il s'est
exercé de même sur les trois regnes.
Les différentes préparations par lesquelles on parvient à rendre les matiéres lumineuses, ou propres à le devenir, peuvent se réduire à trois principales. Il suffit souvent de les échauffer, de les dessécher, ou de les cuire
par un dégré de feu médiocre, qui
laisse subsister la plûpart de leurs qualités sensibles ; d'autres fois cela se fait
par une forte calcination qui cause
des changemens considérables jusques
dans les moindres parties sans défigu-
rer la masse. Enfin on les prépare encore par des dissolutions, des mêlan-
ges, & ensuite par l'action d'un feu
violent ; ce qui fait, pour ainsi dire,
changer de nature à ces substances,
& leur faire prendre de nouvelles formes.

Par le premier de ces trois procédés, M. Beccari eſt venu à bout de donner la qualité de phoſphores à quantité de matiéres qui ne l'ont pas naturellement : & parmi celles qui l'ont, il en a trouvé pluſieurs qu'un certain dégré de chaleur, le deſſéchement, ou la cuiſſon, faiſoit briller d'une lumiére bien plus ſenſible : tels ſont, par exemple, la chair de volaille, les os, les nerfs, les ſucs épaiſſis, comme la colle de bœuf & celle de poiſſon, le fromage, &c. & parmi les végétaux, les amandes, l'intérieur des châtaignes, les feves, la mie de pain, & même le caffé, pourvu qu'il ne ſoit pas brûlé juſqu'au brun, comme il l'eſt ordinairement. Mais rien de tout cela ne paroît plus remarquable que ce qui arrive au papier : la feuille ſur laquelle on a appliqué pendant quelques minutes une plaque de métal chauffée, en porte l'image très-lumineuſe dans l'obſcurité, & cette empreinte eſt ſi bien terminée, qu'on pourroit avec des cuivres découpés & chauffés imprimer de cette maniére toutes ſortes de deſſeins luiſans, par leſquels on ne manqueroit pas de furprendre des gens qui n'en feroient pas prévénus.

On peut regarder la pierre de Bologne comme l'origine & le premier exemple des phofphores qui fe font par la fimple calcination : cette découverte qui fut l'effet du hazard, frappa tellement les Phyficiens & les Naturaliftes, qu'elle devint le fujet de plufieurs fçavans traités. Mais comme il arrive prefque toujours, on s'accoutuma peu à peu à cette merveille : on lui chercha des émules parmi d'autres efpéces à peu près femblables, & l'on en trouva dans le pays même (a) : enfin cela devint une chofe fort commune. Mr. Dufay fit voir en 1730, dans un Mémoire que j'ai déja cité plus haut, que la topafe des Droguiftes, les belemnites, les albâtres, les marbres, les gyps, les coquilles pétrifiées tendres, les pierres à chaux, & affez généralement, toutes celles qu'un efprit acide peut diffoudre, imitoient par leurs effets la pierre de Bologne, avec cette différence, qu'elles n'avoient pas toutes

(a) Mentzelius, fect. 2. chap. 5. en compte cinq efpéces dans les environs de Bologne.

D ij

une lumiére, ni auffi vive, ni auffi durable qu'elle, mais que leur vertu, comme la fienne, pouvoit fe ranimer par une nouvelle calcination.

Balduinus (ou Baudoin) chymifte Allemand prépara à deffein, ou rencontra par hazard une matiére dont il annonça (a) les effets, comme ayant beaucoup de reffemblance avec ceux de la pierre de Bologne; mais il s'exprima fur cette découverte en termes fi énigmatiques, que ceux qui voulurent l'imiter furent obligés de deviner. Les grands maîtres s'en mêlerent, & l'on apprit enfin par Kunckel, Boyle, Lemery, &c. qu'une diffolution de craye par l'eau-forte évaporée & calcinée enfuite, étoit un phofpore dont les effets répondoient à ceux que Balduinus attribuoit à fon *phofphore hermétique.*

Avec cette clef M. Dufay pénétra beaucoup plus loin: les phofphores de cette efpéce fe multipliérent tellement entre fes mains, que pour en faire connoître la quantité, il trouva plus commode de nommer les matiéres qu'il falloit excepter. » A la referve,

(a) In app. ad an. 4. & 5. natur. curiof. pag. 171.

dit il , des pierres dures & impéné- «
trables aux acides, comme les aga- «
thes , les jaſpes, les cailloux, le por- «
phyre, le grais , le ſable , le criſtal «
de roche, celui d'Iſlande , le ſable «
de riviére , la pierre de lar, la pierre «
de la croix , l'ardoiſe, le vrai talc , «
les pierres précieuſes , dont aucune «
ne m'a réuſſi ; il n'y en a peut-être «
point qui ne ſoit lumineuſe , ſoit par «
la ſimple calcination , ſoit par la «
préparation que nous avons rappor- «
tée , ou même des deux maniéres. «
Mém. de l'Acad. des Sc. 1730 p. 528.

Diſons encore avec le même Académicien : » Dans quel étonnement ne «
ſeroient point aujourd'hui ceux qui «
ont fait des volumes entiers pour «
faire l'éloge des propriétés merveil- «
leuſes de la pierre de Bologne , s'ils «
voyoient qu'il eſt preſqu'impoſſible «
de trouver quelque matiére dans le «
monde, qui n'ait pas les mêmes avan- «
tages : & ce ſera dorénavant un phé- «
noméne ſingulier, qu'une matiére «
qu'on ne pourra rendre lumineuſe, «
ni par calcination, ni par diſſolu- «
tion. *ibid. p. 534.* »

Je goûte encore tout-à-fait cette

ingénieuse pensée de M. Beccari, que l'on trouve à la fin de son ouvrage ci-dessus cité. » De même, dit-il, » que plusieurs physiciens ont pensé » avec toute sorte de vrai-semblance, » qu'il n'y a aucun corps absolument » privé de chaleur, on pourroit dire » aussi qu'il n'y en a aucun parfaite- » ment obscur. » En effet, toutes les matiéres recelant dans leur intérieur, le principe de l'inflammation & de la lumiére, peut-être font-elles sujetes à de foibles embrasemens qui se renou- vellent autant de fois qu'on les ex- pose à la clarté des corps lumineux; & si nous n'appercevons ces effets que dans certaines espéces, & dans des cas particuliers, on peut croire que ce n'est point parce qu'ils font rares, mais plutôt parce que nos sens ne font point assez délicats pour les sentir par-tout où ils existent. (a)

L'extreme vîtesse avec laquelle la lumiére agit à la plus grande distance où la vue puisse atteindre sur la terre,

(a) On doit joindre à l'article des phospho- res artificiels ce qui a été dit dans la XIII. Le- çon du phosphore de Brant, & de célui de Homberg.

a dû faire penfer d'abord, que fon
mouvement étoit abfolument inftan-
tané; & c'eft l'idée que Defcartes
s'en étoit formée, avant qu'il y eût
des raifons capables de faire penfer
autrement: mais en 1675 le célébre
Dominique Caffini obferva dans le
retour des éclipfes du premier fatelli-
te de Jupiter un retardement qui le
porta à croire, que la lumiére employoit environ 14 minutes à traverfer le diamétre entier de l'orbe an-
nuel de la terre, & que nous ne rece-
vions qu'au bout de 7 minutes la lumiére émanée du foleil qui occupe à
peu près le centre de cet orbe. Il eft
vrai que par de fortes raifons il fe crut
obligé d'abandonner enfuite cette
conféquence; mais M. Roemer l'ayant
adoptée, & après lui M. Bradley,
l'un & l'autre par de longues fuites
d'obfervations, établirent cette opinion de manière, qu'elle eft affez uni-
verfellement reçue, & qu'on ne doute
prefque plus que le mouvement de la
lumiére ne foit progreffif.

Bien des gens en tirent tout de fuite cette conféquence, que la propagation de la lumiére ne fe fait donc pas

comme le penfent les Cartéfiens, par un fimple mouvement de preffion, que le corps lumineux imprime à un fluide préfent par-tout, mais par une véritable émiffion qui fait paffer réellement les parties de ce fluide depuis leur fource jufqu'au terme de leur tranflation, en quoi je trouve qu'on va trop loin, fans néceffité & fans fruit : je dis fans fruit ; parce que la lumiére émanant fans ceffe des aftres par un mouvement progreffif de fes parties, produiroit toujours dans l'efpace des cieux cette plénitude incommode dont on cherche à débarraffer le fyftême des attractions : j'ajoute, fans néceffité, parce qu'il me femble qu'on peut concilier la nouvelle découverte avec le fentiment des Cartéfiens d'aujourd'hui touchant la propagation de la lumiére.

En fuppofant, en effet, comme une vérité hors de conteftation, que l'action de la lumiére fouffre un retardement de 7 à 8 minutes, (a) lorfque le

(a) Les Sçavans ont varié fur la quantité de ce retardement : les uns ont dit 7, les autres 8 minutes, & M. Newton lui-même a paffé de la première eftimation à la feconde.

corps

corps lumineux qui la met en mouvement eſt à une diſtance de 32 ou 33
millions de lieues, ou environ, (*a*)
eſt-il néceſſaire, pour en rendre raiſon,
de faire parcourir réellement, & en ſi
peu de tems, cet eſpace immenſe à
chaque globule de lumiére, de ſuppoſer aux rayons de ce fluide une vîteſſe qu'on peut à peine concevoir,
telle en un mot qu'elle ſurpaſſe plus
de ſeize cens mille fois la rapidité
d'un boulet de canon qui parcourroit
uniformément 600 pieds par ſeconde ?

Je vois bien qu'il ne faut plus tenir
rigoureuſement à la penſée de Deſcartes, & que le rayon de globules
lumineux qui s'étend d'un aſtre à mon
œil ne peut pas être maintenant com-
paré à un bâton ou à une file de petits corps parfaitement contigus, &
d'une inflexibilité abſolue ; mais qui
nous empêche de les conſidérer,
ces particules, comme autant de
petits balons, ou de petits pelo-
tons élaſtiques, & d'une contiguité

XV.
Leçon.

(*a*) On voit bien que je ne prétends pas donner ici la juſte diſtance du ſoleil à la terre:
c'eſt une queſtion ſur laquelle les Aſtronomes
mêmes ne ſont pas bien d'accord.

Tome V. E

un peu moins rigoureuſe? Avec ces
deux ſuppoſitions qui nous écartent
d'une préciſion qu'on auroit peine à
admettre, & qui nous rapprochent
des voies ordinaires de la nature (qui
ſouffre par-tout dès à-peu-près) je
conçois ſans peine que l'action du
corps lumineux dans toute la longueur du rayon qui doit la tranſmettre, ne ſera inſtantanée que pour nos
ſens, & dans le cas d'une diſtance
très-bornée; mais que cette tranſmiſ-
ſion, quelque prompte & quelqu'in-
ſenſible qu'elle puiſſe être, exige une
ſucceſſion réelle d'inſtans, dont la
ſomme peut devenir très-remarqua-
ble, ſi le chemin que la lumiére doit
parcourir eſt fort long.

J'avoue qu'en entendant ainſi la
propagation de la lumiére, on eſt ar-
rêté par des difficultés; mais l'autre
opinion a auſſi les ſiennes, & je les
trouve encore plus grandes.

On vous fait voir, par exemple,
pendant la nuit une partie conſidérable du ciel par un trou d'épingle, &
l'on vous dit: Eſt-il poſſible que la
petite portion de lumiére qui remplit
ce trou, reçoive & tranſmette diſtinc-

tement les mouvements imprimés par
tant d'étoiles, à un nombre égal de
files de globules ? A quoi je reponds :
Est-il plus aisé de croire que ce trou,
tout petit qu'il est, devienne le passage commun d'autant de petits torrents
de lumiére qui coulent avec une rapidité inexprimable, qui s'y croisent
sans se confondre, & qui s'y heurtent
sans rien perdre de leur premiére direction ? Quelque parti qu'on prenne,
il y a certainement de quoi s'étonner :
mais le premier des deux me paroît
moins violent.

On objecte encore, que si la lumiére étoit présente par-tout, & qu'elle
devînt sensible par la seule action des
corps lumineux, il n'y auroit jamais
de ténébres; parce que cette pression,
ce choc se distribueroient confusément
dans toutes sortes de directions, & à
toute la masse de ce fluide, comme il
arrive à une liqueur contenue dans un
tonneau, lorsqu'elle est frappée par
quelque endroit que ce soit.

Mais les arguments que l'on tire
de pareilles comparaisons ne sont pas
assez concluants; parce qu'il y a toujours beaucoup de disparité, & qu'on

E ij

est en droit d'en suppoſer encore plus
qu'on n'en apperçoit, attendu le peu
de connoiſſance que nous avons de
ces grands reſſorts de la nature. Le
tonneau qui contient la lumiére que le
ſoleil anime, ce n'eſt pas moins que
l'univers; & ſi dans l'exemple dont
on veut ſe prévaloir, l'eau n'eſt ſe-
couée également dans toutes ſes parties qu'à cauſe de la réaction prochai-
ne du vaiſſeau, on aura peine à trouver quelque choſe qui réponde à ces
parois ſolides & raprochés, quand
on prétendra que le même effet doit
ſe trouver dans le vaſte fluide qui reçoit l'action des aſtres & des autres
corps lumineux.

D'ailleurs, quand un rayon ſolaire
eſt introduit dans une chambre obſcure, il n'eſt pas vrai, ſi l'on veut parler exactement, que la chambre ne
ſoit éclairée que dans la direction de
ce jet de lumiére vive, elle l'eſt encore, quoique plus foiblement, dans les
autres endroits: ſans céla verroit-on
le rayon ailleurs que dans lui-même?
L'œil placé à côté & à une diſtance
aſſez conſidérable, l'apperçoit, comme l'on ſçait, très diſtinctement; ce

qui prouve que toute la lumiére éteinte qui remplit la chambre, reçoit quelque ébranlement de celle qui forme le rayon ; à peu-près comme l'air qui ne reçoit pas le son directement à cause de quelque obstacle impénétrable, ne laisse pas que de retentir un peu, par la secousse qu'il reçoit, des rayons sonores qui passent au-dessus, ou à côté.

On me répliquera, sans doute, que cette lumiére qui se fait sentir hors du rayon, est un effet de la réflection causée par l'air dans lequel il passe, ou par les poussieres dont ce fluide est toujours chargé ; mais je puis répondre que j'ai vu encore assez distinctement ce même jet de lumiére, lorsque j'avois soin de le faire passer par un tuyau de verre bien net, dans lequel j'avois fait le vuide, le plus parfait qu'il est possible de faire, avec une bonne machine pneumatique (a). Les reflections alors devoient être nulles,

(a) Cette expérience exige beaucoup de soins, & des précautions assez délicates. Il faut 1°. que la chambre soit bien obscure. 2°. Que le jet de lumiére vienne directement du soleil dans un beau jour d'été. 3°. Que ce rayon solaire ait au moins un pouce de diamétre.

E iij

ou comme telles ; puifque l'air avoit été pouffé à fes derniers dégrés de ra-réfaction , & que les petits corps étrangers qui s'y trouvent ordinaire-ment mêlés, s'en étoient féparés dès les premiers coups de pifton (*a*).

Enfin, l'on objecte encore, contre l'opinion Cartéfienne, que dans un efpace rempli de globules on ne con-çoit pas comment les impulfions pour-roient toujours fe communiquer en li-gnes droites ; parce qu'il n'eft pas poffi-ble, dit-on, de fuppofer que tous les centres de ces petites fphéres fe trou-vent juftement allignés dans toutes les directions imaginables. Mais com-prend-on mieux dans l'autre fyftéme, comment ces petits êtres globuleux

4°. Que le tuyau de verre dans lequel on le fait paffer foit deux ou trois fois plus gros que lui, afin qu'il foit plus aifé de l'y maintenir d'un bout à l'autre , fans qu'il en touche les parois. 5°. Que le verre plan qui le ferme par un bout ne foit pas trop épais. 6°. Que par l'autre bout le rayon folaire foit reçu fur un miroir incliné à 45 dégrés , qui le détourne dans un tuyau de métal placé à retour d'équerre, afin qu'aucune partie de cette lumiére ne foit réfléchie dans le tuyau de verre.

(*a*) Voyez les Mém. de l'Acad. des Sciences 1740 , page 243.

tombant fur des furfaces qui ne font
pas réguliéres, (car à la rigueur on
n'en connoît pas de telles,) font cependant toujours l'angle de leur réflection fenfiblement égal à celui de
leur incidence, par rapport à ces furfaces? C'eft un effet qu'on voit arriver communément, malgré l'obftacle qui femble devoir l'empêcher : il
en eft apparemment de même de l'allignement des centres, dont on fuppofe, & dont on veut faire valoir le
défaut, puifque nonobftant l'irrégularité reconnue des furfaces polies, le
rayon de lumiére ne laiffe pas de fe réfléchir affez réguliérement : il faut
donc que la nature ait des reffources
que nos fpéculations n'embraffent
point encore ; dans ces fortes de
queftions l'on ne prendroit jamais aucun parti, fi l'on ne vouloit époufer
abfolument que celui qui feroit au-
deffus de toute difficulté apparente.
Les rayons fonores s'allignent fort
bien dans l'air, & leurs réflections fe
font affez réguliérement, comme le
prouvent les échos; fi quelqu'un pré-
tendoit que ces effets n'arrivent que
parce que les parties ou molécules

E iv

de l'air ne font pas globuleufes, je lui accorderois volontiers que celles de la lumiére ne le font pas non plus: je ne leur attribue cette figure que pour en adopter une, & parce que l'imagination ne m'en fournit aucune autre qui s'accorde mieux qu'elle avec les phénoménes ; mais à parler franchement, j'ignore de quelle figure font les parties de ces fluides fubtils fur lefquels nos fens n'ont point de prife, & je fuis prêt à leur attribuer celle qui conviendra le mieux, & contre laquelle on ne trouvera plus rien à objecter : en attendant que nous ayons fur cela les éclairciffements qui nous manquent, & que nous n'aurons probablement pas fi-tôt, regardons les parties de la lumiére comme des globules, conformément au langage reçu en Phyfique. (a)

(a) Sur la propagation de la lumiére on fera bien de lire une belle differtation, de feu M. Jean Bernoulli, qui a remporté le prix de l'Académie des Sciences en 1736.

II. SECTION.

Des directions que suit la lumiére dans ses mouvements.

IL en est de l'action de la lumiére, comme du mouvement des autres corps : conformément à la loi générale de la nature, elle suit autant qu'elle peut la premiére détermination qu'elle a reçue ; ses rayons s'étendent en lignes droites, tant qu'il ne se rencontre aucun obstacle, ni aucun nouveau milieu qui en change la direction, & les phénoménes qui en résultent sont l'objet d'une science qui se nomme *Optique proprement dite*, pour la distinguer de l'*Optique générale*, qui comprend tout ce qui concerne la lumiére & ses différentes modifications.

A la rencontre d'un corps opaque, l'action de la lumiére se réfléchit communément, & produit d'autres effets: on les a compris sous une théorie particuliére à laquelle on a donné le nom de *Catoptrique.*

Enfin, cette même action se réfracte dans bien des occasions en passant d'un milieu dans un autre qui est plus aisé ou plus difficile à pénétrer pour elle : cela donne lieu encore à d'autres phénoménes qu'on a assujettis à des loix, & ce sont les principes d'une troisiéme science appellée *Dioptrique*. Suivons les mouvements de la lumiére sous ces trois points de vue.

ARTICLE PREMIER.

De la lumiére directe; ou, des principes de l'Optique proprement dite.

Nous considérerons ici la lumiére comme exerçant ses mouvements dans un milieu parfaitement libre; ou, pour ne pas nous écarter de l'état naturel, nous supposerons au moins que la lumiére se meut dans un milieu homogéne, c'est-à-dire, d'une résistance uniforme dans toute son étendue: telle est une masse d'eau ; tel est un morceau de cristal, ou si l'on veut, une masse d'air dans une région déterminée de l'Atmosphére ; & lorsque pour la facilité de l'expression, je dirai que la lumiére *passe*, qu'elle se *transmet,* qu'elle *part* d'un tel point, qu'elle *arrive* à tel autre, le lecteur se souviendra, qu'il ne s'agit point d'une translation réelle attribuée aux globules de la lumiére, mais seulement d'une action ou d'un choc qu'ils se communiquent les uns aux autres sans se déplacer, comme je l'ai déja fait entendre dans la premiére section, & comme je vais l'expliquer d'une maniére plus particuliére.

Il faut croire que ces globules sont autant de petits corps élastiques, par les vibrations desquels se transmet de proche en proche, le choc réitéré du corps lumineux, de la même maniére à peu-près qu'on a vu dans la quatriéme leçon, celui d'une boule d'ivoire passer en un instant d'un bout à l'autre d'une file de pareilles boules : on concevra aisément, que si quelqu'un appuyoit son doigt contre la derniére, il sentiroit ce choc toutes les fois qu'on l'imprimeroit à la premiére : ainsi l'organe au fond duquel aboutit une suite de ces globules, dont nous supposons que la lumiére est composée, ne manque pas d'être ébranlé par les vibrations que fait faire à ces petits res-

forts l'impulfion réitérée du corps enflammé qui brille à quelque diftance.

On entendra mieux ceci en fe rap-
pellant ce que nous avons dit de la
flamme dans la xiv°. leçon : elle y eft
repréfentée comme étant l'écoulement d'un fluide embrafé, ou plutôt,
comme la diffipation continue d'une
vapeur lumineufe. Les parties propres
d'un corps combuftible ; du bois, par
exemple, de la cire fondue, ou du
fuif, divifées de plus en plus par les
dégrés de chaleur qui ont précédé,
arrivent à un tel point de dilatation,
que les particules de feu qu'elles renferment fe découvrent enfin par autant de petites explofions. Si cela
n'arrivoit qu'une fois, la matiére de la
lumiére qui environne ce petit éclat
ne recevroit qu'une feule fecouffe,
& l'œil par cette impulfion momen-
tanée n'appercevroit qu'une étincelle:
mais comme je l'ai dit, la flamme eft
un écoulement ; la particule enflam-
mée qui fe diffipe fait place à une
autre qui éclate bientôt comme elle,
& qui réitére le choc fur la même file
de globules au bout de laquelle fe
trouve l'œil du fpectateur ; chaque

point du corps enflammé produit le
même effet, & c'est ainsi que toute sa
surface embrasée devient continuellement visible.

Les corps qui sont lumineux de
cette maniére, s'épuisent nécessairement, & n'ont qu'une certaine durée,
puisque le feu qui brille en eux, ou à
leur superficie, ne se montre qu'en
dissipant leur propre substance ; mais
il est possible que ce même élément
sans passer au-dehors, sans rien dis-
siper, conserve dans les pores d'une
matiére, un mouvement de vibration
precédemment acquis, & que faisant
l'effet d'une petite flamme, il mette
en jeu la matiére de la lumiére du
dehors, avec laquelle il communique, comme cela arrive vraisem-
blablement à plusieurs des phosphores
dont j'ai parlé plus haut.

Une file de globules animés d'un
mouvement de vibration, comme je
viens de l'expliquer, est à propré-
ment parler, ce que l'on doit nommer
Rayon de lumiére ; & comme chaque
point d'une flamme peut être apperçu
de tous côtés, on doit concevoir que le
plus petit corps lumineux est le centre

commun d'une infinité de ces rayons simples qui forment autour de lui une sphére d'une certaine étendue. *Fig.* 1.

Mais il est à préfumer qu'un filet de lumiére réduit à ce dégré de simplicité ne feroit pas fenfible ; celui qu'on fait paffer par un trou d'épingle & que nous appercevons dans un lieu obfcur, doit être déja confidéré comme un faifceau qui contient peut-être plus de mille de ces rayons simples. C'eft par cette raifon, qu'un rayon fenfible de lumiére n'eft pas naturellement d'une groffeur égale dans toute fa longueur ; car puifque les globules qui le compofent font rangés fur des lignes qui partent d'un centre commun, quand le corps lumineux ne feroit qu'un point comme on le voit en *A Fig.* 2. il eft évident que ce rayon doit former une pyramide, comme *A B*, dont la bafe fe préfente à l'œil.

Cet écartement que fouffrent les filets de lumiére, en partant d'un point *radieux* ou *rayonnant*, s'appelle *Divergence*, & fe mefure par la grandeur de l'angle que ces rayons forment entr'eux. Ainfi *C D*, *C E*, *Fig.* 3.

font deux rayons divergens, mais qui le font moins que *CF*, *CG*.

Un corps lumineux d'une certaine grandeur, tel, par exemple, que la flamme d'une bougie, étant compofé d'une infinité de points radieux, il faut néceffairement que les jets de lumiére qui partent de ces différents points, aillent à la rencontre les uns des autres, fe joignent & fe croifent les uns plus près, les autres plus loin, ceux-ci plus bas, ceux-là plus haut, à gauche & à droite, &c. comme on le peut voir par la *Fig.* 4, dans laquelle, pour éviter la confufion, je n'ai marqué que trois de ces points rayonnants, avec quelques-unes feulement de leurs pyramides lumineufes, ou faifceaux de rayons divergents.

Cette difpofition refpective des rayons qui venant de plufieurs objets, ou de différents points du même objet, vont ainfi fe joindre & fe croifer, s'appelle *Convergence*, & fe mefure de même que la divergence par la grandeur des angles: ainfi les rayons qui partent des points *H*, *H*, *Fig.* 5, font tous convergents, les uns en *I*, les autres en *K*; mais ceux qui aboutiffent en *I* font plus convergents entr'eux que les autres, parce qu'ils forment un plus grand angle, ou, ce qui revient au même, parce que leur point de convergence eft plus près des corps lumineux d'où ils procédent.

De tout ceci l'on peut conclure, 1°. Qu'en quelque endroit qu'onpréfente un plan vis-à-vis d'un point radieux, ce plan deviendra comme la bafe d'une pyramide de lumiére.

2°. Que le plan fera moins éclairé, à mefure qu'il s'éloignera davantage du point radieux.

3°. Que fi le corps lumineux eft d'une grandeur & d'une figure fenfibles, ce même plan deviendra la bafe commune d'autant de pyramides de lumiére, qu'il y aura de points radieux tournés vers lui.

4°. Enfin, que fi au lieu d'un plan qui arrête la lumiére, on fait un trou dans un carton, ou dans une planche mince, les pyramides lumineufes qui viennent des différents points de l'objet s'y croiferont paffant de droite à gauche, de gauche à droite, de haut en bas, de bas en haut, &c. Rendons tout cela fenfible par des expériences.

I. EXPERIENCE.

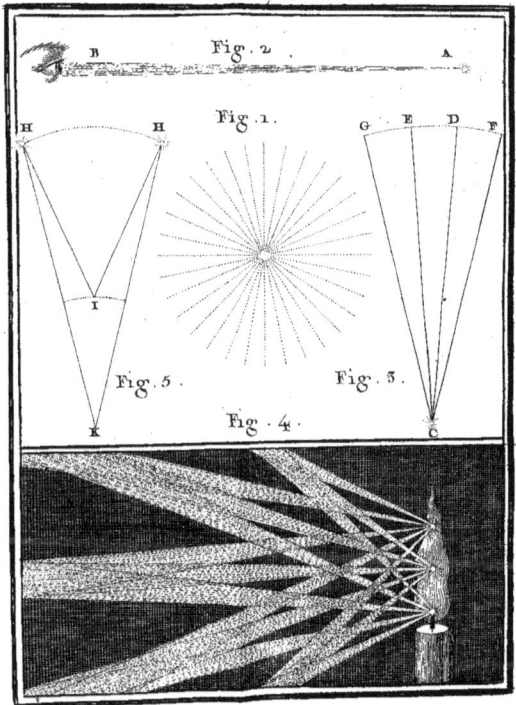

Fig. 2.

Fig. 1.

Fig. 5.

Fig. 3.

Fig. 4.

Gobin. Sc.

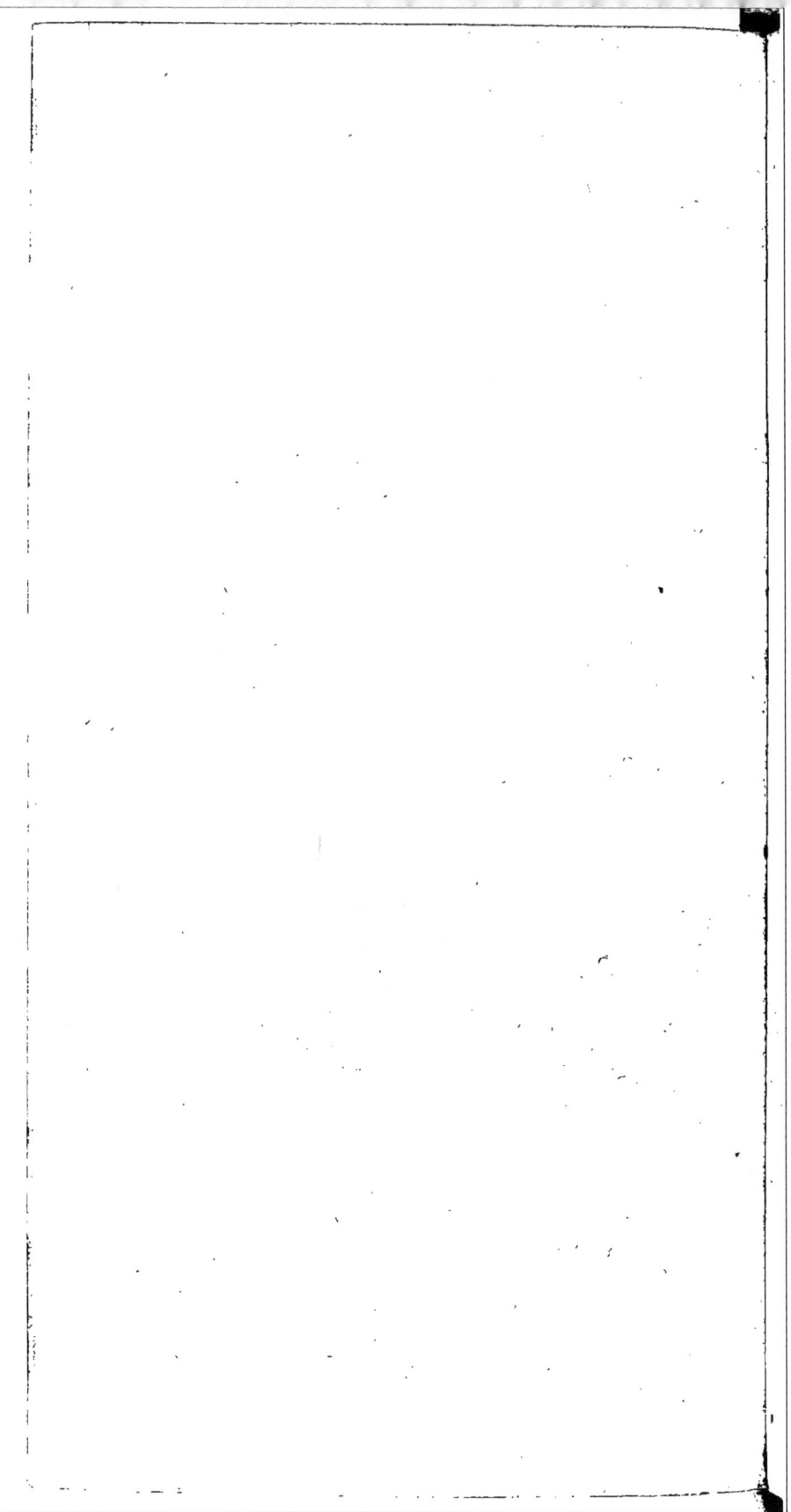

I. EXPÉRIENCE.

PRÉPARATION.

ABCD, *Fg.* 6. repréfente le volet d'une chambre bien fermée & bien obfcure expofée au midi, ou à peu-près. A trois ou quatre pieds au-deffus du plancher, ce volet eft percé à jour pour recevoir une caiffe *EFGH*, de 18 pouces de haut, & d'un pied de largeur, dont les côtés font arrondis circulairement, pour lui donner la liberté de tourner horifontalement fur deux pivots *I, I*, à la maniére des tours qu'on a coutume de pratiquer dans les parloirs des Religieufes. Le devant de cette caiffe qui paffe hors de la fenêtre eft entiérement ouvert, & porte en avant trois miroirs de métal plus long que larges, & mobiles fur toutes fortes de fens. Le derriére de cette même caiffe répond dans la chambre, & eft entiérement fermé, à la réferve de trois trous *a, c, b*, d'un pouce de diamétre chacun, & pratiqués dans une ligne horifontale à égale diftance l'un de lautre, à peu près à la demie hauteur de la caiffe. Ces

Tome V.   F

trous peuvent ſe rétrécir par des diaphragmes, recevoir des verres de différentes ſortes, ou ſe fermer entiérement quand il en eſt beſoin. *FK*, eſt
une regle de bois de 6 pieds de longueur ſur 4 pouces de large, qui tient
d'une part à la caiſſe & appuyée de
l'autre ſur un pied dans une ſituation
horiſontale. *L* eſt une platine de bois
ou de métal élevée verticalement, &
portée ſur un pied qu'on fait gliſſer
ſuivant la longueur de la regle, pour
l'éloigner ou l'approcher de la caiſſe :
il faut avoir pluſieurs de ces platines,
dont les unes ſoient couvertes de drap
noir, les autres peintes en blanc, &
quelques-unes que l'on puiſſe percer
aiſément d'un ou de pluſieurs trous,
quand l'expérience l'exige.

Par le moyen de cette machine, on
peut faire commodément quantité
d'expériences ſur les rayons ſolaires :
car en les recevant ſur les miroirs qui
ſont au-dehors, & que l'on peut manier, en ouvrant pour un moment l'autre volet de la même fenêtre (*a*),
qu'on ſuppoſe en avoir deux, comme

(*a*) Ou bien ſi la partie de la caiſſe qui eſt
dans la chambre, ſe trouve aſſez longue, on

cela eſt pour l'ordinaire, on leur fait
prendre une ſituation horiſontale
pour paſſer dans la chambre par les
trous *a*, *c*, *b*, où ils reçoivent la
forme & la couleur qu'on veut qu'ils
ayent, par le moyen de certains verres
ou des diaphragmes qu'on y met; &
comme on peut faire tourner horiſon-
talement la caiſſe & la regle *FK*, &
tout ce qui eſt poſé deſſus, on a l'a-
vantage de ſuivre, autant qu'on le
veut, le mouvement du ſoleil, & de
voir à ſon aiſe les effets qu'on s'eſt
propoſé d'examiner.

Pour l'expérience dont il s'agit
maintenant, on doit fermer entiérement les deux troux *a*, *b*, & ajuſter
par-dedans la caiſſe à celui du milieu,
un tuyau de deux pouces de longueur
qui porte une lentille de verre blanc
de 18 lignes, ou environ, de diamétre,
& dont le foyer ſe trouve préciſément
en *c*, comme le bout du tuyau, qui
doit avoir en cet endroit deux lignes
d'ouverture; par ce moyen le jet de
lumiére qu'on fait entrer dans la

peut pratiquer à l'un de ſes côtés une petite fenêtre qui s'ouvrira quand on voudra changer
l'inclinaiſon des miroirs.

F ij

chambre, fe divife en une infinité de rayons divergents, & repréfente fortement & d'une maniére bien vraie, ce qu'on doit entendre par un point radieux, ou un petit corps lumineux.

Il faut placer devant ce point radieux, à 5 ou 6 pouces de diftance, une platine verticale & mince *L*, percée de plufieurs trous ronds, qui ayent chacun 4 lignes de diamétre, & plus loin une autre platine, ou un carton blanc, *M*, que l'on fera avancer & reculer plus ou moins.

Effets.

On apperçoit fur le carton *M* autant de cercles lumineux qu'il y a de trous à la platine *L* : ces cercles s'aggrandiffent, & leurs centres s'écartent les uns des autres à mefure que l'on recule davantage le plan qui les reçoit.

Explication.

Les images circulaires qu'on apperçoit fur le carton *M* font formées par des jets de lumiére que la platine *L* n'a pu intercepter, étant trouée aux endroits de fon plan où ces jets fe font préfentés : on conçoit affez qu'on

verroit le même effet fe multiplier
autant qu'on le voudroit, fi l'on aug-
mentoit le nombre des trous; d'où il
fuit que dans toute l'étendue de la
platine du côté qui regarde le point
radieux c, il n'y a pas un efpace circulaire de 4 lignes de diamétre, qui
ne reçoive un jet de lumiére femblable à l'un de ceux qu'on voit paffer
par les trous de cette même platine.

On ne peut pas douter que ces jets
n'ayent la forme d'une pyramide,
puifqu'à une plus grande diftance de
leur origine, ils marquent de plus
grands cercles fur le carton qui les reçoit; & cela doit être, car ce font
des faifceaux ou des affemblages de
rayons divergents, qui partent du
point c, comme d'un centre commun:
par la même raifon, les jets eux-
mêmes vont en s'écartant les uns des
autres de plus en plus; ce qui fait,
que non-feulement chaque cercle
s'agrandit à mefure qu'on éloigne le
carton, mais encore que les centres
de ces cercles s'éloignent les uns des
autres.

II. EXPÉRIENCE.

PRÉPARATION.

Tout étant disposé comme dans l'expérience précédente, il faut placer à un pied de distance du point radieux *c* une grande platine verticale *l*, percée au milieu d'un trou rond de 6 lignes de diamétre, & recevoir sur le carton *m* la lumiére qui passera par ce trou : premiérement à un pied de distance de cette platine, ensuite à 2 pieds, à 3 pieds, &c. & mesurer avec un compas le diamétre du cercle lumineux à tous les endroits où l'on arrêtera le carton, *Fig.* 7.

EFFETS.

En procédant ainsi on peut remarquer 1°. que la lumiere s'affoiblit sur le carton *m*, à mesure qu'on l'éloigne de la platine trouée. 2°. Que le cercle lumineux s'aggrandit de maniére qu'il acquiert un diamétre double, triple, quadruple, &c. lorsqu'on éloigne le carton *m* de deux, de trois, de quatre pieds, &c. du trou *c*, où est le point radieux.

EXPLICATION.

L'affoibliſſement de la lumiére qu'on remarque ſur le carton à meſure qu'on le recule, eſt une ſuite néceſſaire de la divergence des rayons ; car puiſqu'ils vónt en s'écartant toujours de plus en plus les uns des autres, leur écarte-ment doit être plus grand à une plus grande diſtance du point radieux c, & plus ils occupent d'eſpace ſur le plan qui les reçoit, moins il y en a ſur cha-que partie de cet eſpace.

Comme le diamétre du cercle lu-mineux à deux pieds de diſtance du point radieux ſe trouve deux fois auſſi grand qu'il étoit à un pied, & qu'à 3 & à quatre il eſt triple & quadruple, on doit en conclure, que les rayons ſont à la ſeconde diſtance, 4 fois, à la troiſiéme 9 fois, à la quatriéme 16 fois, plus raréfiés qu'à la premiére ; parce que les eſpaces circulaires ſont en-tr'eux comme les chiffres 1, 4, 9, 16, &c. lorſque leurs diamétres ſont ex-primés par ceux-ci 1, 2, 3, 4, &c. & comme les quatre premiéres quantités qui repréſentent les dégrés de raréfa-ction des rayons ſont les quarrés

(*a*) des quatre derniéres qui marquent les diftances où l'on a mefuré le cercle lumineux, on peut dire en général : que *la lumiére qui vient directement du point radieux fe raréfie, ou s'affoiblit, en raifon du quarré de la diftance ;* de forte que fi un petit morceau de carton, par exemple, qui feroit égal au trou de la platine qui eft à la premiére diftance, étoit placé dans le cercle lumineux de la feconde diftance, il y feroit quatre fois moins illuminé ; a 3 pieds il le feroit neuf fois moins ; & à 4 pieds, il ne recevroit que la feiziéme partie des rayons que fa circonférence embraf-foit quand il n'étoit qu'à un pied du trou *c*. (*b*)

APPLICATIONS.

L'œil étant l'organe de la vue, & les effets dont j'ai à parler étant

(*a*) On appelle *quarré* le produit d'une quantité multipliée par elle-même : 4 eft le quarré de 2 ; 9, celui de 3 ; parce que deux fois 2 font 4, & que trois fois 3 font 9.

(*b*) Je ne confidére ici, comme l'on voit, que cet affoibliffement de la lumiére qui vient de la divergence des rayons, faifant abftraction des autres caufes qui produifent le même effet, & dont j'aurai occafion de parler ailleurs.

prefque

presque tous relatifs à la vision, il seroit tout-à-fait convenable que l'on
sçût d'abord comment ce sens est affecté par la lumiére, & par quel méchanisme les rayons extérieurs portent
leur action jusqu'au dedans: mais comme tout ce que j'aurois à dire sur cela
tient à des principes qui ne sont point
encore exposés, & qui ne peuvent
l'être à présent, je suis forcé de diffé-
rer cette instruction, & je ne considere
maintenant que la prunelle de l'œil,
comme une ouverture circulaire qui
reçoit ou qui donne passage aux
rayons émanés de l'objet lumineux ou
illuminé.

Je dis lumineux ou illuminé ; car
quoique je n'aye encore pris pour
exemples que des corps qui luisent de
leur propre fond, comme un astre,
une bougie allumée, un phosphore,
il faut sçavoir que tout autre objet
devient sensible par l'action réfléchie
de la lumiére qui l'éclaire ; de sorte
qu'on peut regarder chaque point visible de sa surface comme étant vraiment *radieux*, à cela près que les
rayons qui en viennent, ne sont pas
en si grand nombre & n'ont pas au-

tant d'activité que ceux d'un corps embrasé ou flamboyant. Si l'on faisoit, par exemple, en plein jour les deux expériences que je viens de raporter, & qu'on couvrît le point radieux *c* avec un petit morceau de carton blanc, l'œil placé devant la platine *L* appercevroit cet objet par tous les trous qu'on y pourroit faire, fuffent-ils au nombre de mille ; & si au lieu de préfenter un carton plein *M* aux différentes diftances dont j'ay parlé, on fe fervoit d'un carton percé à jour, l'œil appercevroit encore le même objet dans toute l'étendue d'un trou rond dont le diamétre pourroit croître en raifon directe des diftances.

On croira aifément, que si la platine *L* placée devant le point radieux *c* étoit auffi large que l'embrafure de la fenêtre où fe fait l'experience, en quelqu'endroit qu'on y perçât un trou, l'œil du fpectateur placé derriére appercevroit par-là le point *c*; & que si au lieu d'un trou, on en perçoit 100, autant de perfonnes pourroient faire enfemble la même épreuve, parce qu'il n'y en auroit aucune qui ne reeût en même-tems que les autres un faifceau de rayons divergents procédants du point radieux : c'eft par la même raifon qu'un peuple entier voit tout-à-la-fois ce qui fe préfente à fes yeux dans une place publique, qu'une troupe nombreufe de foldats obéït à un feul fignal, qu'un aftre dans le même inftant peut être apperçu par tous les êtres clair-voyants qui habitent une grande partie de la terre ; car autour d'un corps lumineux qui eft ifolé, il n'y a pas un endroit large comme la prunelle de l'œil du plus petit animal, qui ne puiffe recevoir la bafe d'une pyramide de rayons animés ou renvoyés par cet objet.

Les pyramides de lumiére qui viennent du point radieux à l'œil, & que nous nommerons fimplement *rayons*, quand nous n'aurons en vue que leur direction, ou la ligne qui leur fert d'axe, font parfaitement droites dans un milieu homogêne : cette vérité, dont nous faifons tous les jours l'épreuve depuis notre enfance, eft reçue comme un axiôme : c'eft en vertu de cette connoiffance, que le chaffeur eftime la perdrix dans la direction de

fon fufil ; qu'un ingénieur, pour alli-
gner un chemin ou un foffé plante des
piquets, dont les extrêmités fe trouvent rangées dans le rayon vifuel ;
qu'un Géométre juge un objet dans
l'allignement des pinules ou de la lunette de fon inftrument : car fi l'on
n'étoit pas bien fûr que le rayon qui
va de l'objet à l'œil eft parfaitement
droit dans toute fa longueur, on ne
pourroit pas légitimement conclure
la pofition de cet objet, par la partie
du rayon vifuel qui auroit fuivi l'inftrument en arrivant à l'œil.

C'eft encore fur la foi de cet axiôme & par la grande habitude que
nous avons de voir, que nous déterminons la direction dans laquelle
fe trouve chaque point vifible d'un
objet, & fa diftance quand elle n'eft
pas grande. A l'égard de la direction,
nous voyons toujours l'objet dans la
longueur indéterminée de l'axe de la
pyramide lumineufe qui nous le fait
fentir dans la ligne PQ, *Fig.* 8 ; &
quant à la diftance, nous le rapportons ordinairement à l'endroit de cet
axe, où les rayons divergents qui entrent dans l'œil, iroient en droite ligne fe réunir ou fe croifer, s'ils re-

tournoient fur leurs pas, en *R*, par
exemple. Cette regle nous domine
tellement dans la vifion des objets,
que nous la fuivons comme malgré
nous, lors même que la réflexion
nous apprend qu'elle nous trompe,
comme on le verra dans la fuite par le
détail que nous ferons de fes exceptions.

Au refte, ce n'eft pas feulement la
vûe qui nous fait juger ainfi de la diftance & de la direction des objets qui
font hors de nous ; cela eft commun
aux autres fens, quoique peut-être
avec moins de précifion. Un aveugle
qui cherche le feu pour fe chauffer,
s'avance en droite ligne autant qu'il
peut vers l'endroit d'où il fent que
vient la chaleur, & il juge qu'il en eft
affez près, par l'impreffion plus ou
moins forte qu'il en reffent. Nous
allons de même à la découverte du
corps odorant ou du corps fonore,
& nous connoiffons à peu près fon dégré de proximité, par la quantité d'o-
deur ou de fon qui frappe l'organe ; fi
les échos nous trompent, fi quelquefois nous avons peine à décider de quel
côté eft une cloche dont le fon fe ré-

pete fortement, n'eft ce point parce
que nous fçavons dès nos plus tendres
années, que le fon nous vient naturellement en ligne droite & fans détours,
du lieu où l'on le fait naître ?

Puifque la vifion des objets fe fait
en ligne droite, on doit s'attendre
qu'elle n'aura pas fon effet, quand
cette ligne fera interrompue par quelque obftacle. Nous avons déja obfervé
dans la VIIe. Leçon, qu'un vaiffeau qui
vient de la pleine mer au continent
apperçoit les clochers & les cheminées d'une ville, avant que de voir le
rez de chauffée des édifices, & que
ceux qui font dans le port & qui
commencent à découvrir ce vaiffeau
arrivant, reconnoiffent le haut des
mâts & des voiles, avant que de voir
le corps du bâtiment : c'eft, comme
je l'ai dit alors, un effet de la convexité de la mer qui fuit celle du globe
terreftre dont elle fait partie ; mais
cela n'arrive ainfi que parce que cette
courbure de la furface de l'eau inter-
rompt le rayon vifuel du fpectateur
qui cherche à voir la partie la plus
baffe de l'objet. Voyez la fig. 8. tom.
II. p. 266.

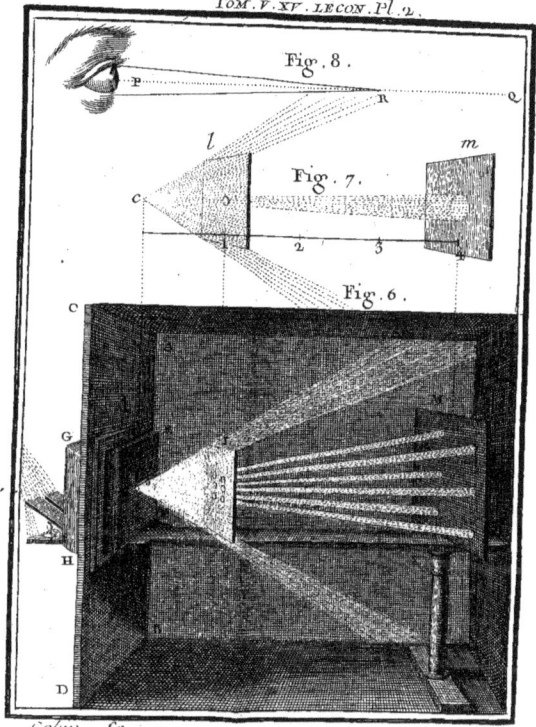

Fig. 8.

Fig. 7.

Fig. 6.

' Ce font ces obftacles par lefquels
les rayons de lumiére fe trouvent in-
terrompus, qui produifent ce que l'on
appelle *ombre* (a), en empêchant que le
mouvement de vibration imprimé aux
files de globules par le corps lumineux, comme je l'ai expliqué
précédemment, ne fe communique
plus loin. L'ombre n'eft donc autre chofe, à proprement parler, qu'u-
ne lumiére éteinte, par l'interpofition
d'un corps opaque : elle doit occuper
par conféquent tout l'efpace qui feroit illuminé par cette portion de lumiére, fi elle avoit le mouvement
qu'elle ne peut plus recevoir. On
peut s'en convaincre aifément, fi l'on
en doute, en bouchant en tout ou en
partie le trou de la platine *l* ; car alors
le cercle lumineux qu'on a coutume
de voir fur le carton blanc *m* difpa-
roîtra entiérement, ou bien il fouffri-
ra un retranchement qu'on verra croî-

(a) Il y a bien des chofes curieufes à dire
au fujet de l'ombre : l'abondance des matieres
que j'ai à traiter dans ce volume m'oblige à
remettre celle-ci à une autre occafion : j'en parlerai dans la xviii. Leçon, où il s'agira du
mouvement des aftres & des effets qui en réfultent.

G iv

tre dans la même proportion que lui, à mesure qu'on reculera le carton pour l'éloigner du point radieux *c*.

Il suit de-là, qu'un petit obstacle produit beaucoup d'ombre, lorsqu'il est près du corps lumineux, & qu'il en fait moins à mesure qu'il s'en éloigne davantage : la proportion est telle que le nombre des rayons interceptés diminue comme le quarré de la distance qui augmente ; c'est-à-dire, que quand l'obstacle est à une distance double, triple ou quadruple, il intercepte 4 fois, 9 fois, ou 16 fois moins de lumiére, que quand il étoit à la premiére distance ; car puisqu'une pyramide de rayons divergents occupe sur le carton placé à la deuxiéme distance 4 fois plus d'espace qu'à la premiére, il est évident qu'un corps opaque d'une grandeur déterminée qui, à la distance d'un pied, arrêteroit toute cette pyramide, n'en doit plus arrêter que le quart à la distance où le cercle formé par cette lumiére se trouve 4 fois plus grand que lui.

On voit par-là, pourquoi les taches qui viennent aux yeux vis-à-vis de la prunelle n'empêchent pas ab-

folument de diftinguer les objets,
tant qu'elles n'en couvrent qu'une
petite portion ; car comme elles n'in-
terceptent qu'une partie des rayons
divergents qui forment chaque pyramide lumineufe, elles en laiffent encore paffer affez de chacune pour rendre fenfible, quoique plus foiblement,
tous les points d'où partent ces pyramides. Les perfonnes qui ont les
yeux dans cet état, peuvent fuppléer
en quelque façon au nombre des
rayons qui leur manquent, par l'activité de ceux qui reftent, en éclairant
l'objet d'une lumiére plus forte : il y
a même des moyens pour faire entrer
par la partie de la prunelle qui n'eft
point couverte, plus de rayons qu'il
ne s'en préfente naturellement, &
par-là dédommager l'œil de ce que
fa tache lui fait perdre ; mais outre que
ces moyens n'appartiennent point à
l'action immédiate de la lumiére dont
nous fommes maintenant occupés,
ils ont l'inconvénient de changer la
divergence des rayons, & nous ferons voir ailleurs, que bien loin
d'aider la vifion, cela peut y nuire,
quand l'œil n'a point d'autre défaut
que celui d'être taché.

Comme on voit la lumiére s'affói-
blir fur le carton *m*, à mefure qu'on
l'éloigne du point *c*, on doit penfer
qu'elle diminue de même fur l'œil
qui la reçoit, lorfqu'il s'écarte de
plus en plus de l'objet qu'il regarde : ce qui fait qu'à un certain dégré
d'éloignement nous ceffons de le voir;
car nous ne pouvons le diftinguer que
par les points lumineux ou vifibles
de fa furface : or ces points ceffent
d'être fenfibles pour nous, dès que
les jets de lumiére qui en viennent
font des impreffions trop foibles fur
l'organe ; & c'eft ce qui arrive, lorfque nous regardons de trop loin, parce qu'alors ces jets, à caufe de la divergence de leurs rayons, fe trouvent
trop raréfiés, pour que ce qu'il en entre dans la prunelle, puiffe fe faire
fentir fuffifamment (*a*) ; mais ce dé-

(*a*) Quoique ceci doive entrer en confidération pour les objets qu'on regarde de loin, je ne
prétends pas pour cela que ce foit la caufe principale qui nous les fait perdre de vue: à une certaine diftance, les rayons qui viennent à l'œil
d'un même point de l'objet, font comme paralleles entre eux; leur divergence eft fi petite,
qu'elle ne contribue prefque plus à leur affoibliffement : cet effet dépend plus effentiellement
de quelques autres caufes dont je ferai mention ci-après.

gré d'éloignement où la vue manque, varie selon l'état de l'œil, la
nature ou les qualités de l'objet, &
l'intensité de la lumiére qui le rend
visible.

Quand je dis l'état de l'œil, je ne
prétends parler ici que de son dégré
de sensibilité : il n'est point encore
tems de raisonner sur la figure de ses
humeurs, dont les changements influent plus que toute autre chose sur
l'étendue de la vision distincte : il est
certain que cet organe est, comme
tous les autres, plus sensible dans
certaines personnes, dans certains
animaux, & qu'il est sujet aussi à vieillir, à s'user, à se gâter : l'âge, les
maladies, l'abus qu'on en peut faire
en l'appliquant trop long-tems ou
trop souvent à des objets fort lumineux ; tout cela est bien capable d'altérer la sensibilité de l'œil ; & telle
lumiére que la distance a rendu trop
foible pour toucher efficacement celui-ci, fera encore une impression suffisante sur celui là s'il est mieux constitué, ou mieux conservé : bien des
gens voyent par cette seule raison plus
distinctement que d'autres tous les

objets, & les découvrent de plus loin.

Les efforts qu'on fait pour appercevoir ce qui est fort éloigné, tendent à
dilater la prunelle autant qu'il est possible, pour recevoir un plus grand
nombre de ces rayons trop raréfiés :
c'est un moyen que la nature inspire,
& qui a son effet ; mais il est bien li-
mité ; l'art en fournit d'autres qui sont
beaucoup plus puissants, & dont je
parlerai quand l'ordre des matiéres le
permettra.

Les personnes dont les yeux sont
très-sensibles, & qui ont, comme on
dit, *la vue tendre*, ont l'avantage de
voir où les autres ne voyent pas : il
s'en est trouvé qui lisoient pendant la
nuit sans chandelle, & qui distin-
guoient tout dans des souterreins &
dans des cachots très-obscurs ; mais
pour l'ordinaire elles ont le désavan-
tage de ne voir qu'avec peine les objets qui sont fort éclairés & d'une couleur resplendissante ; j'en connois qui
ne peuvent soutenir la vue du pavé,
lorsque les rayons du soleil donnent
dessus en été, & qui en voyageant sur
la neige, sont obliges d'avoir les yeux
presque toujours fermés : ces sortes

de vues fe fatiguent aussi fort aisément : elles ne font point à l'épreuve
d'une longue lecture, fur-tout à la
bougie, ni d'une longue fuite d'obfervations délicates.

Les hiboux, les chats & les autres
animaux qui chassent pendant la nuit,
ont des yeux qui s'ouvrent beaucoup ;
comme ils ne voyent ordinairement
que par des rayons de lumiére très-
foibles & très-raréfiés, la nature leur
a donné le moyen d'en recevoir un
plus grand nombre ; elle a joint fans
doute à cet avantage celui d'un organe
très-fenfible : car on peut remarquer
que la grande lumiére fait mal à ces
animaux, & que quand ils y font ex-
pofés, plufieurs d'entr'eux ont foin de
rétrecir beaucoup la prunelle, à quoi
la nature a encore pourvu par une or-
ganifation particuliére.

L'efpéce & les qualités de l'objet
font encore qu'on l'apperçoit à une
diftance plus ou moins grande. Si c'eft
un corps lumineux par lui-même,
comme la flamme & tout ce qui y reffemble, tous les points de fa furface
font radieux ; & fi cette flamme a
beaucoup d'activité, les rayons de lu-

miére qu'elle anime en deviennent plus puissants ; ainsi la plus petite bougie allumée s'apperçoit de plus loin qu'un ver - luisant pendant la nuit, & l'un & l'autre beaucoup mieux qu'un corps opaque de même grandeur & également éloigné qu'on prendroit soin de bien éclairer : rien n'approche davantage de ces corps qui brillent par eux-mêmes, que des surfaces polies, & de couleurs vives, comme le blanc, le rouge, le jaune, &c. parce que d'une part il y a plus de points lumineux, & que de l'autre chacun de ces points brille davantage. On découvre de 25 ou 30 lieues & même de plus loin certaines montagnes couvertes de neige qu'on perd de vue dès que cette neige vient à se fondre.

Enfin, la maniére dont un objet est éclairé, fait encore qu'on l'apperçoit à des distances bien différentes ; car si la lumiére qui le rend visible ne part point de lui immédiatement, elle a des effets plus ou moins limités à proportion de sa force primitive, du chemin qu'elle a fait, & des milieux qu'elle a traversés avant que d'arri-

ver à l'objet qu'elle éclaire ; mais je
ne dois point m'arrêter maintenant à
ces confidérations, parce qu'elles appartiennent à d'autres parties que
j'aurai à traiter par la fuite.

XV.
Leçon.

En confidérant la diminution de la
lumiére caufée par la divergence des
rayons, on doit penfer que des comparaifons femblables à celles de notre
II. Expérience ne peuvent plus la rendre fenfible, cette diminution ou
cet affoibliffement, quand le point
radieux eft à une très-grande diftance, tel que feroit un point de la furface du foleil, ou d'une étoile fixe (a);
car alors ces rayons font fi peu divergents, qu'on peut les regarder comme étant fenfiblement paralleles. Si
l'on pouvoit faire paffer dans un lieu
obfcur un jet de lumiére venant d'un
feul point du foleil (b), on le verroit
indubitablement fous une forme, non
pyramidale, mais cylindrique ; & par

(a) Et même à des diftances beaucoup
moins grandes.

(b) On verra par la fuite que cela n'eft pas
facile, & qu'un rayon du foleil qui paffe par
le trou d'une fenêtre dans une chambre obfcure, n'eft pas ce que l'on demande ici.

conséquent à quelque distance du trou qu'on le reçût sur un plan, l'espace qui en seroit illuminé ne changeroit pas de grandeur. On voit par-là pourquoi des objets de cette espéce qui ont la force d'animer des rayons aussi longs, sont apperçus à 100 lieues plus loin comme à 100 lieues plus près : car les rayons qui viennent de chaque point de leur surface étant comme paralleles entr'eux, l'œil éloigné plus ou moins en reçoit toujours à très-peu près une égale quantité.

Mais la lumiére ne décroît pas seulement par la divergence naturelle de ses rayons, elle s'affoiblit encore en traversant les milieux mêmes les plus diaphanes ; car on a beau imaginer qu'elle y trouve des pores allignés dans toutes les directions possibles, & remplis d'une lumiére éteinte à laquelle elle n'a qu'à communiquer son mouvement, il arrive que les parties propres de ces milieux interrompent de tems en tems la contiguité des globules, & occasionnent ou des déviations, ou des mouvements rétrogrades qui

diminuent

diminuent d'autant le progrès de la lumiére en avant. Le morceau de verre le plus mince & le plus transparent repousse toujours une partie des rayons qui se présentent à sa surface ; l'eau la plus limpide ne laisse point pénétrer la lumiére jusqu'au fond de son bassin, s'il a une certaine profondeur ; l'air de l'atmosphere ne laisse point arriver jusqu'à nous toute celle qui se dirige des astres vers notre globe, & sans lui nous distinguerions bien mieux & de plus loin les objets qui se présentent à notre vue.

Il y a certainement de quoi méditer sur cette matiére qui est encore neuve, quoique quelques sçavans en ayent déja fait l'objet de leurs recherches : il seroit aussi curieux qu'utile, de sçavoir au juste & dans toute son étendue de combien la lumiére diminue à la surface & dans l'intérieur des corps où elle peut pénétrer, & les rapports qu'il y a entre les dégrés de transparence & les différentes épaisseurs de ces mêmes corps ; mais en attendant qu'on ait sur cela tout ce qu'il y auroit à désirer, on peut

Tome V.   H

se contenter d'un excellent ouvrage qui fut imprimé en 1729 (*a*), & que M. Bouguer son auteur donna modestement comme un essai, mais auquel personne, depuis qu'il a paru, ne s'est mis en devoir de rien ajouter : j'en donnerois volontiers ici un extrait, si je n'apprehendois de faire tort à cet ouvrage , par des abbréviations dont il est peu susceptible : je crois plus à propos d'y renvoyer le lecteur qui se croira suffisamment initié.

III. EXPERIENCE.

PRÉPARATION.

On employe pour cette expérience le même appareil qui a servi dans les deux derniéres, en ajoutant à chacun des trous *a* & *b* un verre lenticulaire semblable à celui du trou *c*, & aux bouts des deux tuyaux du côté qui répond à la chambre, des petits verres plans colorés, l'un en rouge, l'autre en bleu, afin que la lumiére qu'on y fait passer par le moyen des mi-

(*a*) Essai d'Optique sur la gradation de la lumiére.

roirs ſe montre avec ces deux couleurs. A 2 ou 3 pieds de diſtance de la
caiſſe, on place ſur la regle *F K* une
platine verticale couverte de drap
noir, & l'on attache vers le milieu un
cercle de carton blanc de 12 ou 14
lignes de diamétre. Les trois trous *a*,
b, *c*, ſont couverts de trois petites
piéces de laiton qui s'abaiſſent ſur
chacun d'eux & qui peuvent ſe lever
ſéparément ou toutes enſemble.

E F F E T S.

Le petit cercle de carton qui eſt appliqué ſur le drap noir, paroît couvert
d'une lumiére rouge, quand on découvre le trou *a* ; d'une lumiére
bleue, quand on découvre le trou *b*;
d'une lumiére plus vive, mais ſans
couleur, lorſqu'on tient ouvert le trou
c ſeulement ; & enfin il ſe teint d'une
lumiére purpurine, lorſqu'on ouvre
enſemble les deux trous *a* & *b*.

Ces mêmes effets ſubſiſtent, quoiqu'on faſſe avancer ou reculer la platine verticale, & que l'on porte à
droite ou à gauche le petit cercle de
carton blanc qui eſt appliqué deſſus.

H ij

EXPLICATION.

Chacun des deux trous *a*, *b*, étant précisément l'endroit où viennent se croiser les rayons solaires réfléchis par le miroir sur la lentille de verre dont l'autre bout du tuyau est garni, on doit le considérer comme un point radieux semblable à celui du trou *c*, avec cette seule différence, que la lumière tamisée par un verre rouge ou bleu paroît dans la chambre sous l'une ou l'autre de ces deux couleurs.

Puisqu'un point radieux anime tout autour de lui des rayons divergents dont il est le centre, on doit s'attendre que chacun de ceux-ci étant découvert, illuminera entiérement la platine qui lui est opposée à deux ou trois pieds de distance, fût-elle beaucoup plus grande qu'elle n'est : voilà pourquoi le petit cercle de carton blanc placé sur le drap noir se trouve illuminé d'une lumière, tantôt rouge, tantôt bleue, selon qu'on a découvert l'un ou l'autre des deux trous *a* ou *b*, & qu'il brille simplement d'une lumière sans couleur, quand il n'y a que le trou *c* ouvert. C'est encore

pour la même raison, que ces effets
subfiftent conftamment, à quelque
endroit qu'on attache le petit cercle
de carton fur la platine.

On ne peut pas douter que la même platine ne reçoive auffi dans toute
fon étendue en même tems la lumiére de tous les points radieux auxquels
elle eft expofée ; puifque les deux
trous *a* & *b* étant découverts enfemble, le petit cercle de carton, en
quelque endroit qu'on le mette fur la
platine, reçoit une couleur purpurine ;
car il eft évident que cela vient du
mélange des deux couleurs, rouge &
bleue.

Le petit cercle de carton blanc eft
illuminé plus vivement & fans couleur par la lumiére qui paffe en *c*, que
par celle qui vient des deux autres
ouvertures, parce que n'ayant que la
lentille de verre à traverfer, elle
fouffre moins de déchet que dans les
deux autres tuyaux, où il y a encore
des verres de couleur: J'aurois à ajouter une autre raifon au moins auffi
forte que celle-là ; mais je ne puis la
faire valoir, que quand j'aurai fait
connoître comment la lumiére de-

vient capable de colorer les objets,
& en quoi elle différe alors de son
état ordinaire.

IV. EXPERIENCE.

PREPARATION.

Cette expérience se prépare comme la précédente ; mais au lieu de la
platine couverte de drap noir, on en
employe une autre qui est faite d'une
feuille de métal qui a une demie ligne
d'épaisseur, & qui est ouverte au milieu par un trou rond de 6 lignes de
diamétre ; à un pied ou 15 pouces de
distance plus loin, on en présente une
autre de carton blanc, & sans ouverture.

EFFETS.

Les trois trous de la caisse *a*, *b*, *c*,
étant ouverts ensemble, & radieux, on
apperçoit sur le carton blanc trois
cercles lumineux, dont un rouge, un
bleu, & un autre sans couleur, rangés
sur une même ligne, mais dans un
ordre opposé à celui des trous radieux ; c'est-à-dire, que le cercle
rouge dont la lumiére vient du point

a se trouve en *d*, le bleu formé des rayons qui ont passé par *b* se voit en *f* : celui qui n'est point coloré occupe le milieu *e* comme le trou *c*, d'où vient la lumiére. Voyez la *Fig.* 9.

Si l'on éloigne davàntage le carton de la platine trouée, il en arrive de nouveaux effets. Premiérement, chacun des trois cercles s'aggrandit ; & en second lieu, les centres de ceux des côtés *d*, *f*, s'éloignent davantage de celui du milieu.

EXPLICATION.

Nous avons vu par la derniére Expérience, que le petit cercle de carton blanc, en quelque endroit qu'on le mît sur la platine de drap noir, devenoit toujours comme la base commune des pyramides de lumiére qui venoient des trois points radieux *a*, *b*, *c* ; ces mêmes pyramides ne trouvant plus cet obstacle, mais un passage libre à travers la platine verticale, se prolongent jusques sur le carton, chacune d'elles suit sa premiére direction ; la rouge & la bleue se croisent au passage sur celle du milieu ; de maniére que leurs bases prennent des fituations oppofées à celles de leurs pointes, celle qui part de la droite aboutit à la gauche, & l'autre s'étend de la gauche à la droite.

Si le carton vient à s'éloigner davantage de la platine percée où fe fait le croifement, chacun des cercles lumineux devient plus grand à caufe de la divergence des rayons, dont la pyramide eft compofée, comme je l'ai fait entendre plus haut; & les centres des deux cercles colorés s'éloignent de celui du milieu, parce que les pyramides dont ils font la bafe deviennent divergentes entr'elles, après s'être croifées, ce qui eft très-aifé à comprendre.

A l'occafion de cette divergence caufée par le croifement des pyramides lumineufes, il y a une remarque importante à faire; c'eft que les rayons qui fe croifent ainfi, forment deux angles oppofés par leurs pointes, & par conféquent égaux entr'eux : d'où il fuit que l'écartement réciproque des cercles colorés d, f, dépend non-feulement de la diftance qui eft entre la platine percée & le carton, comme je l'ai fait voir ci-devant, mais

mais encore de celle qui se trouve entre l'endroit où se croisent les rayons
& les points radieux *a*, *b*, d'où procéde la lumiére; car on conçoit bien
que si cette derniére distance étoit
plus petite, par cela seul les angles
formés par les rayons, tant avant
qu'après le point de croisement, seroient plus grands, comme aussi ces
mêmes angles deviendroient plus petits, si les points radieux *a*, *b*, s'éloi-
gnoient davantage du plan dans lequel ils vont se croiser.

APPLICATIONS.

Tout objet, lorsqu'il devient visible, étant radieux par tous les points
de sa surface, comme je l'ai expliqué
page 63, & la prunelle de l'œil pouvant être considérée, ou comme un
espace circulaire qui reçoit les rayons
de la lumiére, ou comme un trou
rond qui les laisse passer, on peut aisément appliquer au sens de la vûe
tous les faits qui se sont offerts dans
les deux derniéres Expériences, & y
rapporter un grand nombre de phénoménes que personne n'ignore,
mais dont peu de gens sont en état

de se rendre raison : arrêtons-nous seulement à ceux qui dépendent immédiatement de la direction des pyramides lumineuses qui procédent des différents points de l'objet & de leur croisement dans la partie antérieure de l'œil, renvoyant à une autre occasion tout ce qui tient particuliérement à la structure de l'organe, dont je n'ai encore rien dit. Or ces phénoménes concernent la situation, la grandeur, la distance, la figure & la clarté de l'objet apperçu.

L'œil qui est en fonction ou qui regarde, de même que le petit cercle de carton de la III. Expérience, devient comme la base commune d'une infinité de pyramides de lumiére qui ont leurs sommets aux points radieux du corps visible ; & quoique cet œil change de place, il apperçoit toujours le même objet devant lequel il est, non par ces rayons dont il étoit frappé d'abord, mais par d'autres tout-à-fait semblables ; puisque chaque point de la surface qu'il contemple anime un hémisphére entier de ces rayons divergents dont chaque pyramide lumineuse n'est qu'une très-petite portion.

Mais pourquoi l'objet diverſement coloré, moitié rouge, par exemple, & moitié bleu, ne ſe voit-il pas ſous une couleur mixte ; puiſque nous avons vu le petit cercle de carton ſe teindre en pourpre par le mêlange des rayons qu'il recevoit en même temps du point *a* & du point *b*, dans la III. Expérience ?

C'eſt que la prunelle n'eſt point le dernier terme des rayons qui s'y raſſemblent : cette partie de l'œil n'eſt qu'une ſimple ouverture, bien moins ſemblable au petit cercle de carton qui arrête les pyramides lumineuſes de la III. Expérience, qu'au trou de la IV. qui les laiſſe paſſer outre. On doit donc concevoir que toutes ces pyramides de lumiére qui vont aboutir à l'œil paſſent ſans confuſion par la prunelle, en s'y croiſant, comme on l'a vu faire aux deux rayons rouge & bleu : après quoi elles continuent leurs routes juſqu'au fond de l'œil, où chacune d'elles fait ſon impreſſion ſéparément de l'autre.

Or ce ſont toutes ces impreſſions qui deſſinent l'image de l'objet, comme je l'expliquerai plus particuliére-

ment en parlant de la vifion diftincte : ainfi puifqu'on a vu par la IV.
Experience, *Fig.* 9. le rayon rouge
partir de la droite & aboutir à la
gauche du rayon *c e*, après avoir
paffé par le trou de la platine, & le
rayon bleu paffer de la gauche à la
droite ; on doit penfer que tous les
faifceaux de lumiére qui fe rendent
des différents points de l'objet à l'œil,
fe croifent pareillement dans la prunelle, & que l'image qui en réfulte au
fond de cet organe prend une fituation renverfée. C'eft ainfi, & par les
mêmes raifons, qu'étant dans une
chambre bien fermée où la lumiére
n'entre que par un trou pratiqué au
volet de la fenêtre, ou à la porte, on
apperçoit au plafond & fur la muraille la figure & les mouvements des objets extérieurs, mais dans un ordre
renverfé.

Oui : c'eft une vérité conftante,
que tout objet éclairé & placé devant
l'œil, fe peint au fond de cet organe,
de maniere que fon image y prend une
fituation oppofée à celle qu'il a. Un
homme qui fe tient debout y eft repréfenté la tête en bas, & fa main

droite devient la gauche : on peut s'en convaincre par une Expérience assez curieuse, mais qui demande un peu d'adresse pour être exécutée avec succès. Il faut fermer la porte & les fenêtres d'une chambre pour la rendre bien obscure, pratiquer à un des volets un trou rond de 5 à 6 lignes de diamétre, & y appliquer par sa partie antérieure un œil de veau, ou de mouton, bien frais, dont on ait enlevé tous les téguments, à la réserve du dernier qui touche immédiatement l'humeur qu'on nomme *vitrée*. Si cette préparation est bien faite, & qu'on prenne soin de ne point changer la forme naturelle de l'œil en le pressant, ceux qui feront dans la chambre verront fort bien sur le fond de cet œil, & dans une situation renversée, les objets extérieurs qui feront bien éclairés, avec tous leurs mouvements & leurs couleurs naturelles.

Si l'on s'étonne de voir les objets droits, quand on sçait qu'ils se représentent toujours renversés dans nos yeux, c'est que l'on confond mal-à-propos l'impression qui se fait sur l'organe, avec le jugement de l'ame qui

I iij

la fuit. *Regarder* & *Voir* font deux chofes différentes ; en diftinguant l'une
de l'autre, j'ofe me flatter que je pour-
rai rendre raifon du phénoméne dont
il s'agit, fans me jetter dans ces raifonnemens trop métaphyfiques dont
quelques auteurs célébres ont fait
ufage, & fans avoir recours à ces fup-
pofitions forcées qu'on eft furpris de
trouver dans des ouvrages de réputa-
tion.

Regarder un objet, c'eft fe tourner
vers lui pour en recevoir l'image au
fond de l'œil ; mais quoique cette
image s'y trace avec les couleurs les
plus vives, nous ne voyons pas cet
objet qu'elle repréfente, & qui eft
hors de nous, à moins que l'impreffion
faite fur l'organe n'excite ou ne réveille en nous l'idée de fa préfence, &
ne nous porte à juger de fa grandeur,
de fa fituation, de fa diftance, de fa
couleur, de fes mouvements, &c. Ce
qui prouve bien que la vifion n'eft
point accomplie, par cette feule
peinture de l'objet, c'eft qu'elle fe
fait également dans les yeux d'un
mort, comme on peut s'en affûrer
par l'Expérience que j'ai rapportée

ci-deſſus ; & d'ailleurs nous n'avons
pas un inſtant les yeux ouverts en
plein jour, que la lumiére n'y peigne
une infinité d'objets que nous ne
voyons cependant point ; parce que
l'ame occupée d'autres choſes ne fait
pas attention à tout ce qui ſe paſſe
ſur l'organe de la vûe, elle en fait de
même à l'égard des autres ſens.

Voir eſt donc un acte de l'ame par
lequel nous rapportons à une certaine diſtance de nous la cauſe des impreſſions qui ſe font ſentir ſur l'organe, ou, ſi vous voulez, tout ce qui
eſt repréſenté par l'image qui ſe
trace au fond de l'œil. Or, ce petit tableau eſt un aſſemblage de points,
dont chacun eſt imprimé par un pein-
ceau de rayons qui vient en droite ligne de l'objet viſible. Réduiſons ces
pinceaux à des rayons ſimples, n'en
conſidérons que les axes, & ſuppoſons
que *A, B, Fig.* 10. ſoient les deux extrêmités d'une fleche que je regarde, &
que *C* en ſoit le milieu. Nous pouvons
appliquer à ces trois points & à leurs
images ce que nous avons appris par
la IV. Expérience ; les rayons extrêmes
allant ſe croiſer en *E* ſur celui du mi-

I iv

lieu, doivent aboutir en *a* & en *b*, & se
représenter par conséquent sur la ligne
DD, dans un ordre tout opposé à celui
qu'ils avoient avant leur croisement.

Présentement, il faut se rappeller ce
que nous avons dit ailleurs, que nous
jugeons naturellement l'objet de la
vision au bout des pyramides ou fai-
ceaux de lumière qui nous le font
sentir. Si cela n'est pas toujours vrai,
quant à l'estimation de la distance,
c'est une chose incontestable & infaillible par rapport à la direction ; &
c'est-là le point essentiel pour la question que je traite. Il n'est donc pas
douteux, & personne ne trouvera ex-
traordinaire que je rapporte en *C* ce
que je sens sur la partie *c* de mon
œil ; & pourquoi ne rapporterois-
je pas de même en *A*, ce dont l'i-
mage est imprimée en *a*, & pareillement en *B*, le bout de la flèche qui
m'affecte par le rayon *Bb* ? ces deux
derniers jugements sont aussi légitimes
que le premier, & j'en puis dire autant de tous les autres points visibles
de l'objet pris séparément.

Mais si en rapportant ainsi chaque
point de l'objet au bout du rayon qui

m'en trace l'image, je vois le bout de la fléche *A* au-deſſus de *C*, & l'autre extrêmité *B* au-deſſous de ce même point ; ou, ce qui eſt la même choſe, ſi je vois la fléche droite, quoiqu'elle ſe repréſente renverſée dans mes yeux, eſt-ce une nouvelle merveille à expliquer ? n'eſt-ce pas plutôt une ſuite néceſſaire de ce que j'apperçois cette fléche par des rayons croiſés, & de ce que je ſuis le penchant naturel que j'ai à rapporter chaque point de l'objet à l'extrêmité du rayon qui me le rend viſible ?

N'imaginons donc pas, comme on l'a fait, contre toute vraiſemblance, que nous voyons naturellement les objets renverſés, & que ce n'eſt que par habitude & à force d'expérience que nous apprenons à bien juger de leurs ſituations. Les enfans & les animaux nouveaux-nés nous donnent des preuves du contraire dans les premiers mouvements qu'ils font pour exprimer leurs beſoins & leurs déſirs. Diſons plutôt qu'il eſt impoſſible que nous voyions jamais les objets autrement que dans leurs ſituations naturelles, avec des rayons qui ſe croiſent toujours en entrant dans l'œil, à moins que nous ne fuppofions très-gratuitement que dans la vifion nous ne rapportons pas, comme dans l'exercice des autres fens, les objets qui font hors de nous dans la direction des fignes ou des moyens que la nature employe pour nous les rendre fenfibles.

Pour fignifier qu'un homme a le coup d'œil jufte dans l'eftimation des grandeurs, ou de la diftance d'un corps à un autre, on dit communément dans le difcours familier qu'il a *le compas dans l'œil.* Cette expreffion répond, on ne peut pas mieux, aux angles que forment les rayons, qui partant des extrêmités de l'objet viennent fe croifer dans la prunelle, & que nous nommerons dorénavant *angles optiques* ou *angles vifuels.* Ces lignes droites en s'entrecoupant ainfi, *Fig.* 10. font l'office d'un compas de réduction, dont les deux branches courtes s'ouvrent fur le fond de l'œil proportionelle-ment à la quantité dont les grandes font ouvertes pour embraffer l'objet entier : tout le monde en ce fens a *le compas dans l'œil ;* mais il y a des gens qui s'en fervent mieux que les autres, c'eft-à-dire, qu'ils ont l'avantage particulier de juger ou d'eftimer fûrement les grandeurs d'après des impreffions qui font communes, à tous ceux qui voyent ; & c'eft pour eux fans doute que cette façon de parler a été mife en ufage.

Nous voyons donc les objets plus grands lorfque les angles vifuels qui embraffent leurs dimenfions font plus ouverts ; parce qu'alors ces mêmes dimenfions, je veux dire, leur hauteur, longueur, largeur, font rendues au fond de l'œil fous des angles femblables, & que l'image qui en réfulte y occupe un plus grand efpace : ainfi vous voyez la Lune plus grande que Mars, Jupiter ou Saturne ; parce que les angles vifuels qui mefurent les diamétres de fon difque apparent, font beaucoup plus ouverts que ceux fous lefquels vous appercevez les autres planétes.

Mais ces angles deviennent plus aigus à mefure que l'objet s'éloigne de l'œil, comme on le peut voir par *H E I*, *Fig.* 10, & par cette raifon fa grandeur apparente, généralement parlant & eu égard à ces seuls effets optiques, diminue comme la distance augmente ; c'est-à-dire, que son image dans l'œil est une fois plus petite en tout sens, quand on le regarde d'une fois plus loin.

Lorsque cette image est diminuée au-delà d'un certain point, ou nous perdons de vûe l'objet entiérement, ou nous ne le voyons plus que confusément ; parce qu'alors ses différentes parties ne se peignent plus sur des endroits de l'organe assez séparés les uns des autres : on prétend que la vûe humaine cesse d'être distincte, lorsque les angles optiques commencent à avoir moins qu'une minute de dégrés (*a*).

Si cette évaluation est juste, on peut croire que les animaux de différentes espéces qui ont les yeux, ou plus grands, ou plus petits que les nôtres, perdent les objets de vûe, les uns plutot, les autres plus tard que nous ; car l'amplitude de l'image, qui,

(*a*) Selon le Docteur Hook, un objet dans le ciel devient invisible à un observateur, lorsqu'il comprend dans son œil un angle moindre qu'une demie minute. *Remarques sur la machine céleste d'Hevelius*, p. 8. Pour des objets moins lumineux, il faut que l'angle soit plus grand.

considérée dans le même œil, ne dé- pend que de la grandeur des angles optiques, doit varier du plus petit au plus grand œil, comme la distance qu'il y aura entre l'endroit où se croisent les rayons, & celui où ils aboutissent pour peindre l'objet ; ainsi l'image qui n'auroit que la grandeur qu'il faut pour un œil tel que *D D*, seroit trop petite, quoique sous le même angle, pour un autre œil dont le fond seroit *G G*, & plus que suffisante pour celui dans lequel elle pourroit aller jusqu'en *FF*, à moins que la nature obligée de proportionner les yeux à la petitesse de certains animaux, n'ait suppléé au défaut d'étendue, par la délicatesse des fibres destinés à recevoir les impressions de la lumière, comme il semble qu'on le doive présumer, quand on considére qu'un perdreau n'échape point au coup d'œil d'un oiseau de proye qui plane dans l'air, à cent pieds au-dessus de lui.

Puisque l'éloignement seul de l'objet suffit pour nous le faire voir sous des angles plus aigus, il est aisé de comprendre pourquoi nous avons égard à la diftance, pour juger de fa grandeur. Nous appercevons dans la campagne un animal que nous fommes tentés de prendre pour un mouton, ou pour quelque chofe de plus petit encore, à caufe du peu de volume que nous trouvons à cet objet; mais parce que nous appercevons en même tems un quart de lieue de diftance entre nous & lui, il nous vient en penfée que ce peut être un cheval ou une vache ; & fi cette diftance nous étoit cachée ou inconnue, les grandeurs apparentes ne fuffiroient pas pour nous inftruire des grandeurs réelles, fur-tout, s'il s'agiffoit d'objets nouveaux, ou que nous n'euffions jamais vus de près : c'eft ce qui arrive fréquemment aux perfonnes qui voyagent par hazard, ou pour la premiere fois, dans les montagnes, & qui portent la vûe de l'une fur l'autre, fans fçavoir, ou fans faire attention qu'elles font féparées par une large vallée : c'eft ce qui induit auffi en erreur ceux qui apperçoivent inopinément quelque objet ifolé, il leur faut du tems & des réflexions pour le reconnoître; cela vient de ce que l'on fçait, au

moins implicitement & par habitude,
que la grandeur apparente diminue à
mefure que l'œil s'éloigne de l'objet,
& que par conféquent on ne peut dire
combien cet objet eft grand en lui-
même, à moins qu'on ne fçache à peu
près de quelle quantité il eft éloigné.

Comme le dégré de diftance, quand
nous le connoiffons, nous aide à
bien juger de la grandeur d'un objet
que nous ne connoiffons pas; réciproquement l'objet connu & familier
nous apprend par fa grandeur apparente la diftance qui eft entre lui &
nous ; jamais cependant avec précifion, mais prefque toujours avec un
à-peu-près qui fuffit. Un homme, un
cheval, un arbre, une maifon, &c.
que j'apperçois fous une grandeur
bien au-deffous de celle que je lui
connois, me fait juger fans erreur
confidérable que j'en fuis à un certain
éloignement. Il n'en eft pas de même,
fi ce que je vois ainfi de loin eft d'un
volume auquel je ne m'attends pas;
fi l'on tranfporte, par exemple, dans
les Pyrennées, ou dans les Alpes, un
Parifien qui n'ait jamais vu que Mont-

martre, ou le Mont Valérien, (*a*) il
ne manquera pas d'eftimer à deux ou
trois lieues de lui une montagne qui
en fera éloignée de plus de douze,
parce que n'ayant aucune idée de ces
maffes énormes, il ne peut pas fçavoir
combien leur grandeur apparente dif-
fere de leur grandeur réelle, pour en
conclure leur diftance. En pareil cas,
ce n'eft qu'en confidérant les objets
intermédiaires, & les dégradations de
lumiére qui fuivent toujours les
grands éloignements, qu'on parvient
à fe perfuader de la grande diftance.

Lors-même que l'objet éloigné
nous eft connu, tout ce qui fe trouve
placé entre lui & nous ne contribue
pas peu à nous faire connoître fon dégré d'éloignement : l'œil parcourt
tous ces objets intermédiaires, & ad-
ditionnant, pour ainfi dire, leurs diftances refpectives, il en fait une fom-
me totale : quand cela ne fe peut pas
faire, ou que par précipitation cela ne
fe fait pas, on eftime ordinairement la
diftance au-deffous de ce qu'elle eft ;
c'eft pourquoi les gens qui n'ont

(*a*) Deux petites montagnes des environs
de Paris.

point

point contracté l'habitude de voir en
mer, croyent appercevoir à deux ou
trois lieues d'eux, une ifle qui en eft à
plus de 10; car l'efpace qui les fépa-
re de cette ifle étant une plage uniforme, l'œil n'y rencontre rien dont
il puiffe fe fervir pour le divifer, il ne
peut en diftinguer les parties pour les
compter. Il en eft à peu près de même de ce que l'on voit au bout d'une
grande prairie, ou d'une plaine qui
n'eft interrompue, ni par des arbres,
ni par des maifons, ni par aucun autre
objet remarquable ; & s'il eft vrai
qu'on frappe moins fûrement qu'ailleurs les oifeaux qu'on tire fur un
étang, ce n'eft pas, comme on le dit
communément, que le plomb y conferve fenfiblement moins fa vîteffe
qu'en plein champ, (car j'en ai fait
l'épreuve exprès ;) mais c'eft plutôt,
parce que n'eftimant pas bien la diftance, on tire de trop loin fans le fçavoir, & fouvent fur des animaux dont
la plume & la peau font plus difficiles
à percer que celles d'une perdrix ou
d'une caille.

C'eft encore par les angles vifuels
que nous jugeons de l'éloignement

K

respectif de deux objets apperçus en
même-tems : ils font à l'égard de l'œil
comme les deux points extrêmes d'un
feul & même corps, en un mot comme les points radieux *a* & *b* de nos
derniéres Expériences, par rapport au
trou de la platine.

Voilà donc pourquoi, lorfque nous
entrons dans une avenue un peu longue, elle nous femble plus étroite &
plus baffe à l'autre extrêmité, quoique les arbres dont elle eft formée,
foient par-tout également hauts, &
que les rangs foient bien paralleles
entr'eux ; car on peut voir par la *Fig.*
11. que les rayons qui viennent à l'œil
des arbres les plus éloignés pris deux
à deux, forment des angles plus aigus
que ceux qui arrivent de plus près ; &
il en eft de même de ceux qui viennent du pied de chacun de ces arbres
& du fommet.

On peut dire la même chofe en général de tous les objets qui font fort
longs & terminés par des lignes, ou
par des plans paralleles : une grande
prairie renfermée entre deux canaux,
une piéce d'eau fort étendue, nous
paroîtront toujours plus étroites à

l'endroit le plus éloigné de nos yeux, quoique l'une & l'autre foient exactement formées en quarrés longs. Quand nous entrons dans une galerie, elle nous femble plus baffe à l'autre bout, parce que l'angle vifuel qui embraffe la diftance du plancher au plafond devient néceffairement plus petit, quand cette dimenfion, ou cet intervalle eft pris dans un endroit plus éloigné de l'œil.

Lorfque ces fortes d'objets ne préfentent au fpectateur qu'un plan ou une ligne, telle que feroit une muraille, ou une file de foldats, l'œil qui fe place à un bout, & un peu de côté, de maniére à tout découvrir, comme dans la *Fig.* 12. fupplée au rang ou au côté parallele qui manque, par la direction de fon regard, il rapporte à la ligne PQ, qui eft comme l'axe prolongé du globe de l'œil, les différents points de l'objet 1, 2, 3, 4, &c. & ces points paroiffent fe rapprocher de cette ligne, fuivant la diminution de l'angle que fait avec elle le rayon qui vient de chacun de ces points vifibles : de-là il arrive qu'ils femblent former par leur fuite, une ligne incli-

K ij

née à *P Q*, selon l'ordre des chiffres
1, 2, 3, 4. &c.

C'est par cette raison, qu'étant
placé à la tête d'un canal ou d'un
étang, au lieu de voir la surface de
l'eau horisontale, comme elle l'est en
effet, on s'imagine toujours qu'elle
s'éleve à mesure qu'elle s'éloigne davantage. C'est encore pour cela, que
quand nous côtoyons un mur en
marchant, quelque droit & parallele
qu'il soit à notre route, nous le
voyons toujours comme incliné vers
elle : & si couchés sur le dos à quelques pieds de distance d'une tour ou
d'une muraille un peu élevée, nous
la considérons de bas en haut, elle
nous paroît penchée du côté où nous
sommes d'une maniére à effrayer quiconque ignoreroit qu'elle est véritablement d'aplomb.

Un objet qu'on regarde de loin
s'apperçoit rarement sous sa vraie figure ; car la figure d'un corps, c'est
l'ordre que ses parties gardent entre
elles, & cet arrangement, cette position respective des points visibles
change dans la représentation ou apparence de l'objet, suivant la maniére

Fig. 10 .
F
D
b
G
c
a
E
G
F
D
A
H
C
B
I
1
2
3
4
5
6
Fig. 11 .
1
2
3
4
5
6
Fig. 12 .
1
2
3
4
5
6
P
Q
Fig. 9 .

Gobin . Sc.

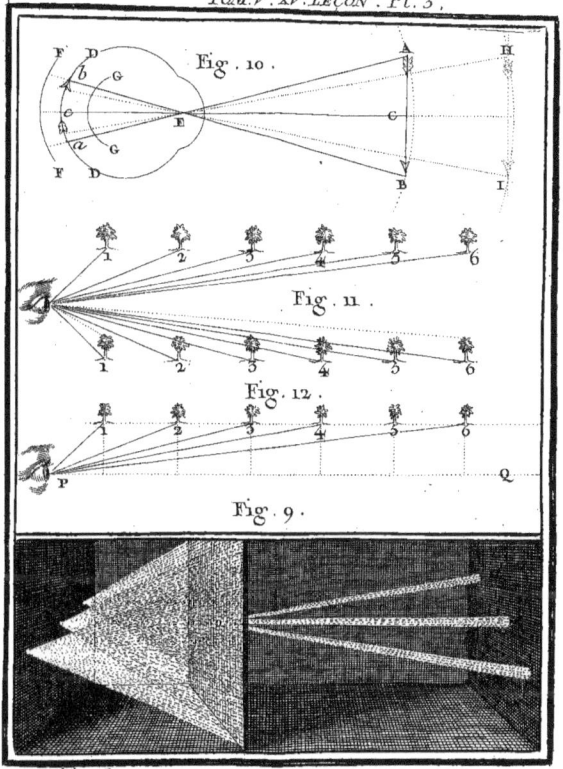

dont fes dimenfions fe préfentent à

l'angle vifuel. Si l'on apperçoit à une
lieue de diftance , par exemple , &
de quelque endroit un peu élevé, un
rang d'arbres plantés , comme *RR*,
Fig. 13. on les voit tous allignés dans
la même direction, & à peu-près
également efpacés entre eux, comme
ils le font en effet ; parce que tous les
angles vifuels qui les comprennent
deux à deux différent peu les uns des
autres : ce qui fait que l'image de ce
rang d'arbres tracée au fond de l'œil
eft affez conforme à fon objet.

Mais fi ces mêmes arbres bordoient
une demi-lune, comme *STV*, *Fig*.
14, on les verroit toujours rangés
dans la ligne droite *SV*; plus ferrés
feulement aux extrêmités que vers le
milieu ; car à un tel dégré d'éloignement les pyramides de lumiére qui
nous viennent des différents points de
l'objet ne différent point affez par la
divergence de leurs rayons ; pour
nous faire fentir que les arbres du milieu font plus près de nous que ceux
des extrêmités , & les angles vifuels
qui nous rapportent ce qui eft vers *S*
& vers *V*, étant plus petits que les au-

tres, il fuit, que deux de ces arbres pris aux extrêmités nous doivent paroître plus près l'un de l'autre, que deux de ces mêmes arbres qui feroient pris vers *T*. Le Soleil & la Lune qui font de vrais globes, n'offrent à nos yeux que des plans circulaires & lumineux, comme s'ils étoient de fimples difques ; parce que toutes les lignes qui forment leurs furfaces convexes fe préfentent à nous comme le rang d'arbres *STV*, dont je viens de parler, c'eft-à-dire, comme des lignes droites.

Quant aux objets qui font compofés de lignes droites, ou de furfaces planes, s'ils font fort grands, leur figure apparente nous trompe, par cela feul que leurs différentes parties fe voyent à des diftances plus grandes les unes que les autres : ce qui ne manque pas de nous repréfenter leurs dimenfions fous des rapports différents de ceux qu'elles ont réellement : ainfi une piéce d'eau bien quarrée ne fe voit pas fous cette forme, elle paroît plus étroite à fon extrêmité la plus éloignée de l'œil : mais indépendamment de cette caufe, il arrive fouvent, &

presque toujours, que certaines dimenfions de l'objet fe préfentent
obliquement aux angles vifuels, tandis que d'autres reçoivent plus directement nos regards, & cela occafionne encore des apparences qui s'écartent de la réalité. Si, par exemple,
de la terraffe d'un jardin je regarde
dans la campagne une piéce de bled
verd, dont la largeur s'offre à mes
yeux comme *A B*, *Fig.* 15, & la longueur, comme la ligne *AG*: je la ver-
rai fous une figure plus courte que celle qu'elle a réellement; parce que
dans l'image optique de cet objet la
longueur, au lieu de refter égale à la
largeur, eft comprife fous un angle plus petit, & fe réduit comme *A a*.

Il eft aifé de comprendre maintenant que les différents afpects peuvent
non-feulement changer en apparence
les grandeurs de certains côtés, en
laiffant fubfifter les autres à cela près
des changemens caufés par les diftances, mais même les effacer entiérement; de maniére qu'un folide fe voye
comme un plan, un plan comme une
ligne, une ligne comme un point. Ainfi l'on peut prendre de loin un bloc

de marbre blanc, pour une ferviette
étendue, s'il eſt placé devant l'œil,
de maniére à ne lui laiſſer voir qu'une
de ſes faces : on ne voit plus la gi-
rouette, mais ſeulement ſa tige, lorſqu'elle ſe trouve préciſément dans le
plan de l'angle viſuel qui meſure ſa
hauteur ; enfin nous ne voyons qu'u-
ne tache noire terminée par un cercle
de bronze, quand nous regardons directement l'embouchure d'un canon.

Ceux qui s'appliquent à deſſiner la
perſpective ne ſçauroient trop méditer ſur la variation des angles optiques cauſée, ou par la diſtance des
objets, ou par les différents aſpects
ſous leſquels ils ſe préſentent à l'œil;
car comme tout leur art conſiſte à
bien repréſenter les effets de la viſion,
qui dépendent principalement des
angles dont il s'agit, ils ne peuvent
travailler avec ſuccès, s'ils ne ſçavent
ou par principes, ou au moins par roû-
tine, ce que je viens d'enſeigner à ce
ſujet ; & ce n'eſt point encore aſſez
pour eux, le tableau qui porte les
images ayant pour l'ordinaire une ſituation tout-à-fait différente du
plan horiſontal, dans lequel la plûpart

part des objets font vûs, lorfqu'on
les deffine, il faut non-feulement que
le peintre ou le deffinateur ait égard
à la valeur des angles relative au
point de vûe, pour fçavoir à quoi fe
réduifent telles ou telles dimenfions,
telles ou telles diftances, mais qu'il
confidére encore la coupe de ces mêmes angles par un plan qui prendroit
la place & la fituation que doit avoir
le tableau, pour connoître au jufte
les efpaces dans lefquels il doit renfermer les différentes parties de l'objet ou du terrein qu'il veut repréfenter. Si, par exemple, il s'agit d'un
rang d'arbres apperçus dans la ligne
E F, Fig. 16. il ne fuffit pas de fçavoir
que cette ligne eft comprife fous l'angle E G F ; l'artifte doit faire attention, que vûe fous le même angle
dans un plan vertical, tel que fera
fon deffein ou fon tableau, elle fera
réduite dans l'efpace e f, & que fes
parties les plus éloignées de l'œil dé-
croîtront dans la même proportion,
ce qui exige que le premier arbre foit
deffiné plus grand que le fecond, &
le troifiéme plus petit encore que celui-ci.

Tome V.   L

On voit par-là, que les objets fort écartés l'un de l'autre sur un plan horisontal se rapprochent beaucoup, lorsqu'on les dessine en perspective sur un plan vertical. Réciproquement, si l'œil ne changeoit pas de place, & que le tableau fût couché dans une situation horisontale, comme *E F*, l'objet peint au naturel dans l'espace *e f*, ne pourroit plus se distinguer, à moins que le peintre, en recommençant le dessein, n'en étendît les parties dans la même proportion que le font celles de la ligne *E F*; alors l'œil placé en *G* verroit distinctement l'objet & dans ses justes proportions; mais de par-tout ailleurs, on ne le verroit que confusément & défiguré: on voit tous les jours de ces illusions d'optique préparées à dessein dans les cabinets des curieux.

Tout ce que j'ai dit jusqu'à présent de la situation, de la grandeur & de la figure apparente des objets, doit s'entendre aussi de leurs mouvemens visibles. Un corps que nous voyons se mouvoir, c'est un objet dont l'image change de place dans l'œil, à mesure qu'il passe lui-même d'un lieu dans un autre : on doit concevoir que tous les rayons qui tracent cette image mobile, font autant de lignes droites qui se croisent dans la partie antérieure de l'œil, comme je l'ai expliqué plus haut, & qui de plus tournent d'un mouvement commun autour du point même de leur croisement ; de sorte qu'en s'avançant vers le fond de l'œil, elles portent leurs impressions de gauche à droite, quand l'objet extérieur qu'elles représentent passe de droite à gauche.

Les mouvemens, ainsi que les parties de l'objet visible, se peignent donc au fond de l'organe dans un ordre renversé. L'expérience de l'œil de veau dont j'ai fait mention ci-dessus prouve également l'un & l'autre. Si l'on a bien conçu comment des rayons qui se croisent avant de toucher le fond de l'œil, nous font voir l'objet dans sa situation naturelle, on n'aura pas de peine à comprendre pourquoi nous voyons aller de droite à gauche un corps dont le mouvement progressif se trace de gauche à droite sur l'organe ; car en rapportant toujours chaque point de l'objet apperçu au bout du rayon qui nous le fait fentir, tandis que ce rayon tourne comme l'aiguille d'une pendule fur un des points de fa longueur, pour fuivre l'objet dans toutes fes apparitions fucceffives, c'eft une néceffité que le bout qui touche le fond de l'œil aille en fens contraire de l'autre, & que nous jugions le mouvement qui s'exécute au-dehors dans une direction tout oppofée à celle qui fuit fa repréfentation.

Quant à la vîteffe du mouvement, nous la mefurons par le tems qui s'écoule, & par l'efpace que nous voyons parcourir à l'objet ; mais cet efpace ne paroît pas toujours tel qu'il eft. Nous en jugeons naturellement comme de la grandeur, par l'ouverture des angles vifuels qui le comprennent en totalité, ou par parties ; & cette évaluation, pour être jufte, dépend principalement de deux conditions : la première, que nous connoiffions la diftance qu'il y a entre nous & le corps dont notre œil fuit le mouvement ; car en regardant un homme qui marche dans la campagne, fi nous le voyons dans la ligne *IK*, *Fig.* 17, lorfqu'il eft plus loin dans la route *LM*, par exemple, nous trouverons sa marche plus lente qu'elle n'est en effet; puisque dans un tems donné il nous paroîtra parcourir l'espace IK, plus petit que LM qu'il parcourt réellement.

La seconde condition est, que l'espace parcouru par l'objet ne se présente point obliquement à nos regards, comme IM; car en pareil cas, nous estimerions encore cet espace au-dessous de sa juste valeur, nous serions fortement tentés de croire, qu'un homme qui seroit allé par la route IM n'auroit fait que le chemin IK qui est bien plus court; & nous ne pourrions éviter cette erreur, qu'en ayant égard à certaines circonstances qui ne se rencontrent pas toujours, ou qui ne sont point assez remarquables, quand les mouvemens qu'on examine se passent au loin.

Par la même raison, deux hommes qui marchent à pas égaux, l'un par la route LCM, l'autre par IHK; paroîtront aller avec des vîtesses inégales; le dernier aura l'air de précipiter sa marche davantage, ou d'allonger le pas plus que le premier : il pourroit même arriver, & cela se conçoit aisément, que celui qui paroîtroit faire le plus de diligence, allât réellement avec moins de vîtesse que l'autre.

Le mouvement devient insensible à la vûe, lorsque les espaces parcourus dans chaque seconde de tems répondent à des angles visuels, qui n'excédent pas 20 secondes de dégré ; l'œil le plus fin & le plus attentif ne voit pas même se mouvoir l'aiguille qui marque les heures au cadran d'une pendule, quoiqu'elle chemine plus vîte que dans cette proportion : sur quoi il est bon de remarquer que la plus grande vîtesse peut devenir insensible par la distance excessive qui se trouveroit entre le mobile & l'œil ; car, par exemple, si les rayons PL, PN, étoient tellement longs, qu'un espace de 100 toises pris sur la ligne LM, ne répondît qu'à un angle de 18 ou 20 secondes de dégrés, un corps qui seroit dans cet éloignement par rapport à l'œil, & qui auroit toute la vîtesse d'un boulet de canon, y paroîtroit comme immobile ; & voi-là pourquoi nous n'appercevons pas d'une seconde à l'autre le mouvement du foleil, ni même celui de la Lune, quoiqu'ils foient tous deux beaucoup plus rapides que celui d'un boulet chaffé par l'effort de la poudre.

Quand je cite la révolution diurne du Soleil, ou celle de la Lune, je n'entends parler que des traces qui pourroient s'en former dans l'œil du fpectateur ; elles feroient les mêmes, foit que l'aftre fe mût en effet, ou feulement en apparence ; car, en général, que l'œil tourne devant l'objet fixe, ou que l'objet mobile lui-même paffe d'un côté à l'autre devant l'œil, l'image change également de place au fond de cet organe, & fes mouvemens reçoivent les mêmes modifications ; c'eft pour cela qu'étant fur l'eau, fi l'on ne fait point attention au déplacement continuel du bateau dans lequel on eft, on attribue au rivage & aux objets les plus fixes tous les mouvemens apparens qui réfultent des différentes pofitions par lefquelles les yeux paffent.

Si le mobile fuit toujours la même direction, il décrit une ligne droite, & nous l'y pouvons fuivre de la vûe,

L iv

pourvû que les points de cette ligne
fur lefquels fe font les apparitions fucceffives puiffent être rapportés diftinctement par les angles optiques,
ou ce qui eft la même chofe, pourvû
que des différens points pris fur cette ligne, il puiffe venir à l'œil du
fpectateur, des rayons qui forment
des angles fuffifamment ouverts ; car
fi ces angles font nuls, ou par trop
aigus, comme il arrive quand l'objet
vient droit à nous, ou s'en éloigne de
même dans le lointain, alors le mouvement eft infenfible ; ce que nous
voyons ainfi nous femble refter en
place, & ce n'eft qu'après un certain
tems qu'il nous paroît s'être approché,
parce que nous le voyons plus grand,
plus éclairé, plus diftinct qu'auparavant.

Le corps qui en s'avançant change
fouvent & infenfiblement de direction, décrit une ligne courbe que
nous diftinguons fort bien, quand
nous pouvons voir le plan qu'elle
termine ; mais la courbure, foit
qu'elle fe préfente par fa convexité,
comme *Q R S*, ou par fa concavité,
comme *T V X*, *Fig.* 18. ne s'apperçoit

point, si l'axe de la vision YV se trou-

ve dant le même plan : ainsi lorsque vous voyez de loin tourner un
lustre, auquel on n'a laissé qu'une
bougie allumée, vous vous imaginez
que cette lumière (qui décrit pourtant
une circonférence de cercle $R\,T\,V\,X$),
ne fait que se mouvoir alternative-
ment de droite à gauche, & de gauche à droite dans le diamétre $T\,X$; &
par la même raison, quand vous regardez de côté un moulin à vent à une
certaine distance, vous ne voyez qu'un
mouvement de bas en haut, ou de
haut en bas, qui ne vous rappelle
nullement les révolutions circulaires
de ses aîles.

En parlant de la grandeur apparente
des objets, j'ai toujours supposé que
nous en jugions par les angles visuels,
eû égard au dégré d'éloignement, &
c'est-là, à mon avis, la première intention de la nature ; puisque par
le moyen de ces angles, l'image de
l'objet, l'impression qu'il fait sur l'organe, se met en proportion de grandeur avec lui, & se modifie selon la
distance & selon la manière dont cet
objet se présente : dire comme un au-

teur célébre de notre tems, *que ces effets font des circonstances qui accompagnent la vision, plutôt que des principes qui lui servent de régles,* c'est oublier, ce me semble, une vérité dont tout le monde convient ; sçavoir, que dans l'exercice de tous nos sens, l'amplitude, aussi-bien que la force des impressions qui se font sur nos organes, nous guident pour juger de la grandeur & du plus ou moins de proximité des objets qui les font naître. Il est vrai, par rapport à la vûe sur-tout, que nous dérogeons souvent à la loi générale, & que dans bien des cas, ce que nous voyons nous donne l'idée d'une grandeur qui n'est point proportionnée à l'image qui s'en trace au fond de nos yeux ; mais cela vient de quelques causes particuliéres dont il est à propos de dire un mot.

Je regarde un homme qui est à 100 pas de moi : suivant la régle des angles visuels, il devroit me paroître environ une fois plus petit que je ne le verrois à 50 pas ; car son image dans le fond de mon œil diminue dans cette proportion : cependant il me semble dans l'un & dans l'autre cas à peu

près de la même grandeur : c'eſt qu'é-
tant fortement prévenu qu'un homme
fait n'a pas communément moins de
5 pieds de haut, & apperçevant dans
ſon extérieur tout ce qui donne l'air
d'un adulte, je céde ſans y prendre
garde à ces connoiſſances intimes &
familiéres qui l'emportent ſur les limites de la ſenſation, & maîtriſent
mon jugement. Vous regardez de loin
un arbre qui eſt auprès d'une maiſon,
& vous eſtimez ſa hauteur 25 ou 30
pieds, parce qu'il vous paroît auſſi
haut que cette maiſon, & que vous
ſçavez d'ailleurs qu'un tel édifice n'eſt
guére moins élevé que de 4 à 5 toiſes :
ſi l'arbre étoit iſolé en raſe campagne,
vous le prendriez pour un buiſſon.
Une perſonne qui, pour la premiére
fois, porte la vûe en pleine mer, prend
volontiers pour une barque de pê-
cheur ce qu'un officier de marine
reconnoît d'abord pour être un bâtiment conſidérable ; celui-ci en juge,
non-ſeulement par la grandeur apparente, mais encore par certaines parties qu'il ſçait diſtinguer mieux qu'un
autre, par l'affoibliſſement de la lumiére & des couleurs, ce qui joint à

l'habitude de voir pareils objets de plus près lui fait fentir avec affez de jufteffe le dégré d'éloignement de celui-là, & par conféquent la grandeur qu'on doit conclure de l'angle fous lequel on l'apperçoit.

Mais, dira-t-on, fi la vifion néceffaire, celle qui nous conduit à connoître les objets pour ce qu'ils font, dépend de ces comparaifons raifonnées & de ces connoiffances réfléchies, comment fe fait-il qu'un payfan voye comme un homme bien inftruit ? & pourquoi les animaux de toute autre efpéce que la nôtre, fans réfléchir & fans raifonner, diftinguent-ils comme nous ce qu'il leur importe de bien voir ? car il faut bien que cela foit ; autrement, eft-il vraifemblable qu'un liévre prît la fuite avec tant de frayeur & de précipitation devant le chaffeur qu'il apperçoit à cent pas de lui, fi celui-ci, felon les rapports des angles optiques, lui paroiffoit comme un pigmée de quelques pouces de hauteur.

Pour répondre à ces objections, il faudroit pouvoir faire fentir à quiconque l'ignore, quelle eft la force de l'habitude : quoique dans la vision des objets, les impressions qui se font sur l'organe soient réellement suivies des pensées, des jugemens, des raisonnemens de l'ame, accoutumés dès notre plus tendre enfance, & continuellement exercés à juger sur de pareils rapports, nous parvenons de bonne heure à le faire avec une si grande facilité, que l'instant de la délibération devenu insensible dans les cas ordinaires, n'existe plus, pour ainsi dire, que virtuellement : mais il n'en a pas toujours été de même ; c'est l'habitude de voir insensiblement acquise qui nous a conduits à voir si promptement ; & cette habitude vient à l'homme le plus stupide, au moins sur un certain nombre d'objets.

Si l'on veut se convaincre de cette vérité, il n'y a qu'à réfléchir un peu sur ce qui se passe, lorsqu'on apprend à voir quelqu'objet particulier : en considérant, par exemple, avec quelle aisance un musicien chante à livre ouvert ce qu'il n'a jamais ni vû, ni entendu, ne croiroit-on pas qu'il ne délibére aucunement sur la valeur des notes, & qu'il ne se passe absolument

X V. Leçon.

rien entre le coup d'œil & la prononciation ? il y a pourtant entre l'un & l'autre une action de l'ame, un jugement fondé fur la figure & la pofition bien diftinguée de chaque figne ; délibération, à la vérité, fi prompte, qu'elle ne fe laiffe pas appercevoir à la perfonne même qui délibére, mais qui n'eft devenue telle, qu'après avoir été long tems lente & faftidieufement fenfible.

Ce que je dis d'un livre de mufique, on peut l'appliquer à tout autre objet. L'Officier de marine qui juge dans l'inftant & affez bien de la grandeur d'un bâtiment qui eft à cinq ou fix lieues en mer, n'a pas toujours eu le coup d'œil, ni auffi prompt, ni auffi fûr ; & celui qui s'y trompe aujourd'hui, après avoir long-tems mal vû, ne s'en rapportant qu'aux angles vifuels, ou s'y fiant trop, deviendra plus habile à force de réflexions, & en acquiérant des connoiffances qui influeront, fans qu'il y penfe, dans l'eftimation qu'il fera de pareils objets.

Quant à l'autre difficulté, je conviens qu'à juger des animaux par ce que nous leur voyons faire, on diroit qu'ils voyent à notre maniére, qu'ils ſçavent quelquefois embraſſer un parti différent de celui qu'ils devroient prendre, en conſéquence de la grandeur, de la figure ou de la ſituation dont les objets ſe peignent dans leurs yeux ; mais j'ignore s'il n'y a pas en eux quelqu'intelligence ou faculté mémorative capable d'ajouter ou de retrancher à ces impreſſions, pour accommoder à certaines fins les actions qui en doivent réſulter : c'eſt une grande queſtion dans laquelle je ne veux pas entrer, comme je l'ai déja déclaré en parlant des ſens en général.

Un jeune Anglois de 13 ans vit clair pour la premiére fois de ſa vie, par le ſecours & par les ſoins de M. Cheſelden, habile Chirurgien de Londres, qui lui abattit des cataractes, & M. Smith, dans ſon Traité d'Optique, raconte que ce nouveau clairvoyant ne pouvoit juger d'abord, ni de la grandeur, ni de la figure des objets, & qu'il n'y parvint qu'au bout d'un certain tems : cela prouve-t-il, comme on l'a prétendu, que les angles optiques ne ſervent à rien dans la vifion ? J'ai peine à le croire : tout ce qu'on en peut inférer, felon moi, c'eſt que ces angles ne déterminent point la grandeur de l'objet pour quiconque ignore à quelle diſtance il eſt de l'œil, comme je l'ai établi ci-deſſus. Or cette derniére notion ne nous vient que par expérience & par habitude ; par conſéquent il faut du tems pour l'acquérir ; le jeune homme qu'on nous cite auroit peut être vû comme un autre dès le premier moment, il auroit ſçu comparer pluſieurs grandeurs entr'elles, s'il avoit eu l'idée des diſtances & de leurs différences.

Si les angles optiques ne font rien à la viſion, s'ils n'en font que les circonſtances très-indifférentes, comme on l'a voulu établir, qu'on m'apprenne donc pourquoi, lorſqu'ils font aggrandis artificiellement par le moyen de quelque verre, ou autrement, je ne manque point de voir l'objet plus grand ? Quand je montre pour la premiére fois à un enfant une puce au microſcope, & qu'il la trouve auſſi groſſe qu'un hanneton, peut-on dire que cette idée lui vienne du préjugé de l'habitude, du dégré de clarté, de
la

la comparaison qu'il en fait avec les
objets circonvoisins, &c ? N'est-il pas
incontestable que cet enfant voit
ainsi, parce que l'image de l'objet est
amplifiée au fond de l'œil, ou, ce qui
est la même chose, parce qu'il apperçoit cet objet sous un plus grand angle ? Tenons-nous-en donc à ce qu'on
a toujours dit, que les idées de grandeur, de situation, de figure excitées
en nous par l'image des objets, tiennent, avant toutes choses, aux angles
visuels, & à la position respective des
rayons qui les forment ; & que s'il est
des occasions, où le préjugé, les connoissances précédemment acquises, le
dégré de clarté, &c. entrent en consi-
dération, modifient ces idées, & nous
empêchent de voir les objets, tels
qu'ils nous sont représentés par ces
angles, ce sont autant d'exceptions
qu'on ne doit pas mettre à la place
de la régle générale.

Comme les objets se présentent ordinairement à nos yeux avec d'autant
plus de clarté, qu'ils sont plus près de
nous, l'habitude de les voir ainsi
nous porte à croire que ces mêmes
objets sont fort éloignés, quand ils

Tome V. M

font plus sombres, moins lumineux que de coutume. Un auteur Anglois * qui a très-bien écrit sur l'Optique, prétend, avec beaucoup de vrai-semblance, que c'est par cette raison que nous voyons le Soleil & la pleine Lune plus grands à l'horison qu'en tout autre endroit du ciel, quoiqu'on sçache bien que ces astres sont alors plus éloignés de nous qu'ils ne le sont au Zénith : car, dit il, comme leur lumiére est alors beaucoup affoiblie, nous imaginons par habitude que cela vient d'un plus grand éloignement, & nous jugeons de même qu'ils sont raprochés, lorsqu'en s'élevant davantage au-dessus de l'horison, ils deviennent plus brillants. Or, quoique l'angle visuel *a C b*, *Fig.* 19. soit toujours le même, l'objet qu'il embrasse, doit paroître plus grand si nous le croyons plus loin : j'estime donc par cette raison le diamétre de la Lune plus grand lorsqu'elle est en *A*, que quand elle est élevée en *B* ; parce que dans ce dernier cas je la crois plus près de moi : & si je veux suivre l'astre dans sa demie-révolution, il ne me paroîtra pas avoir décrit un demi-

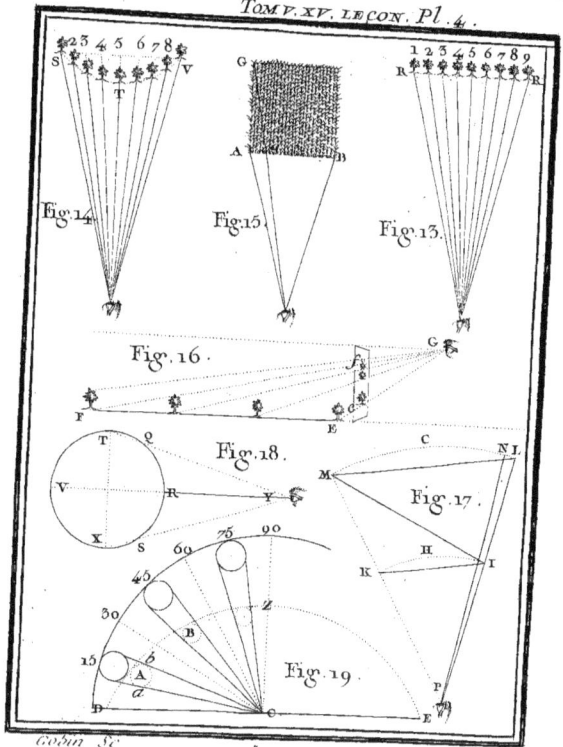

Fig. 14.

Fig. 15.

Fig. 13.

Fig. 16.

Fig. 18.

Fig. 17.

Fig. 19.

Gobin Sc

cercle dont j'occupe le centre, mais un arc semblable à *D Z E*, à cause de ses décroissemens apparens.

La même explication nous fait comprendre pourquoi le ciel a la figure d'une voûte surbaissée. Parce qu'il est beaucoup plus éclairé vers le Zénith que vers l'horison, ses parties les plus sombres nous semblent plus éloignées par proportion ; & de-là il doit arriver que la courbure hémisphérique se change en une autre courbe apparente *D Z E*, qui est de beaucoup surbaissée.

Quoique j'adopte très-volontiers ces raisons, parce qu'elles me paroissent naturelles & propres à résoudre ces questions sur lesquels les Physiciens ont tant disputé, cependant je ne crois pas qu'on doive pour cela rejetter celle du P. Malebranche qui attribue la grandeur apparente de la Lune horisontale à l'interposition des objets terrestres : en effet, la distance des objets nous paroît toujours plus grande, quand il y en a beaucoup d'autres entr'eux & nous, quand ils sont les derniers de tous ceux que nous pouvons appercevoir ; & ce qui prouve que cela doit entrer en confidération, c'eſt que la pleine Lune, ou le Soleil levant étant vû par un tube, & par conſéquent comme un corps iſolé, perd beaucoup de cette grandeur apparente, ſur-tout quand on en fait l'épreuve avant que d'avoir apperçû l'aſtre à la vûe ſimple : car ſans cela le préjugé peut entretenir l'illuſion.

Il faut pourtant convenir que la pleine Lune paroît quelquefois très-grande à ſon lever, quoique l'horiſon ſoit très-borné, comme lorſqu'on l'apperçoit à travers les branches d'un gros arbre, immédiatement au-deſſus de quelque édifice, derriére une montagne voiſine, &c. il eſt encore vrai, que quand on l'apperçoit ainſi inopinément, on eſt ſouvent frappé de ſa grandeur, avant que de penſer que ce peut être un aſtre ; enfin, il y a des tems, où, ſans changer d'horiſon, ce phénoméne nous paroît plus remarquable. L'explication de M. Smith, jointe à celle du P. Malebranche, ne me paroiſſent pas ſatisfaire à ces obſervations ; d'où je conclus que l'effet dont il s'agit dépend, non pas d'une ſeule

caufe, mais de plufieurs enfemble,
qu'il faut tâcher de réunir pour parvenir à une explication complette :
pourquoi ne diroit-on pas avec Regis
qu'une partie de ces effets vient des
réfractions de la lumiére augmentées
par les vapeurs qui régnent en plus
grande abondance dans la partie de
l'atmofphére à travers laquelle nous
appercevons l'aftre, au tems de fon
lever ? & ne pouvons-nous pas penfer
auffi, comme le P. Gouye, que l'afpect des autres corps accompagnant
celui de la Lune, nous la fait paroître
plus grande, que quand elle eft ifolée?
C'eft un effet que nous remarquons à
l'égard des autres objets, fur-tout,
quand ils font, ou lumineux, ou fort
éclairés dans des lieux fombres.

XVI. LEÇON.
Sur la Lumiére.

SUITE DE LA II. SECTION.

ARTICLE SECOND.

De la lumiére réfléchie, ou des principes de la Catoptrique.

XVI. LEÇON. J'AI déja dit au commencement de cette Section, que les rayons de la lumiére s'étendent en ligne droites tant qu'ils font dans un milieu d'une denfité uniforme ; & c'eft la loi commune de tous les mouvemens fimples qui font cenfés n'avoir qu'une feule détermination. Ces mêmes rayons toujours foumis aux régles générales de la nature, font fujets auffi à fe détourner de leur premiére direction, lorfqu'il fe trouve fur leur route un corps, qui leur refufant le

paſſage les force à rebrouſſer che‐
min, ou une matiére plus ou moins
pénétrable pour eux, que celle dans
laquelle ils ont commencé à ſe mou‐
voir, qui leur donne occaſion de
s'incliner d'un côté, ou d'un autre : la
première de ces deux ſortes de dévia‐
tions eſt ce qu'on appelle *réflection* de
la lumiére ; la ſeconde ſe nomme *ré‐
fraction.*

C'eſt principalement à la rencon‐
tre des corps opaques, que la lumiére
ſe réfléchit : les plus durs, les plus
compactes, ceux qui ſont ſuſceptibles
du poli le plus parfait, & dont la cou‐
leur approche le plus du blanc, ſont
univerſellement reconnus pour être
les plus propres à cet effet : je n'ai rien
à dire ſur cela que tout le monde ne
ſçache bien. L'éclat de la neige, le
brillant des métaux, ſont des preuves
auſſi communes que palpables de cet‐
te vérité. Mais ce qui paroîtra ſans
doute bien étrange à pluſieurs de mes
lecteurs, c'eſt qu'on diſpute aujour‐
d'hui très ſérieuſement en phyſique
pour ſçavoir, ſi ce ſont les parties
propres de ces ſurfaces qui font re‐
jaillir la lumiére. Depuis les recher‐

ches & les découvertes admirables
que Newton a faites fur cette matiére, bien des gens d'après lui fou-
tiennent la négative, & prétendent
que les rayons font renvoyés ou re-
pouffés avant même que de toucher
à la furface d'un corps, & cela par
un certain *pouvoir* qu'on ne définit
point, & qui enduit, pour ainfi dire, les furfaces, en s'ajuftant à leurs
figures.

 L'obfcurité de l'expreffion, & les
conféquences finguliéres qui fe dédui-
fent de cette nouvelle doctrine, la
rendent fufpecte aux perfonnes les
plus raifonnables, & qui ont le moins
d'envie de rejetter avec partialité ce
qui tient à la philofophie Newtonien-
ne. Quoi, dit-on, ce n'eft point l'a-
malgame de mercure & d'étain appliqué derriére la glace de mon miroir qui
me fait voir mon image ? mais fans cela
cependant je ne vois rien : quelle place y a-t-il entre cet enduit métallique
& le verre, pour y loger le prétendu
pouvoir réfléchiffant ? où, s'il lui en faut
fi peu, comment fçait-on qu'il agit à
une certaine diftance des furfaces ?
ce n'eft donc pas non plus ce métal
préparé

préparé avec tant d'art, & poli avec tant de soin, qui opere par lui-même le merveilleux effet du télescope ? & pourquoi ne fait-il plus rien voir quand il est seulement terni ? que fait la netteté du métal à cette puissance qui ne tient point à lui, puisqu'elle agit hors de lui ? Enfin, quand je regarde un objet quelconque, ce n'est donc pas lui que je vois, mais quelque chose d'étranger à lui, puisque les points visibles d'où procédent les rayons réfléchis ne sont point sa propre substance.

Il faut convenir qu'on peut faire sur cela bien des questions embarrassantes, & qu'il n'est guére possible de faire goûter ce pouvoir secret auquel on attribue les mouvemens réfléchis de la lumiére, à quiconque se sera fait une loi de n'admettre en Physique aucune cause abstraite, & qui ne soit intelligiblement méchanique. Mais si ce mot obscur, par lequel on n'a voulu peut être exprimer qu'un fait, & qui indispose tant de gens, parce qu'il a l'air d'introduire une qualité occulte, si ce mot, dis-je, étoit interprété dans un sens vraiment

XVI.
Leçon

physique, ne fût-ce que par une con-jecture plausible, il pourroit arriver qu'on revînt de la répugnance qu'il inspire, & qu'on se familiarisât peu à peu avec ces paradoxes ausquels il donne lieu, & qui semblent d'abord si ridicules. C'est dans cette vûe que je vais dire ce que je pense avec quelques Physiciens de ces derniers tems, touchant la cause immédiate des réflections de la lumiére. Si je puis me faire entendre, j'ose me flatter que l'on concevra assez nettement comment il est possible que les rayons rejaillissent à la rencontre d'un corps opaque, sans toucher les parties propres de sa surface.

*XV.
Leçon. p. 4.
& suiv.*

Qu'on se rappelle ici ce que j'ai dit dans la premiére section * en parlant de la nature de la lumiére, & de sa maniére d'être. J'ai établi par des preuves tirées de l'expérience, que ce fluide qui nous fait voir les ob-jets, est universellement répandu dans l'univers; qu'il existe au-dedans, comme au-dehors des corps; qu'il remplit tous les espaces qui ne sont point occupés par une autre matiére; & qu'il n'y a rien dans la nature qui

n'en foit intimement pénétré, jufques
dans fes moindres molécules, de même, & bien plus encore, que n'eft
imbibée d'eau une éponge mouillée.
Conféquemment à cette premiére
idée, nous devons concevoir que la
contiguité des parties propres d'un
corps quelconque eft perpétuellement
interrompue par les globules de la lumiére qui rempliffent fes pores ; &
toute furface peut être confidérée
comme une efpéce de tiffu dont les
mailles font remplies par ces mêmes
globules.

Si l'on fait attention enfuite à la
grande porofité des corps, tellement
connue & avouée des Phyficiens, que
felon la plûpart d'entr'eux, les métaux
les plus compacts ont plus de vuide que de plein ; fi l'on réfléchit fur
la prodigieufe divifibilité de leurs
parties qui nous laiffe à peine la liberté de conjecturer des atômes, & fi
l'on n'oublie pas que la matiére de la
lumiére eft un fluide d'une fubtilité
inexprimable, on concevra fans peine, que les mailles du tiffu dont je
parle, doivent être bien délicates,
& que chacune d'elles contenant les

N ij

globules de la lumiére comme en-
châffés & fixés dans un chaton, toutes enfemble compofent une furface,
où cette derniére matiére a bien plus
de part que celle même des corps
qu'on fe propofe de voir, & qui lui
fert comme de cadre.

C'eft donc principalement fur ces
globules encadrés que tombent les
rayons ; & comme ces filets de lumiére ne font eux-mêmes que des
globules de la même nature allignés
dans une même direction, & animés
d'un mouvement de vibration, je
conçois que les parties fur lefquelles ils agiffent, ayant un dégré de reffort femblable au leur, les répercu-
tent & les renvoyent mieux que ne
pourroit jamais faire la matiére propre de la furface à laquelle elles appartiennent ; car quand on fuppofe-
roit que celle-ci fût élaftique auffi,
eft-il vrai-femblable qu'elle le foit au
point de s'agiter, de trembler avec
la même fréquence, de rendre, en
un mot, vibration pour vibration ? ce
qui paroît être cependant indifpenfablement néceffaire, pour conferver
aux rayons réfléchis le mouvement ou

l'action des rayons incidents, au moins dans le fyftême de ceux avec qui je penfe que la propagation de la lumiére fe fait par un mouvement de preffion.

Une feule furface, ou plutôt une couche infiniment mince, conçue comme je viens de l'expofer, ne feroit pas réfléchiffante ; parce que les globules de la lumiére, comme des diamants montés à jour, tranfmettroient toute l'action qu'ils auroient reçue à d'autres fuites de globules qui fe trouveroient infailliblement derriére, puifque tout efpace en eft plein : le même effet arriveroit encore, fi les rayons tomboient fur un corps compofé de couches homogênes qui fe répondiffent maille pour maille, ou, ce qui eft la même chofe, dont les pores fuffent dirigés en lignes droites : & c'eft l'idée qu'il faut fe faire des corps diaphanes ou tranfparens.

La lumiére n'eft donc réfléchie, que quand elle tombe fur des globules de fon efpéce, rangés & arrêtés dans une furface, de maniére que l'action qui leur eft communiquée, ne puiffe, ni paffer plus loin, ni être amortie par

quelque caufe particuliére provenant
de la nature ou de l'état actuel du
corps qui les contient ; & comme en
cela le tout ou rien n'a jamais lieu,
on peut dire qu'il n'y a aucune furface qui réfléchiffe parfaitement toute
la lumiére qu'elle reçoit, comme il
n'y en a point non plus d'où il n'en
puiffe revenir un peu.

Si l'on entend ainfi la caufe du
mouvement réfléchi de la lumiére, ce
pouvoir réflectif qu'on attribue aux
furfaces comme un être diftingué d'elles-mêmes, ceffe d'être un myftere :
c'eft la lumiére éteinte & fixée à
l'embouchure des pores qui s'anime
par l'action même des rayons qui la
touchent, & dont la réaction fe fait
remarquer, quand le mouvement
qu'elle reçoit ne peut paffer plus
loin. Cela n'eft-il pas plus que probable, quand nous voyons un grand
nombre de corps continuer de luire
dans l'obfcurité, après avoir été ex-
pofés au grand jour, comme je l'ai
rapporté en parlant des phofphores ?
& fi l'expérience nous porte à croire, qu'en certains cas la lumiére fe
réfléchit avant, & fans même que les

furfaces des corps en ayent été touchées, ce phénoméne s'expliquera bien encore indépendamment de toute qualité abftraite. On peut penfer que les globules arrêtés dans la furface d'un corps fervent comme de points d'appui à ceux qui les précédent hors de cette furface, & que ceux-ci preffés par les rayons qui tombent deffus, réagiffent fur eux de maniére, que tous les points de réflection fe trouvent à une petite diftance du corps fur lequel ces rayons font dirigés.

J'avoue, qu'en embraffant cette opinion, on fe met dans la néceffité de renoncer aux idées les plus communes, & de fe roidir contre des préjugés bien accrédités & bien difficiles à vaincre. Se perfuadera-t-on, par exemple, que les corps ne foient pas vifibles par eux-mêmes, mais feulement par les points de lumiére dont leurs furfaces font parfemées ? qu'à proprement parler, nous n'avons jamais rien vû de tout ce que nous avons touché ? Cependant quel moyen de penfer autrement, fi nous ne pouvons rien voir que ce qui nous renvoye de la lumiére ; & fi les rayons qui nous tracent les images des objets ne peuvent être renvoyés vers nos yeux que par les globules de cette matiére impalpable, qui se trouve dans la même superficie avec les parties propres des corps ? Aidons-nous de quelques comparaisons, pour adoucir un peu la dureté de ces conséquences, & pour disposer les esprits en leur faveur.

Quand vous jettez la vûe sur un morceau de drap teint en écarlate, votre première pensée n'est-elle pas que vous voyez un tissu de laine, & ne vous révolteriez-vous pas d'abord contre quiconque vous asûreroit que vous voyez toute autre chose que cela ? Cependant, si vous y faites bien attention, & si vous raisonniez avec ordre, vous serez forcé de convenir, que vous n'appercevez qu'un enduit de cochenille adhérent à la matiére propre de l'étoffe, des particules colorantes incrustées dans les pores de la laine ; en un mot, une substance étrangere à l'objet que vous avez en pensée, & qui ne vous laisse voir de lui que sa grandeur, sa situation, sa figure, & nullement sa matiére propre.

Lorſque vous regardez un morceau de papier mouillé, & qu'il vous paroît plus bis qu'il n'a coutume de l'être étant ſec, vous n'ignorez pas que la cauſe de ce changement ne ſoit l'eau dont il eſt imbibé ; mais pourriez-vous avec la pointe de l'aiguille la plus fine toucher un endroit de la ſurface, qui ne participât à cet effet? que dis-je ? le meilleur microſcope feroit-il capable de vous faire diſtinguer les endroits où l'eau s'eſt logée, d'avec les parties ſolides qui n'ont pu en être pénétrées ?

Voilà donc, comme vous voyez, des cas (& j'en pourrois citer une infinité d'autres) où les corps ne font pas viſibles par leur propre matiére, mais ſeulement par une ſubſtance étrangére qui s'eſt logée dans leurs pores. Si l'art peut produire ces effets avec des teintures ou des liqueurs, qui n'approchent point à beaucoup près de la ſubtilité de la lumiére, pourquoi ne penſerez-vous pas que tous les corps naturellement imbibés de ce fluide dans lequel ils ſe ſont formés, & où ils ſont perpétuellement plongés, n'en euſſent toujours à leurs furfaces une quantité égale à celle de leurs pores, qu'on fçait être prodigieufe, & que ce ne foit-là, non-feulement la principale, mais même la vraie & la feule caufe de leur apparence ou vifibilité?

Je préviens votre réponfe : C'eft, me direz-vous, que la lumiére prife en elle-même n'eft point un objet, au lieu que les particules colorantes, ou celles d'une liqueur, font des petits corps ; & quand ces matiéres étrangéres, ou accidentelles, s'offrent immédiatement à ma vûe, en me cachant ce que je cherche à voir, ou ce que je crois voir, cette efpéce de mafque au moins eft un être réél & très-diftinct de la lumiére qui m'en trace l'image.

Par les exemples que j'ai allégués, je n'ai prétendu faire entendre autre chofe, finon que les pores d'une furface, toujours beaucoup plus nombreux que fes parties folides, peuvent être remplis d'une fubftance étrangére à laquelle on ne devroit faire nulle difficulté d'attribuer la réflection des rayons qui rendroient cette furface vifible ; & je crois avoir fuffifamment

rempli cette vûe. Quant à la nature
de ces particules colorantes, ou par
la préfence defquelles il arrive des
réflections de lumiére différentes de ce
qu'elles étoient auparavant, je conviens que ce font des petits corps, qui
ne reffemblent point à ces portion-
cules de lumiére que nous fuppofons
logées à l'embouchure des pores ;
mais j'ofe avancer, & je le prouverai
ailleurs, que la cochenille incruftée
dans les pores de la laine, n'eft point
par elle-même ce qui fait voir le drap
rouge, elle n'en eft que la caufe occa-
fionnelle ; & fans une lumiére qui lui
eft propre, & dont elle eft abreuvée
comme une éponge, ni elle-même,
ni la laine qu'elle couvre, n'auroit
cette belle couleur qui éclate à nos
yeux. L'eau qui altére la blancheur
du papier, en le faifant paroître plus
bis, n'eft pas non plus la caufe immédiate de ce changement : ce n'eft
point, parce que j'apperçois des parcelles d'eau mêlées avec les parties
propres du papier, que je vois celui-
ci moins blanc qu'à l'ordinaire ; c'eft
plutôt parce qu'une partie de la
lumiére qui tombe fur cette feuille,

trouvant les pores remplis d'une matiére transparente, s'absorbe dans son
épaisseur, & passe au-delà ; il en revient d'autant moins par réflection :
or un corps paroît plus obscur, quand
il réfléchit moins de rayons.

Je conviens qu'on auroit peine à
concevoir, comment la lumiére peut
être elle-même un objet visible, si
l'on faisoit abstraction des circonstances. Ces petites portions de lumiére
qui brillent à l'embouchure des pores, font comme autant de miroirs
qui nous font voir les surfaces en nous
renvoyant le jour qui nous éclaire :
mais il ne faut point oublier que ces
miroirs font encadrés, pour ainsi dire, & circonscrits suivant la figure, la
grandeur & la situation des places
qu'ils occupent : ainsi, par cela seul,
leurs effets doivent varier comme la
porosité des corps, c'est-à-dire, à
l'infini. Si vous ajoutez encore les
différences qui peuvent venir de l'état
actuel des surfaces, plus réguliéres,
plus polies les unes que les autres,
vous comprendrez aisément pourquoi
elles ne brillent pas toutes également,
quoique visibles par la même cause.

On pourroit m'objecter encore, que suivant mes principes, les corps les plus poreux devroient éclater en lumiére plus que tous les autres : ce qui est visiblement contraire à l'expérience, puisqu'assez généralement ce sont ceux qui sont les plus sombres.

Mais ce n'est pas seulement parce qu'un corps est poreux qu'il réfléchit de la lumiére, c'est principalement, parce que ses pores sont remplis de portions de lumiére incapables de transmettre dans l'épaisseur du corps, ou au-delà, le mouvement qui leur est imprimé par les rayons incidens. Si ces vuides sont tellement ouverts, qu'ils admettent non-seulement la matiére de la lumiére, mais aussi quelqu'autre fluide, comme l'air de l'atmosphére, s'ils sont allignés de maniére que les globules qui s'y trouvent ayent la liberté de faire passer à d'autres l'action qu'ils ont reçûe, cette plus grande porosité, au lieu d'aider à rendre la surface plus lumineuse, fera un effet tout contraire : cela n'a pas besoin d'une plus grande explication.

Si l'on me demande présentement

pourquoi la plûpart des furfaces, en réfléchiffant la lumiére vers nous, ne font naître dans nos yeux que leur propre image, tandis que d'autres (qu'on nomme pour cela *miroirs*,) y font arriver celle des objets qu'on leur préfente fous un certain afpect, je répondrai que les derniéres plus réguliéres, plus polies & plus refplendiffantes que les autres, renvoyent un plus grand nombre de rayons, & leur confervent des directions qui ont des rapports mefurés & conftans avec les rayons incidens qui leur font venus de l'objet. Je ne m'arrêterai pas préfentement à étendre & à éclaircir davantage cette réponfe, parce qu'elle eft l'objet principal de cet article dans lequel nous avons à traiter des effets de la lumiére réfléchie, en fuppofant toujours que les furfaces réfléchiffantes font réguliéres, & d'un poli parfait.

Quand la lumiére va frapper un corps opaque, folide ou fluide, on peut dire qu'elle fe partage en trois parties, dont une fe réfléchit réguliérement, affectant, après qu'elle a touché la furface réfléchiffante, une direction qui a un rapport conſtant avec celle qu'elle avoit auparavant : une autre partie ſe réfléchit irréguliérement en s'éparpillant de tous les côtés, à cauſe des inégalités qui ſe trouvent indiſpenſablement à la ſurface qui la renvoye (car il n'y en a aucune qui ſoit parfaitement polie); enfin une troiſiéme portion s'éteint dans le contact, ſoit que les parties propres du corps qu'elle touche ne ſoient pas capables de lui rendre, ou de lui laiſſer reprendre la force qu'elle perd en les heurtant, ſoit que ſon action pénétre dans les pores, & s'y anéantiſſe.

Suivant que ces trois parties de lumiére l'emportent l'une ſur l'autre par leurs quantités, les ſurfaces ſur leſquelles les rayons tombent, prennent différens noms, & produiſent divers effets par rapport à la viſion. Nous appellons *ſombres* ou *obſcures* celles qui abſorbent beaucoup de lumiére, & qui en renvoyent peu ; nous nommons *claires*, ou *reſplendiſſantes*, celles qui en réfléchiſſent de toutes parts, & en grande quantité ; & nous donnons le nom de *miroirs* à celles d'où la plûpart des rayons reviennent avec un certain ordre. Celles-ci se font à peine appercevoir; mais elles nous repréfentent diftinctement les objets qui les éclairent : celle de la feconde efpéce font très-vifibles, & ne font voir qu'elles-mêmes : les autres ne fe font guéres plus voir que les miroirs; mais elles n'ont pas comme eux la propriété de repréfenter les objets éclairés qu'on leur oppofe.

Comme il s'agit ici d'effets conftans, on voit bien que c'eft à cette portion de lumiére qui fe réfléchit réguliérement, que nous devons avoir affaire, celle-là feule étant affujettie à des mouvemens qu'on puiffe prévoir, & fur lefquels il foit poffible d'établir une théorie. Nous fuppofons donc que les furfaces réfléchiffantes font des miroirs parfaits ; ou plutôt, nous faifons abftraction de la lumiére difperfée par leurs irrégularités, ou éteinte par quelqu'autre défaut de leur part.

Un rayon de lumiére ne peut tomber fur la furface d'un miroir que de deux façons, ou perpendiculairement, comme *f c Fig.* 1. par rapport à la ligne *a b* ; ou bien obliquement, comme
d c ,

c, par exemple. C'eſt à l'expérience à nous dire ce qui doit arriver dans l'un & dans l'autre cas : nous ne pouvons pas le deviner ; parce que ne connoiſſant point *à priori* le dégré d'élaſticité qui appartient , ni au rayon qui choque , ni à la ſurface qui eſt choquée , nous ne ſçaurions prévoir au juſte comment ſe fera la réflection.

I. EXPERIENCE.

PREPARATION.

La Figure 2e. repréſente un cercle de matiére ſolide qui a 26 pouces de diamétre. Il eſt élevé verticalement ſur un pied qui ſe hauſſe & ſe baiſſe quand il le faut : il tourne ſur ſon centre , mais de maniére qu'il reſte de lui-même dans toutes les ſituations qu'on lui fait prendre. La circonférence eſt diviſée en 4 quarts, & chaque quart en 90 dégrés à commencer par deux points diamétralement oppoſés. Cette circonférence graduée eſt élevée par quatre petits pieds, d'environ trois lignes au-deſſus du plan du cercle , & porte deux curſeurs , à l'un

Tome V.   O

desquels est attachée une platine de cuivre *A* de 4 pouces en quarré, perpendiculaire au plan du cercle, & percée au milieu d'un trou rond de deux pouces de diamétre, avec un drageoir, pour recevoir, ou des verres de différentes espéces, ou des diaphragmes percés de diverses maniéres ; l'autre curseur *B* porte un chassis de trois pouces de large sur 6 de long, garni d'un papier huilé, & courbé suivant la circonférence du grand cercle, aux divisions de laquelle répondent des lignes tracées sur la largeur du papier transparent : *C, D,* sont deux petits pilliers à coulisses élevés perpendiculairement sur le plan du cercle, pour recevoir successivement trois miroirs de métal de 6 pouces de long sur deux de large, dont un est plan, & les deux autres courbes selon leur longueur, comme pour s'ajuster à la circonférence d'un cercle de deux pieds de diamétre : de ces deux derniers miroirs, l'un est poli par sa surface concave, & l'autre par sa surface convexe ; & quand un des trois est en place, la ligne *ef* tracée sur le cercle, tombe perpendiculairement au milieu de sa longueur.

Cette machine étant ainsi préparée & garnie du miroir plan, se place dans une chambre fermée de toutes parts, & dans laquelle il n'entre d'autre lumière qu'un rayon du soleil gros comme le doigt qu'on fait passer à midi, ou dans quelque autre heure, qui n'en soit pas trop éloignée, par un trou pratiqué au volet de la fenêtre : il faut poser le cercle de manière, que le rayon rasant sa surface tombe obliquement sur le milieu du miroir, & vis-à-vis la ligne *e f* ; ensuite on fait glisser le curseur avec la platine *A*, jusqu'à ce que recevant le rayon total elle en transmette une partie par le trou d'un diaphragme de cuivre mince dont elle doit être garnie pour cette Expérience.

EFFETS.

1°. Le rayon solaire qui passe ainsi jusqu'au miroir rejaillit dans la partie opposée du même plan, & forme sur le châssis transparent une image lumineuse & ronde, comme le trou par lequel il a passé dans la platine *A* ; & si l'on observe à quel dégré répond

le centre de cette image fur la circonférence du grand cercle, on trouve qu'il eſt autant éloigné du point *e*,
que l'eſt dans la partie oppoſée le
centre du trou par lequel il a été reçu.

2°. Si l'on fait tourner le cercle &
gliſſer la platine *A*, de maniére que
le rayon tombe moins obliquement
ſur le miroir, on trouve que l'image
formée par le rayon réfléchi ſur le
chaſſis tranſparent, s'approche du
point *e* dans la même proportion.

3°. Si le cercle eſt tourné de façon
que le rayon incident ſuive la ligne
e f, pour aller au miroir, alors on ne
diſtingue plus de rayon réfléchi : il
rejaillit de deſſus le miroir, par la même ligne qu'il ſuit en tombant.

On peut embraſſer ces trois réſultats dans cette propoſition générale :
*La lumiére lorſqu'elle eſt réfléchie, fait
toujours l'angle de ſa réflection égal à celui de ſon incidence.*

EXPLICATION.

Le mouvement réfléchi, comme
nous l'avons vû dans la IV. Leçon,
vient de ce que les parties du mobile,
ou celles de la ſurface ſur laquelle il

tombe, fe rétabliffent après avoir été comprimées; car ces parties, comme autant de petits refforts, en fe remettant dans leur premier état, repouffent devant elles le corps qui les avoit pliées : ainfi le mouvement dont un rayon de lumiére eft animé revient fur lui-même, quand fa direction eft, comme fc, *Fig.* 1. perpendiculaire à la furface du miroir.

Dans le cas de l'incidence oblique, on peut confidérer la lumiére, ou fon action, comme tranfportée par deux mouvemens, dont l'un la fait defcendre de la quantité dg, tandis que l'autre la fait avancer à une diftance égale à dP: la rencontre du miroir ne change rien à ce dernier mouvement, dont la direction eft paralle-le à la furface ab: ainfi la lumiére doit continuer de s'avancer de la quantité ch, en auffi peu de tems qu'elle en a mis pour parcourir une diftance égale à dP. Mais l'autre mouvement qui l'a fait defcendre de la hauteur dg, fe détruit totalement par l'obftacle du miroir qui lui eft directement oppofé, & il en renaît un autre dans une direction contraire,

par la réaction des parties comprimées : or de ce nouveau mouvement
qui tend vers P, & de celui qui subsiste avec la direction $c h$, il s'en com-
pose un par lequel le rayon s'incline
nécessairement à la partie $a c$ du miroir ; & cette inclinaison $c e$ doit être
égale à $d c$, si par le ressort des parties qui se rétablissent après le choc,
le rayon reçoit autant de vîtesse pour
remonter, qu'il en avoit pour descendre, lorsqu'il est tombé sur le miroir.

Puisque nous voyons par le fait
que l'angle $e c h$ est égal à $d c b$, & que
cette égalité a lieu dans toutes les incidences possibles, nous devons donc
conclure que le ressort des parties
qui cause la réflection est parfait,
c'est-à-dire, qu'elles se rétablissent
completement, & en aussi peu de
tems qu'il en a fallu pour les compri-
mer ; car sans cela le rayon réfléchi,
en s'avançant à la distance $c h$, ne
parviendroit jamais aussi haut que le
point e : ce qui rendroit l'angle de réflection plus petit que celui d'incidence. Par conséquent, l'expérience,
en nous montrant cette égalité des
angles, nous apprend que les parties

de la lumiére font d'une élafticité parfaite, ou que s'il y manque quelque chofe, on ne s'en apperçoit pas fur des rayons réfléchis d'une affez grande longueur : car l'expérience, dont il eft ici queftion, fe peut faire bien plus en grand, & toujours avec le même fuccès. Nous ne pouvons pas attribuer ce parfait reffort aux miroirs, puifqu'on en fait avec toutes fortes de matiéres, pour peu qu'elles foient fufceptibles de poli : eft-il naturel de penfer que tous les corps qui renvoyent la lumiére, foient compofés de parties parfaitement élaftiques?

Cette derniére confidération eft encore d'un affez grand poids, pour nous porter à croire que ce ne font pas les parties propres des furfaces qui réfléchiffent la lumiére ; car fi elles ne font, ni abfolument inflexibles, ni parfaitement élaftiques, comment n'amortiffent-elles pas l'action de la lumiére incidente ? & fi cette action s'affoiblit dans le choc, pourquoi retrouve-t-on au rayon réfléchi une vîteffe égale à celle qui a péri contre le miroir ? Il eft bien vrai que la lumiére renvoyée par une furface, quelque polie qu'elle soit, n'est jamais aussi forte que celle qui vient directement du corps lumineux ; mais ce déchet ne tient point au mouvement des rayons : il vient de ce que leur nombre est diminué, plusieurs d'entr'eux ayant été, ou absorbés, ou détournés, comme je l'ai fait entendre ci-dessus.

La loi générale que je viens d'établir par l'Expérience précédente, sçavoir : que *la lumiére fait toujours son angle de réflection égal à celui de son incidence*, est le fondement de toute la Catoptrique ; les autres n'en sont que des applications ; & quiconque sçauroit bien manier ce principe, (a) se-

(a) Un Géometre qui sçait par expérience, 1°. que la lumiére se meut toujours en ligne droite dans un milieu homogêne ; 2°. qu'à la rencontre des miroirs elle fait l'angle de sa réflection égal à celui de son incidence, peut se passer des moyens que je vais employer pour expliquer les principaux phénoménes de la Catoptrique : tous les cas que j'ai à parcourir & à examiner sont autant de problémes dont la solution sera pour lui plus facile, plus sûre, plus précise & plus étendue que tout ce qu'on peut attendre des Expériences, où l'imperfection & l'embaras des machines se fait toujours sentir. Je n'offre donc cette partie de mon Ouvrage qu'aux lecteurs qui ne peuvent se passer

roit

roit en état de prévoir tous les effets des miroirs, de quelques figures qu'on les supposât, & d'en rendre raison ; mais pour faciliter cette étude aux personnes que nous supposons n'être pas suffisamment initiées, je vais exposer les cas les plus généraux, & tâcher de faire entendre comment de cette régle naissent certains faits capitaux, auxquels on peut rapporter tous les phénoménes qui dépendent de la lumiére réfléchie.

Soit que la lumiére réfléchie nous trace l'image d'un objet, soit qu'elle produise de la chaleur, ce n'est jamais par un seul rayon qu'elle opére ces effets ; il y en a toujours plusieurs qui agissent ensemble ; & comme la réflection de chacun d'eux dépend de son incidence particuliére, il faut premiérement considérer dans quel ordre ces rayons arrivent à la surface réfléchissante : ils peuvent être divergens, paralleles ou convergens, & par cela seul l'incidence peut être plus ou moins oblique pour les uns,

des preuves sensibles, ou qui seront curieux d'apprendre, jusqu'à quel point l'Expérience peut servir à confirmer la théorie.

Tome V. P.

que pour les autres.

En second lieu, on doit avoir égard à la figure du miroir, s'il est plan ou courbe, concave ou convexe; car les rayons tombant sur différens points des surfaces, & ces points étant tantôt dans un seul & même plan, tantôt dans des plans plus ou moins inclinés les uns que les autres aux rayons incidens, il est facile de comprendre que la réflection de ceux-ci doit varier d'autant : ce qui peut apporter beaucoup de changement à leurs positions respectives.

PREMIER CAS.

Si des rayons paralleles dans leur incidence sont réfléchis par un miroir plan.

II. EXPÉRIENCE.

PRÉPARATION.

L'appareil de cette Expérience est le même que dans la premiére, avec cette seule différence, qu'au lieu d'un rayon solaire, on en fait passer deux par le diaphragme de la platine *A*, lequel pour cet effet est percé de deux trous ronds de 3 lignes de diamétre, dont les centres sont à 10 dégrés de distance l'un de l'autre.

EFFETS.

Avec quelque dégré d'inclinaison que ces deux rayons paralleles soient reçus sur le miroir CD, on observe constamment qu'après la réflection, ils demeurent sensiblement paralleles entr'eux ; car les deux cercles lumineux qu'ils impriment sur le papier du chassis B, à mesurer la distance des centres, sont autant éloignés l'un de l'autre, que les trous du diaphragme qui est en A.

EXPLICATION.

Puisque le miroir est plan, les deux endroits a, b, Fig. 3. qui reçoivent les rayons incidens ac, bd, sont dans une ligne droite ; quand les rayons sont paralleles entr'eux, les angles cae & dbf qu'ils font avec la partie du miroir à laquelle ils sont inclinés, sont égaux ; & puisque la lumiére fait toujours son angle de réflection égal à celui de son incidence, l'autre partie ag du miroir étant la continuation de la ligne droite fa, les deux angles ibh, gak, deviennent encore égaux, & de-là suit nécessairement le parallelisme des deux rayons réfléchis *a k*, *b h*.

Les deux rayons folaires que je
donne comme paralleles dans cette
Expérience, ne le font pourtant qu'à
peu-près, & parce qu'on n'en confidére qu'une longueur de deux pieds.
A parler exactement, il faut convenir
qu'ils font divergens, & que les deux
centres des images lumineufes fur le
papier du chaffis *B* font un peu plus
diftans l'un de l'autre, que ceux des
trous du diaphragme en *A*.

Il eft néceffaire de bien entendre
ceci, & pour cela il faut faire attention, que le faifceau de rayons folaires qui paffe par un trou de la fenêtre dans la chambre, ne vient pas
d'un feul point radieux, mais de tous
les points de la furface de l'aftre auf-
quels ce trou eft expofé. Or, nous
* Page 96. avons vu dans la Leçon précédente *
que les jets de lumiére qui de plufieurs endroits viennent ainfi fe rendre au même paffage, s'y croifent &
forment entr'eux des angles oppofés par leurs pointes, & qui font
par conféquent égaux. Le diamétre
du foleil foutend un arc de 32 minutes; c'eft-à-dire, que fi l'on conçoit

comme un grand cercle la révolution apparente du foleil en 24 heures,
le difque de cet aftre en couvre par
fa largeur un peu plus d'un demi-dégré ; d'où il fuit que les rayons qui
partent des points diamétralement
oppofés de fes bords, & qui viennent fe croifer dans le trou de la fenêtre, doivent terminer dans la chambre obfcure, non pas un cylindre,
mais une pyramide lumineufe dont la
bafe occupe 32 minutes d'une circonférence de cercle qui auroit fon
centre au trou dans lequel fe croifent
les rayons en entrant.

Quoique les rayons folaires employés dans notre Expérience n'ayent
point à la rigueur le parallelifme que
nous leur fuppofons, l'effet que nous
voyons nous autorife toujours à
croire, que les rayons paralleles
dans leur incidence continuent conftamment de l'être, quand ils font réfléchis par un miroir plan, parce que
cela tient à l'égalité des angles de
réflection & d'incidence qui a été
prouvée précédemment, & à la nature du miroir, & non pas à un parallelifme plus ou moins parfait, com-

XVI.
Leçon.

me on peut voir par l'explication que nous avons donnée du fait.

SECOND CAS.

Si des rayons divergens dans leur incidence font réfléchis par un miroir plan.

III. EXPERIENCE.

PREPARATION.

'On se sert encore ici de la même machine, *Fig.* 2. en ajoutant sur le diaphragme en *A* un verre concave, dont la propriété est de rendre la lumiére divergente, comme nous l'expliquerons ailleurs. On ôte le miroir de sa place, pour voir d'abord sur le chassis transparent qu'on abaisse dans le quart de cercle *E*, de combien les deux rayons sont divergens : après quoi l'on remonte le chassis, & l'on remet le miroir.

EFFETS.

On voit par la distance ou l'écartement des deux images lumineuses sur le chassis *B*, que les rayons réfléchis ont le même dégré de divergence qu'ils avoient avant que de toucher le miroir.

TROISIEME CAS.

*Si des rayons convergens dans leur inci-
dence sont réfléchis par un miroir plan.*

IV. EXPERIENCE.

PRÉPARATION.

On procéde de la même maniére
que dans l'Expérience précédente ;
mais au lieu du verre concave en *A*,
on employe un verre convexe qui
rassemble les rayons solaires à 24
pouces de distance.

EFFETS.

Quand le miroir est ôté, les deux
rayons convergens sur le chassis
transparent qu'on a baissé ; & lorsqu'on a remis le miroir en place, &
qu'on a fait remonter le chassis, les
rayons réfléchis se rassemblent de même, & forment un seul point lumineux comme auparavant : ce qui
prouve égalité de convergence, après
comme avant la réflection.

EXPLICATION.

Si l'on a bien compris ce qui a été

dit pour expliquer les effets de la seconde Expérience, on n'aura pas de
peine à voir pourquoi la réflection qui
se fait sur un miroir plan ne change
rien à la divergence, ni à la convergence des rayons incidens ; car puisqu'en pareil cas les deux angles de réflection toujours égaux à ceux d'incidence, conservent nécessairement le
parallelisme aux rayons qui tombent
sur le miroir avec des inclinaisons semblables, quand ceux-ci ne sont point
paralleles, c'est une nécessité que leur
réflection réglée sur leur incidence
les représente avec la divergence ou
la convergence que leur donnent ces
différens dégrés d'inclinaison, avec
lesquels ils viennent frapper le miroir. Jettez seulement les yeux sur
les Figures 4 & 5 & vous verrez que
ibh, & gak, étant égaux à dbf, &
cae, les rayons réfléchis à la distance
F, se réunissent ou s'écartent de la même quantité que les rayons directs
l'eussent été en E sans l'interposition
du miroir.

Il faut remarquer, 1°. que dans la
III. Expérience, non-seulement les
cercles lumineux ont paru plus écartés

l'un de l'autre fur le papier du chaffis *B*,
que ne l'étoient les rayons en fortant
des trous du diaphragme *A* ; mais encore que chacun d'eux eft devenu plus
grand que dans la II. Expérience. 2°.
Que quand les rayons ont été rendus
convergens dans la IV. Expérience,
les deux enfemble n'ont plus formé
qu'un point lumineux à l'endroit de
leur réunion, au lieu d'un cercle de
3 ou 4 lignes de diamétre égal au
trou de la platine *A*.

Tout cela vient de ce que les verres concaves & convexes dont on fe
fert pour faire diverger & converger
les deux jets cylindriques, produifent
les mêmes effets fur les filets de lumiére dont chacun d'eux eft compofé. J'aurois donc pu n'employer dans
ces Expériences, & dans celles qui
vont fuivre, qu'un feul jet de lumiére ; puifqu'en comparant le cercle
lumineux formé par le rayon réfléchi
fur le chaffis tranfparent, avec celui
qui auroit été produit par le rayon
direct, ou avec le trou de la platine
en *A*, nous aurions appris de même
les effets des miroirs, par rapport à la
direction refpective des parties de la

lumiére; mais j'ai mieux aimé en employer deux, pour rendre la théorie plus fenfible, plus fimple & plus aifée à exprimer par des figures. Qu'on fe fouvienne feulement, que les deux rayons que nous faifons paroître dans nos Expériences en faifant abftrac- tion de leur forme particuliére, peuvent toujours repréfenter des cylin- dres, des pyramides ou des cônes de lumiére coupés felon la longueur de leur axe.

APPLICATIONS.

La furface d'une eau claire & tran- quille fut fans doute le premier mo- déle des miroirs ; mais on peut dire que l'art en imitant la nature, l'a de beaucoup furpaffée dans cette partie ; car outre que les plaques de métal po- lies par lefquelles on a commencé, & les glaces étamées qu'on leur a fubf- tituées depuis, repréfentent les ob- jets d'une maniére bien plus vive ; ces merveilleufes inventions ont encore fur ces miroirs fluides l'avantage d'a- voir tranfporté dans nos apparte- mens, tant pour la décoration, que pour l'utilité, des effets qui euffent été

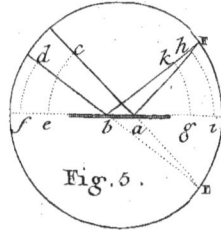

Fig. 5.

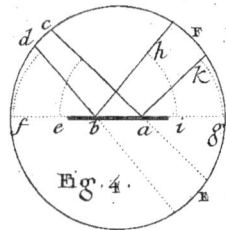

Fig. 4.

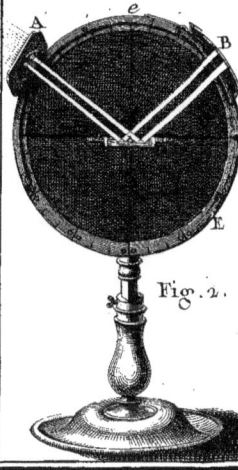

Fig. 2.

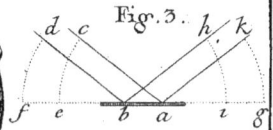

Fig. 3.

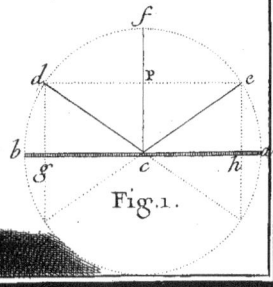

Fig. 1.

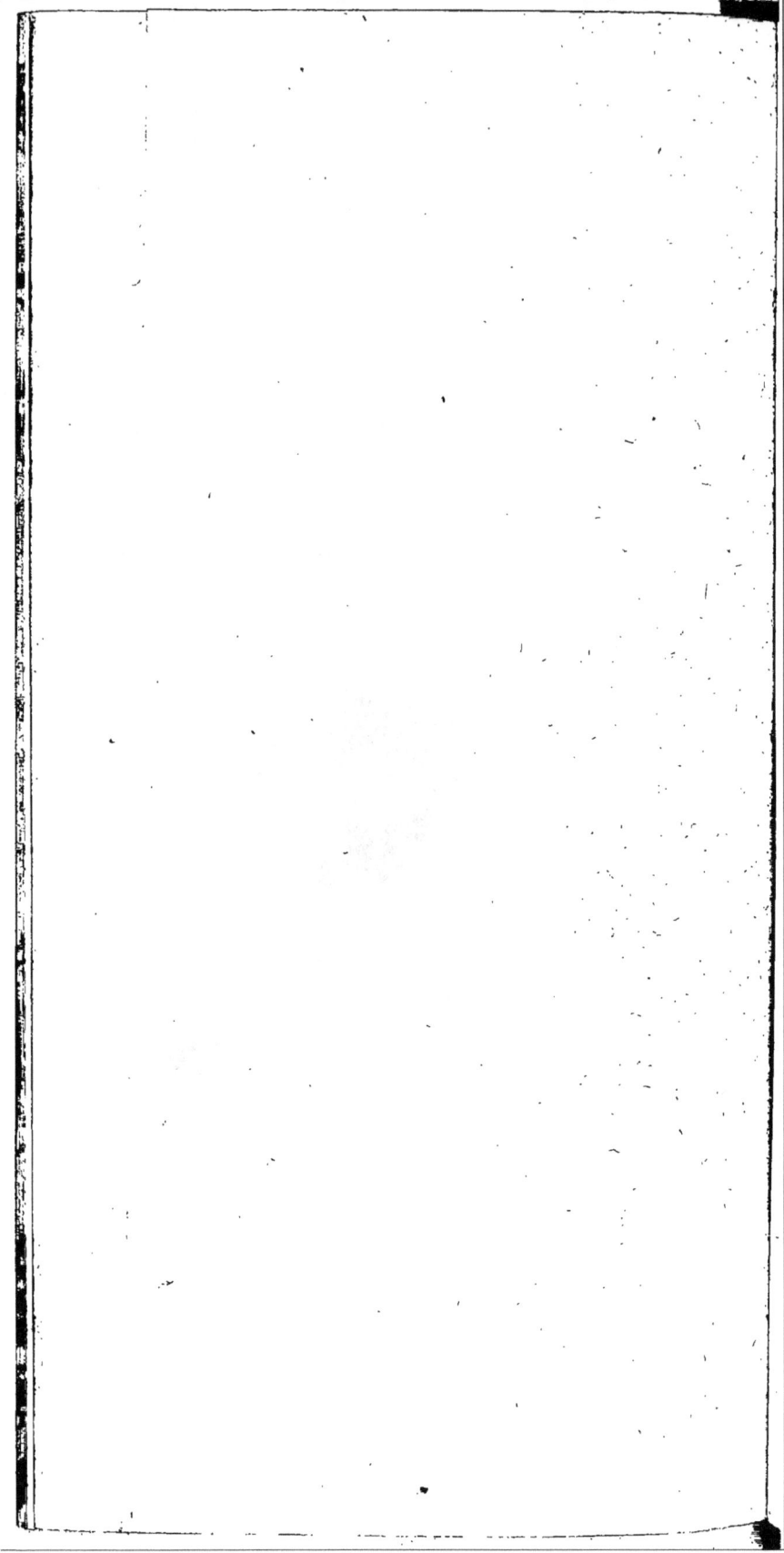

reftreints à peu d'ufage, & qui fe paffoient le plus fouvent fous des yeux qui n'en fentoient pas toute la beauté. Le philofophe le plus févere fe déride aujourd'hui dans la maifon d'un homme opulent, lorfqu'entouré de glaces richement encadrées, & placées avec intelligence, il apper-çoit par-tout fon portrait & fes mou-vemens, du monde, des bâtimens, des jardins immenfes au-delà d'un mur, où il fçait qu'il n'y a rien de tout cela ; des points de vûe ame-nés comme malgré eux à des direc-tions plus convenables, & quantités de femblables illufions plus char-mantes les unes que les autres : il eft entré en maudiffant le luxe, il fort en admirant ce que l'on a fçu faire pour le contenter.

Les anciens miroirs étoient faits, non d'acier, comme bien des gens le penfent, mais de cuivre allié d'étain, & d'arfénic ou d'antimoine, pour être de la couleur de l'argent ; mais outre que cela devenoit d'un poids incommode, d'un prix affez confidé-rable & difficile à travailler en grand, ce métal compofé avoit encore l'inconvénient de se ternir promptement, ce qui le rendoit désagréable à voir, & hors d'état de réfléchir la lumiére assez bien pour représenter les objets. Depuis l'invention des glaces, on ne fait plus de ces miroirs qu'en petit, & dans le cas où l'on auroit trop de peine à les construire avec du verre.

Les glaces enduites par derriére d'une amalgame d'étain & de mercure sont plus légéres, moins coûteuses, & d'un poli plus durable que le métal dont je viens de parler ; mais elles ont un défaut qui ne permet pas qu'on les employe dans les instrumens de Catoptrique, où l'on a besoin d'une grande précision ; c'est que presque toujours elles donnent deux images de l'objet, l'une par la surface antérieure, l'autre par le teint qui couvre la derniére, avec cette différence, que celle-ci est beaucoup plus forte ; & cet effet est d'autant plus marqué, que la glace est plus épaisse, comme on en pourra aisément juger en jettant les yeux sur la *Fig.* 6. dans laquelle *ab*, représente la premiére, & *c d* la derniére surface d'une glace au teint ; car on voit que si deux rayons partant du même point de l'objet sont réfléchis, l'un par la surface *a b*, l'autre par *c d*, le premier portera l'image du point lumineux en *e*, & le dernier là fera voir en *f*.

On ne peut pas se servir d'un seul miroir plan, quelque grand qu'il soit, pour rassembler les rayons solaires, ni augmenter par-là le dégré de chaleur qu'ils produisent ; car comme une telle réflection ne change rien à leur parallelisme naturel, on n'en doit point attendre un effet qui ne pourroit arriver que par leur convergence : la lumiére directe du soleil seroit plus efficace, le miroir n'étant jamais assez parfait pour réfléchir réguliérement tous les rayons qui tombent dessus.

La clarté des bougies fait communément plus d'effet dans les lieux où il y a beaucoup de glaces ; parce qu'indépendamment de ces petites flammes, dont les images se multiplient, il revient plus de lumiére dessus les glaces polies, que des lambris peints, ou des meubles qui couvrent les murailles.

Quand nous regardons directement un objet, c'eſt cet objet même
que nous voyons ; & s'il eſt près de
nous, nous le voyons preſque toujours tel qu'il eſt ; mais dans un miroir nous n'appercevons que ſon image. Cette eſpéce de phantôme, au
lieu de paroître appliquée à la ſurface
réfléchiſſante qui le fait naître, ſe
voit toujours au-delà à une diſtance plus ou moins grande, ſuivant celle
de l'objet au miroir : ſa grandeur, ſa
ſituation, ſa figure, ne répondent
pas toujours à celles du corps qu'il
repréſente : cherchons les raiſons de
tous ces effets ; & pour nous faire
mieux entendre, procédons par des
ſuppoſitions extrêmement ſimples.

Repréſentons la ſurface d'un miroir plan par la ligne droite *a b*,
Fig. 7. Soit un point lumineux *c* dont
un rayon *c d* aille frapper le miroir,
& ſe réfléchiſſe comme *d e*. L'objet
apperçu par ce dernier trait de lumiére ne ſera pas jugé en *c* où il eſt ;
mais dans la ligne *e f*, (la diſtance
reſtant indéterminée) parce que,

° XV.
Leçon, p. 76. comme nous l'avons enſeigné précédemment *, on voit toujours dans la

direction des rayons qui entrent dans l'œil : or, dans le cas préfent, l'œil reçoit le rayon *de* qui fait partie de la ligne *e f*.

Quant à la diftance, il faut faire attention que jamais nous ne voyons par un rayon fimple : de chaque point vifible il nous vient une pyramide de lumiére dont la prunelle de notre œil mefure la bafe; *c d*, *d e*, *Fig.* 7. n'eft donc, à proprement parler, que l'axe de la pyramide partie inciden- te, partie réfléchie repréfentée par la *Fig.* 8. Il faut encore fe fouvenir que quand les objets font près de nous, nous déterminons la diftance des points vifibles par le dégré de di- vergence des rayons qui forment les pyramides lumineufes ; c'eft-à-dire, que chacun de ces points nous paroît être à l'endroit où les rayons iroient fe réunir, ou fe croifer, s'ils par- toient de l'œil dans le même ordre avec lequel ils s'y font préfentés : c'eft donc en *g* que le point *c* doit être apperçu, quoique la réunion des rayons ne foit qu'imaginaire.

Mais l'Expérience nous ayant fait voir que la réflection par un miroir plan ne change rien à la divergence des rayons, il s'enfuit que les points g & c font de part & d'autre à égales diftances de la furface réfléchiffante ab, & qu'ayant l'œil placé en e, on voit par réflection l'image du point c, précifément auffi loin qu'on l'auroit jugée, en le regardant lui-même directement du point b.

Voilà donc pourquoi nous voyons toutes les images efpacées entr'elles derriére une glace, comme les objets le font devant elle : voilà ce qui fait que notre propre image s'avance vers nous, quand nous marchons vers le miroir, & que les mouvemens & les geftes que nous faifons en avant & en arriére font rendus en fens contraire : d'où il arrive que fans une grande habitude, nous avons peine à diriger l'action de nos mains en les conduifant de l'œil par le moyen d'un miroir ; car leur image paffant d'avant en arriére, par rapport à nous, quand nous la faifons agir d'arriére en avant, nous croyons toujours avoir fait quelque mouvement contraire à notre intention, & cette incertitude nous fait héfiter, & nous rend maladroits.

Nous

Nous jugeons de la grandeur des images apperçues derriére les miroirs, comme de celles des objets que nous voyons par des rayons directs; c'eſt-à-dire, que nous eſtimons leurs dimenſions par des angles viſuels qui les embraſſent. Ainſi, comme ſuivant le réſultat de la IV. Expérience, la réflection qui ſe fait par un miroir plan conſerve aux rayons de lumiére le dégré de convergence qu'ils avoient dans leur incidence, il s'enſuit, que l'angle $k\,e\,l$, *Fig. 9.* eſt égal à $K\,i\,L$, & qu'on doit voir l'image $k\,l$, préciſément de la même grandeur qu'on verroit l'objet $K\,L$, lui-même, ſi on le regardoit du point i. C'eſt pourquoi l'on dit qu'une glace eſt *fauſſe*, quand l'image y paroît plus petite ou plus grande que l'objet qu'elle repréſente, parce qu'en effet cela n'arrive point quand elle eſt vraiment droite dans toute ſa ſurface, comme elle doit l'être.

Les images qu'on apperçoit derriére les miroirs tenant lieu d'objets à la viſion, nous dérogeons ſouvent, par prévention ou par habitude, à la

régle des angles viſuels, pour eſti-
mer leur grandeur & leur diſtance.
On peut appliquer ici tout ce qui a
été dit à ce ſujet dans la Section précédente, en conſidérant de plus, que
comme la rencontre des miroirs les
plus parfaits, cauſe toujours un déchet de lumiére, la clarté des images
devient par-là moindre que celle des
objets, ce qui nous porte à croire
qu'elles ſont dans un éloignement
plus grand que celui qui réſulte de
la diſpoſition des rayons réfléchis.

Il eſt preſqu'inutile de faire remarquer, qu'un homme qui ſe regarde
dans un miroir voit toute la partie
droite de ſon corps à la gauche de
ſon image ; cela ne peut pas être autrement dès que celle-ci ſe préſente
face à face de ſon objet ; elle en eſt
comme la contr'épreuve : deux perſonnes vis-à-vis l'une de l'autre ſe
voyent de la même maniére.

Mais ce qu'il eſt à propos d'obſerver, c'eſt que quand on eſt ainſi debout devant une glace, on ne peut
voir de ſa propre grandeur qu'une
partie qui égale deux fois celle du
miroir ; de ſorte que ſi ce miroir n'a

pas la moitié de votre hauteur, vous ne pourrez pas vous y voir tout entier. Vous verrez davantage une personne de votre taille, qui sera placée plus loin que vous de ce même miroir ; comme aussi vous verrez moins celle qui sera dans un moindre éloignement. Pour comprendre aisément les raisons de ces effets, il faut jetter les yeux sur la *Fig.* 9. & considérer, que quand l'objet & l'œil font à égales distances du miroir, comme cela est, quand on se regarde foi-même, les deux rayons qui forment l'angle *k e l*, & qui terminent les deux extrêmités de l'image, font coupés à la moitié de leur longueur par la ligne *a b* qui représente la surface réfléchissante : or, leur écartement dans cet endroit est égal à la moitié de l'espace *k l*, dans lequel est renfermée toute l'image ; d'où il suit évidemment, que si le miroir étoit moins haut que *m n*, il ne feroit pas voir l'objet *K L* tout entier.

En un mot, puisque les rayons *m e*, *n e*, réfléchis par un miroir plan, conservent le dégré de convergence qu'ils avoient en venant des extrêmités

Q ij

K, L, de l'objet, les apparences par la partie mn, doivent être telles qu'elles feroient par un trou à jour de même grandeur fait dans une planche, fi l'œil étoit placé derriére. Or, on fçait qu'en regardant par cette ouverture on découvriroit une étendue plus ou moins grande, fuivant qu'on feroit plus ou moins près de cette efpéce de fenêtre, & il eft aifé d'en trouver les proportions ; car fi l'on confidere que l'œil eft comme le centre, ou le point de convergence de tous les rayons vifuels qui rafent les bords du trou, ces mêmes rayons prolongés au-dehors montréront par leur écartement, l'étendue qu'ils embraffent à une diftance donnée.

On doit donc avoir égard à toutes ces confidérations, quand on fait placer des glaces dans les appartemens, à deffein de faire voir des édifices, des parties de jardins ou des points de vûe qu'on aime à rencontrer ; fans cela, on court rifque de manquer fes projets, ou de ne les remplir qu'imparfaitement.

La fituation de l'image dépend de la pofition de l'objet, relativement à

celle du miroir : comme chaque partie de l'objet & le lieu de son apparence, sont de part & d'autre à
égales distances de la surface réfléchissante, s'il y a quelqu'une de ces
parties plus près ou plus loin du miroir, l'image la représentera de même : voilà ce qui fait que *k l Fig*. 9. est
incliné dans un sens contraire à son
objet *K L*. Car il faut que le point
k, se trouve plus près de la surface
a b, que le point *l*. Qu'un homme se
couche tout à plat sur le parquet d'u-
ne chambre, ayant les pieds contre
une glace élevée d'aplomb, son image paroîtra couchée de même, elle
aura comme lui les pieds contre la
glace, & la tête dans le plus grand
éloignement ; & si cet homme se roi-
dissant sur les talons, se fait relever
de maniére que son corps décrive un
quart de cercle, l'image passera aussi
par tous les dégrés d'inclinaison, jusqu'à ce que l'un & l'autre se trouvent
paralleles à la glace qui sera entr'eux
deux.

On voit par-là, de quelle conséquence il est de placer les glaces
dans les appartemens, de façon qu'el-

les faſſent exactement des angles droits avec les planchers & avec les murs ; ſans quoi, ni les uns, ni les autres, ne peuvent s'aligner avec leurs images ; parce que celles-ci s'inclinent vers leurs objets, quand les objets s'inclinent aux miroirs.

Une choſe très-curieuſe à remarquer, c'eſt que quand le miroir s'incline devant un objet, l'image fait une fois plus de chemin, que quand c'eſt l'objet qui s'incline devant le miroir. L'homme dont je viens de parler, par exemple, verroit ſon image parcourir un demi-cercle au lieu d'un quart, ſi ſe tenant debout au bord d'un miroir placé horizontalement, il le faiſoit relever entiérement devant lui. Suppoſez que cet homme ſoit dans la ligne *E G Fig.* 10. & que le miroir ſoit *a b*, ſa tête paroîtra en *e*, & ſes pieds en *g* ; par conſéquent l'image & l'objet ſeront dans le diamétre vertical du demi-cercle *E b e.* Que le miroir s'éleve en faiſant ſeulement un angle de 45 dégrés au pied de l'objet, comme dans la *Fig.* 11. alors on verra l'homme dans le rayon horizontal *a e* : & par conféquent fon image aura parcouru un quart de cercle, par le mouvement angulaire du miroir qui n'aura été que de 45 dégrés; c'eft par cette raifon que quand on tranfporte un miroir, le moindre mouvement qu'on lui fait faire, paroît beaucoup plus grand, à en juger par celui des images qu'on apperçoit derriére. Les réflets de lumiére qui fe font par une piéce d'eau, font toujours des mouvemens très-fenfibles, quoique l'eau paroiffe n'en avoir prefque point : & les téléfcopes de réflection font plus difficiles que les autres à manier, pour ceux qui n'en ont point acquis l'habitude; parce que le moindre mouvement qu'on donne aux miroirs faifant faire un grand chemin à l'image que l'on cherche, la rend plus difficile à faifir, ou la fait perdre aifément quand on la tient.

Les miroirs plans ont encore la propriété de conferver aux images, des figures parfaitement conformes à celles des objets; & toujours pár la raifon que la diftance $a\,g$, *Fig.* 3. eft égale à $a\,c$: car fi vous appliquez cette régle à tous les points E, F, G, &c.

des *Fig.* 10. & 11, vous verrez que *e*
étant égal à *c E*, *f d* à *d F*, *g h* à *h G*,
&c. il eſt de toute néceſſité que *e*, *f*, *g*,
ſe trouvent dans une ligne droite,
comme *E*, *F*, *G*. & conſéquemment ſi
la partie *F* de l'objet, ſe trouvoit hors
de la ligne *E a*, le point correſpon-
dant *f*, ſeroit vû auſſi plus près ou plus
loin que la ligne *a e* : en un mot la figure n'étant autre choſe que l'arrangement des parties, & les miroirs plans
rendant des images dont les parties
ſont arrangées comme celles de l'objet, on peut dire en toute ſûreté,
qu'ils conſervent aux images des figures conformes à celles des objets,
& que quand cela n'arrive pas, c'eſt
que le miroir n'eſt point parfaitement
droit en tous ſens.

L'image qu'on apperçoit dans un
miroir peut ſervir d'objet elle-même,
& ſe voir une ſeconde fois dans un
autre miroir ; & ſi celui-ci eſt placé
de façon à la renvoyer ſur le premier, elle peut être apperçue un
grand nombre de fois dans le même :
c'eſt ce que l'on fait tous les jours
dans un appartement où l'on ſuſpend
un luſtre entre deux glaces, élevées
parallelement

parallélement l'une vis-à-vis de l'autre ; mais comme l'image qui fert
d'objet, eft plus éloignée du miroir
que l'objet même, elle doit auffi paroître plus loin derriére que la premiére image, & ainfi des autres ; voilà pourquoi dans l'exemple que je
viens de citer, il paroît tant de
luftres les uns après les autres dans
le même alignement. Les plus éloignées de ces images font auffi les
plus foibles, parce que dans chaque
réflexion il y a toujours une partie
des rayons qui s'éteignent ou qui fe
difperfent, ce qui fait que les derniéres font formées avec une moindre quantité de lumiére, & qu'elles
ont l'air d'être plus effacées.

On fait par curiofité des miroirs à
plufieurs faces planes, prifmatiques
& pyramidaux, dont la propriété
eft de raffembler dans une feule image & fans interruption plufieurs objets ou plufieurs parties d'un même
deffein, difperfés & féparés par des
efpaces vuides, ou remplis par d'autres figures qui ne fe repréfentent
point dans le miroir. Ces effets ne
feront pas difficiles à expliquer pour

Tome V. R

quiconque aura bien compris ce que j'ai dit précédemment touchant les miroirs droits. Suppofons, par exemple, qu'il y ait quatre faces réfléchiffantes élevées perpendiculairement autour d'une bafe, telle que *A B C D E*, *Fig.* 12. Il eft évident que l'œil placé à une certaine diftance, comme *F*, & élevé d'un pied ou environ au - deffus du plan qui porte le miroir, appercevra par les rayons réfléchis *A F*, *B F*, *C F*, *D F*, & femblables, tout ce qui fera deffiné dans les efpaces *A B G H*, *B C I K*, *&c.* & que tout ce qui ne s'y trouvera pas renfermé ne fe verra point dans le miroir, fi l'œil ne fe porte ni à droite ni à gauche ; ce qui donne la liberté de remplir d'objets étrangers au deffein, les efpaces *H B I*, *K C L*, *M D N*, & de déguifer par ce moyen la figure dont le miroir doit repréfenter l'image, & dont les parties font féparées par ces triangles.

Il en eft à-peu-près de même d'un miroir pyramidal, dont les faces font des plans triangulaires : autant il y a de côtés à la bafe, *Fig.* 13.

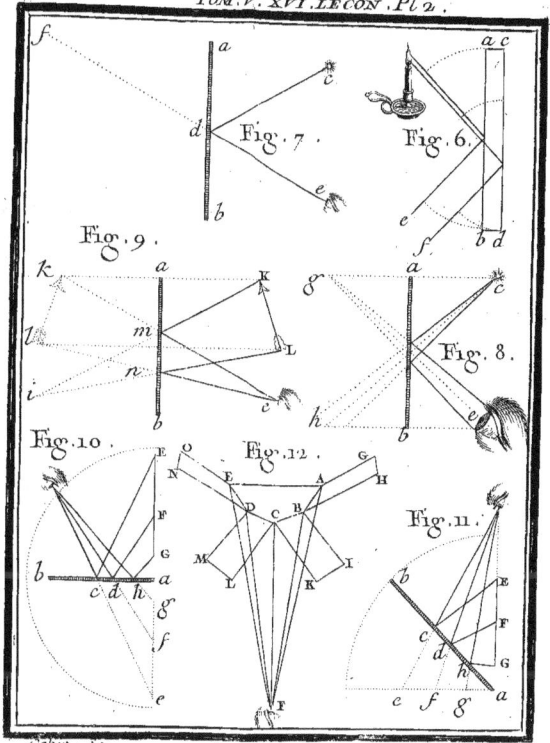

Fig. 7.

Fig. 6.

Fig. 9.

Fig. 8.

Fig. 10.

Fig. 12.

Fig. 11.

Cochin Sc.

autant on obferve fur le carton de
triangles dans lefquels on renferme
toutes les parties du deffein, que le
miroir doit raffembler & faire voir à
l'œil, qui fe place pour cela dans
l'axe prolongé de la pyramide, afin
de pouvoir découvrir toutes les faces
réflechiffantes. Ce qui fe trouve deffiné dans les places A, B, C, D, fe
voit dans les parties correfpondantes de la bafe a, b, c, d, & cette
image ne comprend rien de tout ce
qu'on peut avoir mis en E, F, G, H,
pour interrompre le deffein & empêcher qu'on n'apperçoive les rapports
que fes parties ont entr'elles.

Il eft à propos d'obferver que les
rayons réfléchis $g\,G$, $h\,G$, $i\,G$, font
voir les points $A\,B\,C$ *Fig.* 14. dans un
ordre tout-à-fait oppofé à celui qu'ils
ont fur le carton, comme on le peut
voir par les parties correfpondantes
de l'image a, b, c; & comme c'eft la
même chofe pour tous les triangles,
on voit qu'il faut que toutes les parties
de la figure qui font renfermées dans
chacun d'eux, foient placées à contre-fens, afin que l'image apperçue
dans le miroir repréfente fon objet

au naturel : c'eſt encore une raiſon
pour laquelle on a tant de peine à
deviner ce que portent ces cartons,
quand on les regarde ſans l'aide du
miroir.

Voilà les principaux effets des miroirs plans ; paſſons à ceux des miroirs courbes, qui ſont convexes.

QUATRIEME CAS.

*Si des rayons convergens dans leur inci-
dence ſont réfléchis par un miroir convexe.*

V. EXPERIENCE.

PREPARATION.

Dans cette expérience & dans les
deux ſuivantes, on ſe ſert encore du
grand cercle repréſenté par la *Fig.* 2.
Mais au lieu du miroir plan, on met
en *C D* le miroir convexe, & l'on y
fait tomber deux rayons convergens,
de la même maniére que dans la IV.
Expérience.

EFFETS.

Les deux rayons réfléchis, au lieu
de ne former qu'un point lumineux
en ſe réuniſſant ſur le chaſſis *B*, y

marquent deux images diftinctes : ce
qui montre bien clairement, que leur
convergence n'eft pas auffi grande
qu'elle étoit avant qu'ils euffent touché le miroir.

CINQUIEME CAS.

*Si des rayons qui tombent paralleles entr'-
eux font réfléchis par un miroir convexe.*

VI. EXPERIENCE.

PRÉPARATION.

Le miroir convexe reftant en place, il faut opérer comme dans la
II. Expérience, après avoir ôté le
verre qui couvre le diaphragme en *A.*

EFFETS.

Les deux rayons réfléchis deviennent divergens entr'eux, ce que
l'on apperçoit tant par leur écartement qui augmente toujours depuis
le miroir jufqu'au chaffis *B*, que par la
diftance réciproque des images, qui
eft confidérablement plus grande que
celle des trous, par où paffent les
rayons en *A.*

R iij

SIXIEME CAS.

Si des rayons divergens font réfléchis par un miroir convexe.

VII. EXPERIENCE.

PREPARATION.

On fait diverger les rayons incidens de la même maniére, & par le même moyen que dans la III. Expérience, en laiſſant toujours le miroir convexe en place.

EFFETS.

Après la réflection, les deux cercles lumineux font plus diſtans l'un de l'autre fur le chaſſis tranſparent, qu'ils ne le font, lorſque le miroir étant ôté, ils arrivent directement vers *E*; ce qui montre qu'ils font plus divergens étant réfléchis, qu'ils ne le font dans leur incidence.

EXPLICATION.

Comme nous avons repréſenté le miroir plan par une ligne droite; celui des trois derniéres Expériences peut être exprimé par une courbe

dont la convexité se présente aux
rayons incidens : or une ligne courbe, comme je l'ai déja dit en plusieurs endroits de cet Ouvrage, est
un assemblage de lignes droites infiniment courtes & insensiblement
inclinées entr'elles. Pour en raisonner d'une maniére plus commode
& plus facile à comprendre, faisons
ces élémens d'une grandeur sensible, ainsi que leurs dégrés d'inclinaison, & l'on verra bien-tôt pourquoi les rayons réfléchis par un miroir convexe, ne gardent plus entr'eux le même ordre, la même position qu'ils avoient dans le tems
qu'ils venoient au miroir : car chacun d'eux faisant son angle de ré-
flettion égal à celui de son incidence, & les parties du miroir qui se
suivent immédiatement, étant plus
inclinées pour un des rayons incidens que pour celui qui le devan-
ce ou qui le suit, il doit arriver le
plus souvent, que les rayons réfléchis s'approchent ou s'écartent les
uns des autres plus qu'auparavant ;
& c'est le dernier de ces deux effets
qui a lieu, quand la lumiére tombe

R iv

sur l'extérieur de la courbure, formée par les parties réfléchissantes : ainsi les rayons paralleles ab, cd, *Fig.* 15. en frappant les parties d & b du miroir, & faisant les angles de réflection ebf, & hdi, égaux à ceux d'incidence abg, & cdk, deviennent divergens & vont aboutir aux points e, h.

On voit de même en jettant les yeux sur les Fig. 16 & 17. que la même régle étant observée, les rayons qui auroient leur point de convergence en m, après la réflection ne se réunissent plus qu'en l; & que ceux dont la divergence seroit à peine sensible à la distance m, prennent un écartement beaucoup plus grand vers l qui désigne un pareil dégré d'éloignement.

Le miroir dont nous avons fait usage dans les derniéres Expériences, n'a qu'une simple courbure, & cela suffit, quand on ne considere que les rayons de lumiére qui sont dans un même plan : mais il est aisé de voir que ce qui en résulte peut s'appliquer à des miroirs d'une courbure uniforme dans tous les sens;

tels que font, par exemple, les miroirs fphériques convexes ; car comme chaque faifceau de rayons cylindrique ou pyramidal coupé fuivant la longueur de fon axe peut fournir une infinité de plans, tous les filets de lumiére qui fe trouveront dans ces plans aboutiront toujours fur le miroir, dans une ligne dont on pourra dire tout ce que nous avons remarqué par rapport aux points *d*, *b*, &c. des Figures 16. & 17.

On doit donc regarder comme des faits certains, 1°. Que tous les miroirs de cette efpéce, petits ou grands, diminuent pour le moins la convergence des rayons qui tendent à fe réunir.

2°. Qu'ils rendent divergens ceux qui ne font que paralleles.

3°. Qu'ils augmentent la divergence de ceux qui en avoient déja avant que d'être réfléchis ; & ces effets immédiats en occafionnent plufieurs autres qui ont rapport foit à la production de la chaleur, foit à la vifion des objets ; je vais en rapporter quelques-uns.

Applications.

L'on employeroit inutilement les miroirs convexes pour augmenter la chaleur qui vient des rayons solaires ; car la lumiére de cet aftre étant naturellement prefque parallele à elle-même, bien loin de devenir convergente, comme il faudroit qu'elle le fût pour acquérir plus de force, ne peut que diverger & fe raréfier, lorfqu'elle eft réfléchie par de telles furfaces.

Comme les planétes qui nous renvoyent les rayons du foleil, font fphériques, ou à-peu-près, la lumiére qui nous en vient ne peut être que fort affoiblie, non-feulement parce qu'elle fait un plus long trajet en paffant de fa fource à ces corps céleftes, & de ces corps jufqu'à notre globe, mais encore parce qu'il n'y en a qu'une partie de réfléchie vers nous, & que ce qui nous en arrive eft très-raréfié, par la divergence que lui donne la fphéricité des furfaces réfléchiffantes. M. Bouguer prétend, d'après des Expériences qu'il a faites avec foin, que la lumiére de la pleine Lune, à fa moyenne diſtance de la terre, eſt trois cens mille fois plus rare que celle du Soleil : c'eſt pour cela ſans doute, quelle ne produit aucune chaleur ſenſible, lors même qu'on la raſſemble par le moyen des miroirs. Car quand on parviendroit à la condenſer autant qu'elle a été raréfiée par le corps ſphérique qui nous la renvoye, ce qui ſeroit difficile à exécuter, elle auroit toujours bien moins de force, que quand elle vient directement du ſoleil à nous, à cauſe du grand nombre de rayons qui s'abſorbent, qui ſe détournent ou qui s'éteignent, ſoit en touchant le corps qui doit les réfléchir, ſoit en traverſant l'atmoſphére terreſtre.

C'eſt un fait certain & connu de tous les Voyageurs, que ſur le ſommet des hautes montagnes, la chaleur du ſoleil ſe fait beaucoup moins ſentir, que dans les gorges ou dans les plaines baſſes ; il y fait toujours froid. Parmi les cauſes qui contribuent à cet effet, on peut légitimement compter la divergence des rayons de lumiére conſidérablement augmentée par la figure arrondie du

terrein : car, comme je l'ai déja remarqué ailleurs , * la chaleur qu'on
éprouve à la furface de la terre , vient
non-feulement des rayons directs du
Soleil , mais auffi des rayons réfléchis : ceux-ci étant raréfiés ou difperfés par la maniére dont ils rejail-
liffent, l'effet total doit être moindre.

Les miroirs convexes , comme ceux
qui font plans , font toujours voir
l'image derriére la furface réfléchiffante & dans une fituation conforme
à celle de l'objet ; mais au lieu que
dans ceux-ci, le point de réflection
fe trouve à égales diftances entre
l'une & l'autre , dans ceux-là l'image eft rapprochée à proportion de la
convexité plus ou moins grande :
cette différence vient de ce que la
divergence naturelle des rayons qui
partent de chaque point vifible de
l'objet , fe trouve augmentée après
la réflection, comme nous l'avons
vu par la VII. Expérience ; ce qui
rapproche immanquablement de l'œil
leur point de réunion, auquel nous
rapportons la partie de l'objet dont
ces rayons nous tracent l'image:voyez
la *Fig*. 18. & comparez-la avec la 8e.

Un autre effet par lequel les miroirs convexes différent des miroirs droits, c'est qu'ils rendent l'image toujours plus petite que son objet, & cela d'autant plus que celui-ci s'éloigne davantage de la surface réfléchissante : on en appercevra la raison si l'on considere un peu les conséquences que doit avoir la V. Expérience, par laquelle nous avons fait voir, que des rayons convergens dans leur incidence, le font toujours moins après avoir été réfléchis par une surface convexe : car c'est pour cela que les deux rayons Ce, Dd, *Fig.* 19. se réunissent plus loin qu'ils n'auroient fait sans la rencontre du miroir ab; & par cette nouvelle disposition, ils font voir l'image sous un angle plus petit que celui sous lequel on eût vu l'objet en le regardant directement du point f.

Si le même objet s'éloigne davantage du miroir, les rayons incidens ce, dd, devenant par-là moins convergens, se réuniront après la réflection encore plus loin que dans le premier cas, ce qui fera voir l'image sous l'angle egd, plus petit que eid.

Il faut remarquer que quand un miroir convexe diminue la convergence des rayons qu'il réfléchit, c'est le moindre effet qu'il puisse produire ; car il peut arriver, soit par une plus grande convexité du miroir, soit par une moindre convergence des rayons qui tombent deffus, que ceux-ci, après la réflection, se trouvent parallèles ou même divergens, & tous ceux à qui cela arrive, ne peuvent plus se croiser dans l'œil, ni par conséquent concourir à y former l'image de ce que l'on cherche à voir. Rendons ceci plus intelligible par une figure.

Soit *a b*, *Fig.* 20. un miroir convexe faisant partie d'une sphére dont le centre seroit en *c*. Si des deux extrêmités *d, e*, d'un objet, vous conduisez des rayons divergens qui occupent les deux espaces *a f*, *b f*, en faisant les angles de réflection égaux à ceux d'incidence, vous trouverez 1°. que les rayons *d h*, *e i*, qui tendent au centre de la sphéricité, se refléchiffent sur eux-mêmes ; puisqu'étant comme des rayons prolongés de la sphére dont le miroir fait partie, ils ne sont,

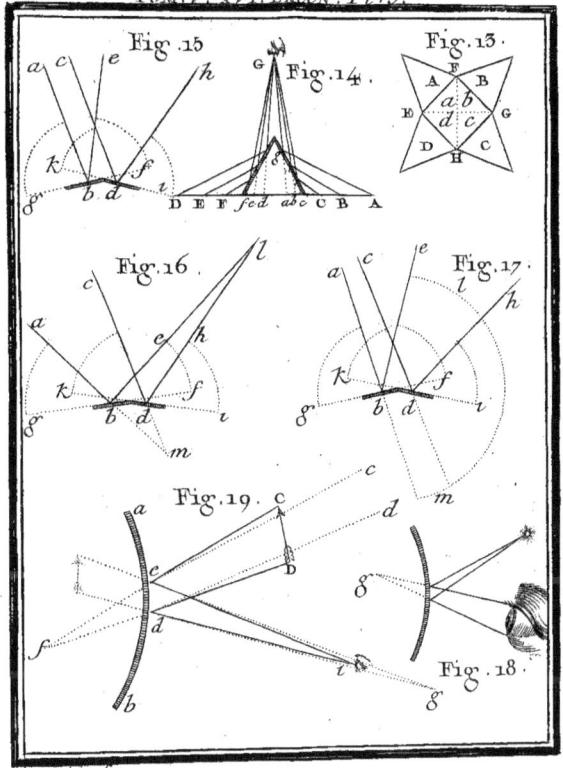

Fig. 15

Fig. 14

Fig. 13

Fig. 16

Fig. 17

Fig. 19

Fig. 18

Gobin. Sc.

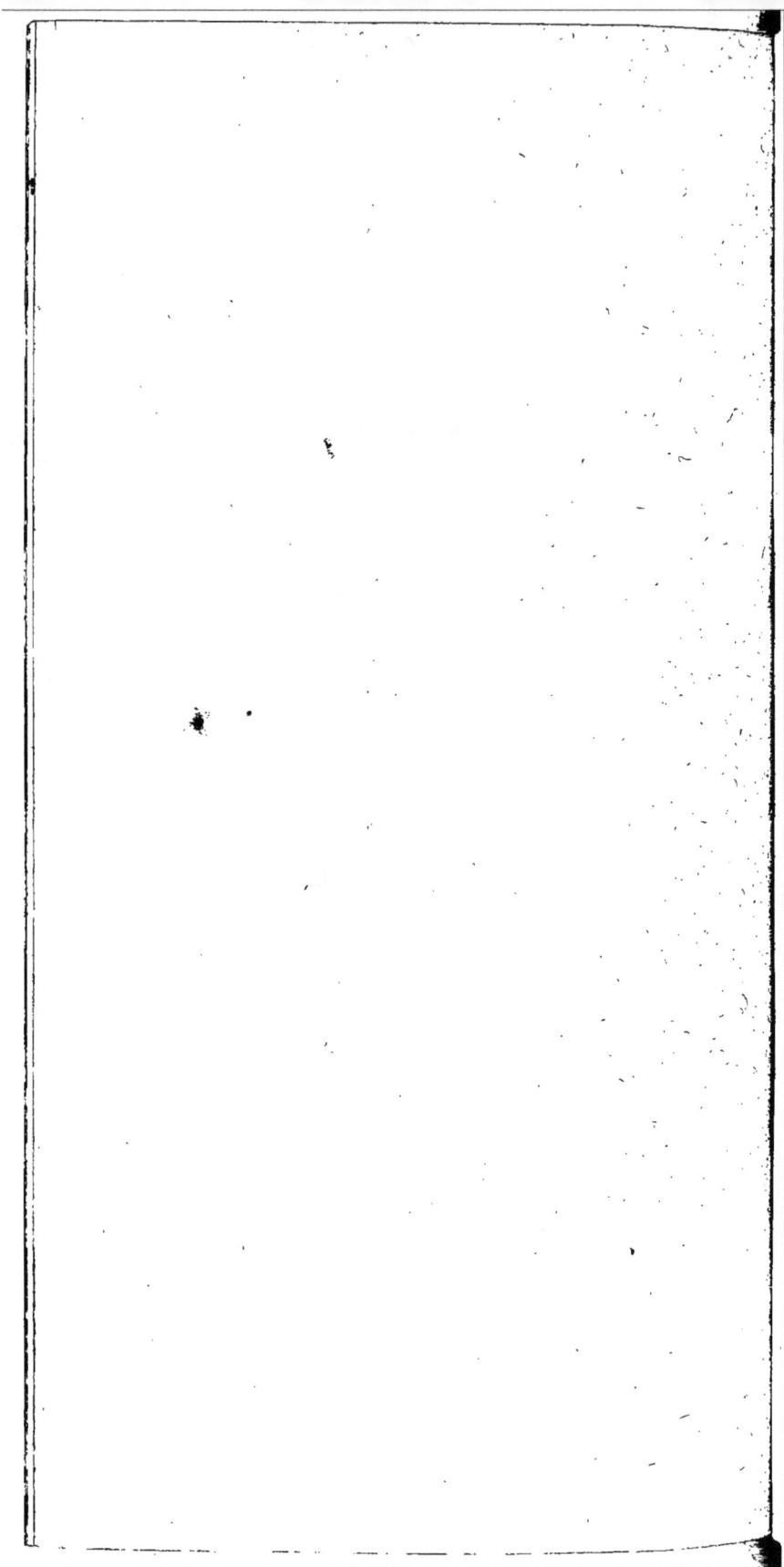

ni plus ni moins inclinés vers *a* ou
vers *b*, que vers *f*. Ces rayons font
donc fort divergens entr'eux, &
fort éloignés de fe joindre en quelque endroit que ce foit. 2°. Cet effet
fera encore plus remarquable dans
les rayons réfléchis par les parties *a h*
& *b i*, comme on peut s'en afsûrer
par la feule infpection de la figure.
3°. L'on reconnoîtra que depuis *h*
jufqu'en *k*, & dans la partie correfpondante depuis *i* jufqu'en *l*, les
rayons réfléchis perdent peu-à-peu
cette divergence, & qu'ils deviennent
enfin paralleles : ce qui ne fuffit
point encore pour faire entrer dans
l'œil des rayons venant des deux
extrêmités oppofées *d*, *e*, ou, ce qui
eft la même chofe, pour faire voir
l'objet en entier. 4°. Mais à compter exclufivement des points *k* &
l, où les rayons incidens tendent
en *m*, qui eft le quart du diamétre de la fphéricité, la lumiére réfléchie converge fur l'axe prolongé
f g : par-tout où l'œil fe trouvera
placé dans cette ligne, il verra l'objet entier dans la partie *k l* du miroir,
& il le verra fous des angles de plus

en plus petits, à mesure qu'il s'éloignera davantage du miroir, en se plaçant successivement en *n*, en *g*, &c.

Un objet d'une certaine grandeur, & dont les dimensions sont droites, se représente dans un miroir convexe, sous une figure différente de celle qu'il a ; parce que n'ayant point toutes ses parties à égales distances de la surface réfléchissante , & chacune d'elles se représentant derriére le miroir dans un dégré d'éloignement proportionnel a celui qu'elle a par sa position devant le miroir, il est de toute nécessité que l'image du point *o* paroisse plus près que celles des points *d* , *e* , & que cette ligne qui est droite ait l'apparence d'une courbe : un miroir convexe ne peut rendre les images conformes aux objets, que quand ceux-ci se présentent avec des surfaces paralleles à sa courbure.

Si les miroirs dont nous parlons, sont infidéles par rapport aux figures des objets qu'ils nous représentent, on peut leur reprocher encore de rendre avec peu d'exactitude les mouvemens qui se passent devant eux, & l'un est une suite nécessaire de l'autre;

l'autre ; car un corps qui se meut devant un miroir ne fait que se présenter successivement dans différens lieux : si en passant de l'un à l'autre, il parcourt des lignes ou des surfaces qui ne soient point paralleles à la courbure du miroir, comme cela arrive le plus souvent, ce corps, par les raisons que je viens d'alléguer, aura dans le miroir des apparences successives, dont la suite ne répondra pas exactement à celle des positions qu'il aura prises réellement.

On voit par expérience la vérité de tout ce que je viens de remarquer au sujet des miroirs convexes, en arrêtant la vûe sur un bouton d'or ou d'argent bien bruni, sur une boîte de montre, &c. on y voit son visage, comme dans une miniature : on l'y voit dans sa situation naturelle, & fort près derrière la surface réfléchissante ; mais rarement le voit-on dessiné corectement, & les mouvemens de cette image ne répondent pas non plus bien exactement à ceux qu'on lui donne à imiter : cela vient, sans doute, des irrégularités de ces petits miroirs destinés à briller, plutôt qu'à

Tome V.   S

repréſenter des images ; mais quand ils ſeroient taillés pour ce dernier effet, ils auroient toujours dans les cas ordinaires les imperfections que j'ai remarquées ci-deſſus.

Cependant, quand l'objet eſt loin du miroir, que le miroir a beaucoup de largeur & peu de convexité, les images ne ſe défigurent pas ſenſiblement ; le deſſinateur, ou le peintre qui veut s'en aider, pour réduire un tableau du grand au petit ne laiſſe pas que d'en tirer un parti aſſez avantageux.

On voit dans les cabinets des curieux certaines glaces qui ſont bien droites à l'extérieur, & qui ſont très-ſenſiblement l'effet des miroirs convexes. Aſſez ſouvent le même morceau préſente pluſieurs de ces petits miroirs qui paroiſſent bombés, & qui font en cela une illuſion dont on ne ſe déſabuſe que par le tact : en effet, la ſurface antérieure de la glace eſt plane dans toute ſon étendue ; mais l'autre eſt creuſée en portions de ſphére concave, & enduite de vif argent & d'étain. Cet enduit métallique ſur lequel ſe fait la plus grande

réflection de la lumiére, en s'appliquant dans les creux, forme des miroirs convexes du côté des objets &
du fpectateur, & en produit tous les
effets. Voyons maintenant ceux des
miroirs concaves.

SEPTIEME CAS.

Si des rayons paralleles font réfléchis par
un miroir concave.

VIII. EXPERIENCE.

PRÉPARATION.

Cette Expérience doit fe préparer
comme la feconde ; excepté qu'au
lieu du miroir plan, on met en *C D*
celui qui eft concave, *Fig.* 2.

EFFETS.

Les deux rayons, après avoir touché
le miroir, deviennent convergens
entr'eux, & ne font plus qu'une très-
petite image lumineufe, fur le papier
du chaffis *B.*

HUITIEME CAS.

Si des rayons convergens entr'eux font
réfléchis par un miroir concave.

IX. EXPERIENCE.

PREPARATION.

Laiffez l'appareil tel qu'il étoit
dans la derniére Expérience, & ajoutez fur le diaphragme en *A*, le verre
lenticulaire de la IVe.

EFFETS.

Les deux rayons incidens dont le
point de convergence eft en *E*, (ce
qu'on peut aifément reconnoître, en
ôtant le miroir pour les laiffer paffer)
fe réuniffent après la réflection, & fe
croifent dans l'efpace qui eft entre le
miroir & le chaffis *B* ; c'eft-à-dire,
que leur convergence eft augmentée
confidérablement.

NEUVIEME CAS.

Si des rayons divergens dans leur inci-
dence font réfléchis par un miroir concave.

X. EXPERIENCE

PREPARATION.

Répétez tout ce qui a été fait dans

la seconde Expérience, en employant toujours le miroir concave, au lieu du miroir droit.

EFFETS.

Les deux rayons réfléchis marquent sur le chaffis B, deux images bien plus rapprochées l'une de l'autre, qu'elles ne l'étoient sur le même chaffis abaif-fé en E, lorfqu'en ôtant le miroir, on y laiffoit aller les deux rayons incidens : ce qui montre que la réflection caufée par le miroir a beaucoup diminué la divergence qu'avoient les rayons avant que d'y arriver.

De ces dernières Expériences il réfulte trois vérités fondamentales. 1°. Que par la réflection qui fe fait de la lumière fur les miroirs concaves, les rayons convergens dans leur incidence le deviennent davantage.

2°. Que les rayons paralleles font rendus convergens.

3°. Que ceux qui tombent divergens le deviennent moins, & qu'ils peuvent devenir paralleles, ou convergens.

EXPLICATION.

Après ce que j'ai dit * pour expli-

* Page 199.

quer les effets des miroirs convexes, nous devons regarder les élémens des concaves comme de petites faces planes, inclinées les unes vers les autres, de même que les lignes *a c*, *b c*, *Fig.* 21. Les rayons qui tombent dessus, faisant sur chacune d'elles des angles de réflection égaux à ceux de leur incidence, doivent de toute nécessité se rapprocher l'un de l'autre : voilà pourquoi, dans la VIII. Expérience, les rayons réfléchis sont devenus convergens de parallèles qu'ils étoient. Le parallélisme est comme le point de partage entre la convergence & la divergence, pour le peu que les rayons sortent de cette espéce d'équilibre, en s'inclinant les uns vers les autres, il faut nécessairement qu'ils commencent à converger vers un point de réunion.

L'effet essentiel & immanquable du miroir concave étant donc de rapprocher les uns des autres les rayons de lumiére qu'il réfléchit, on voit tout d'un coup, & sans autre explication, pourquoi les rayons de la IX. Expérience sont devenus plus convergens qu'ils n'étoient, & comment ceux de la Xe ont perdu une partie de leur divergence.

Mais puisque ces effets dépendent principalement de l'inclinaison respective des parties du miroir, plus sa courbure sera grande, plus on doit s'attendre qu'il condensera la lumiére, ou qu'il la rassemblera dans un plus petit espace ; & comme la réflection a toujours un rapport constant avec l'incidence, il est certain que les rayons réfléchis par un miroir concave d'une courbure déterminée se rassemblent d'autant plus, qu'ils en étoient moins éloignés, où qu'ils y étoient plus disposés en arrivant à la surface réfléchissante : ainsi toutes choses égales d'ailleurs, les rayons qui convergent le plus avant que de toucher le miroir, sont ceux qui se réunissent le plus près de lui après l'avoir touché ; & ceux qui divergent le moins dans leur incidence, sont les plus propres à devenir paralleles ou convergens, par la réflection.

Quand un miroir concave rend les rayons convergens, l'endroit où ils se rassemblent s'appelle *foyer* ; & suivant ma derniére remarque, ce foyer n'eſt pas le même pour toutes ſortes de rayons incidens.

Si les rayons tombent paralleles, comme *a b*, *d e*. *Fig.* 22. ſur un miroir ſphérique concave, en obſervant que les angles de réflexion ſoient égaux à ceux d'incidence, on trouve qu'ils ſe raſſemblent dans un petit eſpace (*a*) en *F* ; c'eſt-à-dire, à une diſtance du miroir, qui eſt le quart du diamétre de ſa ſphéricité.

Des rayons qui tomberoient convergens, comme *f g*, *h i*, ſur le même miroir, auroient leur foyer plus près, en *K*, par exemple ; & tels qui feroient divergens, comme *l m*, *n o*, avant d'être réfléchis, auroient leur point de convergence en *P* ; c'eſt-à-dire, plus loin du miroir, que le foyer des rayons paralleles.

APPLICATIONS.

La Phyſique conſidere dans l'uſage des miroirs concaves deux ſortes

(*a*) Je dis dans un petit eſpace, & non dans un point, parce que la courbure ſphérique n'eſt pas celle qu'il faudroit, pour faire coïncider exactement tous les rayons réfléchis : cela n'arrive qu'à ceux qui ſont le plus près de l'axe du miroir.

d'effets.

d'effets. Les uns consistent à rassembler dans un petit espace des rayons
de feu ou de lumiére, au point d'é-
chauffer considérablement, de brûler,
de fondre, de calciner les corps les
plus compacts & les plus durs : les autres concernent les apparences des
objets que ces miroirs nous représentent. J'ai déja parlé des premiers, &
je crois avoir dit sur cela ce qu'il y a
de plus essentiel à sçavoir, en traitant
des différentes maniéres d'exciter le
feu, dans la XIII. Leçon : j'ajouterai
seulement ici un fait qui est très-cu-
rieux & très-propre à confirmer ce
que j'ai prouvé dans les derniéres Expériences.

Si l'on éleve verticalement & parallélement entr'eux, deux miroirs
sphériques concaves de 15 à 18 pouces de diamétre, & d'une telle courbure, que le point de réunion des
rayons qui tombent paralleles, soit à
12 ou 15 pouces de la surface réfléchissante, un charbon bien ardent,
placé au foyer de l'un de ces miroirs,
allume de l'amadoue ou de la poudre
à canon au foyer de l'autre, y eût-il 25
ou 30 pieds de distance entre les deux.

Tome V.   T

Cette belle Expérience n'exige pas
des miroirs bien parfaits : M. Varinge
qui tenoit cette Expérience des Jéfui-
tes de Prague, & de qui nous l'avons
reçue, n'employoit pour cela que des
miroirs de bois dorés (a). Je la répéte depuis 20 ans avec des cartons ar-
gentés & brunis de 18 pouces de diamétre, & dont la furface concave
fait partie d'une fphére creufe de 2
pieds de rayon. Je me fuis apperçu
cependant qu'un enduit de feuilles
d'or eft préférable à celui d'argent,
non-feulement parce qu'il fe conferve
mieux, mais auffi parce qu'il réfléchit
plus puiffamment les rayons de feu.

Mais ce qu'il y a d'effentiel à ob-

(a) Le Pere Zahn dans fon *Oculus artificia-
lis*, *p.* 753. dit qu'un homme digne de foi lui
avoit dit avoir vu à Vienne deux miroirs fphériques concaves qui faifoient cet effet étant
placés à 20 pieds de diftance l'un de l'autre.
Le P. Cavalier dans fon Traité *delle fettione co-
niche*, *cap*, 27. dit qu'il a mis des charbons
ardens au foyer d'un miroir fphérique de
plomb, & que les rayons s'étant réfléchis
parallélement, il les avoit réunis enfuite avec
un miroir concave formé en cône parabo-
lique tronqué de façon, que le foyer fe trouvoit derriére le miroir dans la partie tronquée,
& que par ce moyen il avoit mis le feu à des
matiéres combuftibles.

ferver pour le fuccès de l'Expérience,
c'eft qu'il faut exciter par un fouffle
égal le charbon du côté qui regarde
le miroir dont il occupe le foyer ; &
pour cela M. Dufay fe fervoit très-in-
génieufement de la vapeur dilatée
d'un éolypile dont le col étoit un peu
plus long que d'ordinaire, afin que le
corps du vaiffeau & le réchaud fur lequel il étoit pofé, étant plus bas que
le bord inférieur du miroir, n'empê-
chaffent point les rayons de feu de
parvenir à cette partie de la furface
réfléchiffante. Au lieu de cela je me
fers affez commodément d'un foufflet à double ame, dont je fais entrer le bout dans un tuyau de fer-
blanc qui eft fixé dans un trou pratiqué au centre de mon miroir, &
qui va aboutir à deux pouces du charbon. Je dois dire encore qu'il eft plus
aifé de réuffir dans l'obfcurité qu'en
plein jour ; & qu'il eft bon qu'il y ait
une perfonne à chaque miroir, l'une
pour exciter le feu bien également &
fans interruption, l'autre pour tenir le
corps combuftible dans le vrai foyer
au moment où il paroît le plus ardent.

Après ce que j'ai dit dans la der-

T ij

niére explication touchant la maniére dont se forment les foyers des miroirs concaves, l'explication du fait
que je viens de rapporter se présente
d'elle-même ; car puisque les rayons
paralleles *a b*, *d e*, Fig. 22. deviennent convergens en *F*, en vertu des
angles de réflection égaux à ceux
d'incidence, réciproquement & par
la même raison, tous les rayons qui
comme *F b*, *F e*, viennent au miroir
d'un point radieux placé en *F*, doivent
se réfléchir parallélement entr'eux ;
& c'est ce qui arrive à ceux du charbon ardent.

Ensuite, quand ce faisceau de
rayons paralleles vient à rencontrer
un semblable miroir, il est réfléchi
une seconde fois, & tous les filets qui
le composent devenus convergens,
se rassemblent dans le petit espace où
est placée l'amadoue, & y font naître
une chaleur capable de l'allumer.

En supposant que le charbon soit
placé bien exactement au foyer du
premier miroir, & que par-là les
rayons réfléchis soient bien paralleles, cette Expérience pourroit réus-
sir à des distances beaucoup plus

grandes que celles de 25 ou 30 pieds ;
puifque le fecond miroir, à quelque
éloignement qu'on le mît, recevroit
toujours la même quantité de rayons
qui feroient renvoyés par le premier ;
mais la maffe d'air qui fe trouve inter-
pofée, y caufe néceffairement un déchet, & par cette raifon les miroirs
ne peuvent être écartés l'un de l'autre que d'une certaine quantité, qui
doit varier felon la beauté & la grandeur des miroirs, la quantité & l'activité du feu qu'on emploie, l'état actuel de l'atmofphére, &c. M. Dufay
avec des miroirs de plâtre dorés de
20 pouces de diamétre, enflammoit
de l'amadoue à 50 pieds de diftance.

Les miroirs plans, & ceux qui font
convexes, nous font toujours voir l'i-
mage de l'objet derriére la furface réfléchiffante ; c'eft-à-dire, qu'ils fe
trouvent entre cette image & l'œil du
fpectateur : il n'en eft pas de même
des miroirs concaves ; ils ne produifent cet effet que dans certains cas,
lorfque l'objet eft placé devant eux, à
une diftance qui n'égale point le
quart du diamétre de leur fphéricité ;
c'eft-à-dire, plus près que le point

F. *Fig*. 23. dans les autres cas l'image fort, pour ainfi dire, du miroir, & s'avance plus ou moins, fuivant l'éloignement de l'objet à la furface réfléchiffante.

Pour bien entendre ceci, & ce qui fuivra, il eft à propos de fe rappeller deux principes qui ont été établis dans l'article précédent : fçavoir, 1°. que chaque point éclairé d'un objet nous devient vifible par un faifceau de rayons divergens, par une pyramide de lumiére, dont la bafe eft égale à l'ouverture de la prunelle de l'œil ; de forte que fi les filets ou rayons qui forment cette pyramide, par quelque caufe que ce puiffe être, au lieu de divergens qu'ils font naturellement, fe préfentent, ou paralleles, ou convergens, nous ceffons de voir diftinctement le point éclairé d'où ils procédent (*a*). J'en dirai les raifons, lorfque j'expliquerai les parties de l'œil & leurs fonctions : 2°. que nous ne fçaurions voir un objet entier, à moins que des extrêmités op-

(*a*) Ceci doit s'entendre des vûes ordinaires, & non pas de celles des prefbytes dont il fera parlé dans la fuite.

XVI.
Leçon.

posées de ses dimensions il ne se fasse
vers l'œil un concours de ces faisceaux ou pyramides dont je viens de
parler. Quand il arrive, par quelque
moyen que ce soit, que ces rayons
perdent cette tendance commune
qu'ils ont vers l'œil, jusqu'au point de
devenir seulement paralleles entr'eux,
la vision alors ne peut plus se faire que
très-imparfaitement.

Cela posé, si l'on considere maintenant que le foyer des rayons paralleles est en *F*, & qu'il faut par conséquent que le point radieux *A* se trouve plus près du miroir, pour que les
rayons réfléchis vers l'œil conservent
ce dégré de divergence dont je viens
de rappeller la nécessité, on sentira
tout-d'un-coup, comment il tient à
cette derniére condition que nous
n'appercevions l'image derriére le miroir, puisque c'est par elle que les
rayons réfléchis ont derriére la surface
réfléchissante un point de réunion *a*,
où nous rapportons le point radieux
ou visible de l'objet.

Et comme par les grandeurs respectives du miroir & de l'objet, il arrive que l'œil placé en certains en-

droits ne peut plus recevoir en même tems des rayons de tous les points éclairés, cela fait quelquefois que l'objet ne nous eſt pas repréſenté en entier.

Lorſque le point radieux eſt entre le quart & la moitié du diamétre de la ſphéricité du miroir entre *F* & *C*, les rayons réfléchis *b E*, *d E*, deviennent convergens & ſe croiſent plus loin que le point *C*, en *E*, par exemple, ou plus loin, en s'écartant du miroir, ſi le point radieux s'approche davantage du point *F*, comme je l'ai obſervé dans l'explication des derniéres Expériences. Or l'image ſe peint par-tout où ces rayons ſe réuniſſent, & cela ſe peut prouver par le fait; il n'y a qu'à la recevoir ſur un carton blanc expoſé à cette diſtance.

Mais ſi l'on veut recevoir cette image immédiatement dans l'œil, ce n'eſt point en *E* qu'il le faut placer, c'eſt au-delà, à telle diſtance où les rayons croiſés ayent repris le dégré de divergence néceſſaire ; c'eſt pour cela qu'une perſonne qui eſſaye de voir l'image de ſa main entre elle & le miroir concave, ne l'apperçoit

bien diſtinctement, qu'en écartant
beaucoup ſa tête de l'endroit où ſe
fait la repréſentation, dans le cas où
l'objet & ſon image ſe touchent. En
pareilles circonſtances, l'Expérience
réuſſit mieux avec une épée nue qu'on
porte en avant ; & c'eſt encore par
la même raiſon.

Toutes les fois que nous voyons
ainſi l'image en deça du miroir, elle
eſt renverſée; parce que les faiſceaux
de rayons qui partent des parties
oppoſées de l'objet, ne peuvent plus
converger à l'œil, qu'après s'être croiſés entre l'objet & le miroir : c'eſt-à-
dire, que d'un nombre infini de pareilles pyramides de lumiére qui pro-
cedent, par exemple, des points A
& B, *Fig.* 24. & dont les unes ſe
croiſent à différentes diſtances, &
d'autres ne ſe croiſent point, l'œil,
dans le cas dont il s'agit, ne peut plus
recevoir en même-temps que de celles qui ont ſouffert cette croiſure :
or la pyramide incidente $A E$, portant après la réflection l'image du
point A en a, où ſe réuniſſent ſes
propres rayons, & la pyramide $B G$,
par une conſéquence néceſſaire, pei-

gnant B en b, l'image se trouve à contre-sens de l'objet, & l'œil placé au-delà, en la recevant, la voit dans cette situation.

Soit que l'œil reçoive cette image par les rayons directs a H, b H, soit que placé du côté du miroir, il l'apperçoive par réflection sur un carton blanc, dans ce dernier cas comme dans le premier, elle est toujours renversée, parce que les rayons réfléchis du carton à l'œil ne se croisent point en chemin.

Nous avons remarqué précédemment, que le miroir convexe fait voir l'image plus petite, & plus près qu'elle ne paroît par un miroir plan : le miroir concave diffère aussi de ce dernier, mais par des effets tout opposés ; car lorsque l'image est vûe derriére la surface réfléchissante, elle en paroît plus éloignée que l'objet ne l'est par-devant, & nous la voyons toujours amplifiée. La premiére de ces deux apparences, vient de ce que les rayons qui partent de chaque point de l'objet, perdent une partie de leur divergence par la réflection du miroir, comme on le peut

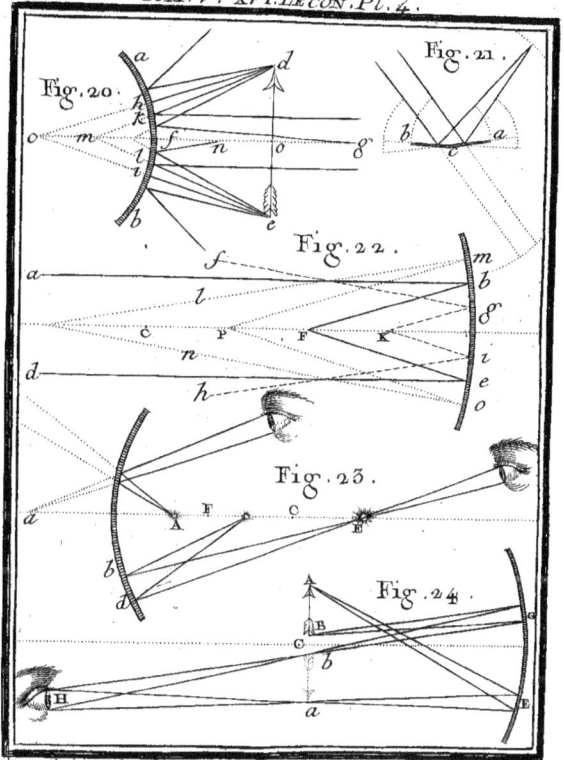

Fig. 20.

Fig. 21.

Fig. 22.

Fig. 23.

Fig. 24.

Gobin. Sc.

voir en comparant l'écartement que
les rayons auroient à la diftance *d*,
Fig. 25, s'ils n'avoient pas rencontré
le miroir, avec celui qu'ils ont dans
l'œil après la réflection : ce qui fait
que leur point de réunion *a*, où eft
l'image du point *A*, fe trouve derriére la furface réfléchiffante, bien
plus éloigné que l'objet ne l'eft
par-devant, & il en eft de même de
tous les autres points à proportion ;
ce qui rend la fituation de l'image
conforme à celle du corps qu'elle
repréfente.

Quant à la grandeur de l'image,
elle eft augmentée, parce que, comme je l'ai obfervé plus haut, & prouvé par la IX. Expérience, des rayons
qui font un peu convergens dans leur
incidence, le deviennent davantage
étant réfléchis par un miroir concave ; ainfi les axes des deux pyramides *A e*, *B f*, lefquels par leur convergence naturelle tendent à fe réunir
en *d*, & feroient voir directement
l'objet fous l'angle *A d B*, repréfentent fon image fous l'angle *a D b*, qui
eft beaucoup plus grand, à caufe de
leur réflection par le miroir conca-

ve, laquelle rapproche de beaucoup leur point de convergence.

Un miroir concave, qui a peu de courbure, rend affez fidélement la figure d'un petit objet ; mais il n'en eft pas de même s'il eft bien-creux relativement à fon diamétre, ou que l'objet foit grand. Car pour l'ordinaire, les dimenfions de celui-ci n'étant point paralleles à la furface réfléchiffante, & les points vifibles fe repréfentant à des diftances proportionnées au dégré d'éloignement qu'ils ont devant le miroir, il eft de toute néceffité, que l'image qui réfulte de toutes ces repréfentations particuliéres, faffe voir dans des lignes courbes, ce qui fe préfente au miroir dans des lignes droites, ou, ce qui eft la même chofe, que la figure apparente ne foit pas conforme à la figure réelle de l'objet.

On fait des miroirs concaves de verre comme on en fait de convexes, en prenant un morceau de glace un peu épais, dont on laiffe une des faces droite, & qu'on travaille de l'autre côté pour la rendre convexe; on étame enfuite cette derniére furface,

en y appliquant une feuille d'étain
avivée de mercure, comme on fait
aux glaces ordinaires ; cet enduit prenant une forme concave du côté du
verre qui le reçoit, a toutes les pro-
priétes des miroirs dont je viens de
parler en dernier lieu ; à cela près,
que l'épaiffeur du verre étant fort
grande au milieu & bien moindre
dans les autres endroits, caufe du déchet à la lumiére & quelques irrégularités dans fes mouvemens.

On en fait de plus réguliers & de
plus grands avec des morceaux de
glaces arrondis circulairement, auxquels on fait prendre une forme convenable, en les mettant à plat fur un
moule fphériquement concave, dans
un four fait exprès, & que l'on chauffe
jufqu'à ce que la glace amollie fe foit
exactement appliquée au creux préparé deffous pour la recevoir. Cet
art a commencé en Angleterre : on
me fit voir à Londres il y a vingt ans,
des glaces courbées de cette maniére, qui avoient deux pieds de diamétre ; peu de temps après, on m'en
fit de pareilles à notre Manufacture

de faint Gobin (*a*) : on en courbe à préfent de plus grandes, tant en Angleterre qu'en France. M. de Buffon en montra une il y a quelque temps à l'Académie des Sciences, dont le diamétre étoit de trois pieds, & qui avoit été préparée au Jardin Royal.

Ce qu'il y a de plus difficile dans la conftruction de ces miroirs concaves que l'on fait avec des glaces, fur-tout, lorfqu'ils font grands & d'une courbure un peu forte, c'eft de mettre au teint la furface convexe, de maniére qu'il n'y ait point de taches, ni de fautes confidérables : ce n'eft point ici le lieu d'entrer fur cela dans une explication détaillée ; je dirai feulement en gros, comment s'y prennent les ouvriers Anglois, qui ont bien voulu m'en faire confidence, car ç'en étoit une alors.

On prend un grand morceau de treillis fort ou doublé autant qu'il

(*a*) Ces glaces furent courbées alors par M. de Bernieres, Contrôleur de la Manufacture : depuis ce tems-là, M. Romilly, qui a été Directeur de la même Manufacture, en a courbé de plus grandes.

en eſt beſoin ; on l'arrondit & l'on
en forme un grand cercle, qui doit
avoir environ deux fois autant de
diamétre que la glace qu'on veut éta-
mer ; on fait tout autour un fort our-
let, & l'on y attache de deux pouces en deux pouces des cordons, par
le moyen deſquels on le tend mé-
diocrement dans un chaſſis circulaire ou ſeulement octogone, placé
horizontalement & ſoutenu à la hauteur ordinaire d'une table ; on étend
ſur ce treillis la feuille d'étain que
l'on avive de mercure ſuivant la pratique uſitée, & l'on poſe deſſus le
côté convexe de la glace, laquelle
faiſant plier par ſon propre poids, ou
par celui qu'on y ajoute, la toile &
l'enduit dont elle eſt couverte, s'y
applique exactement, & de maniére
que l'air & ce qu'il y a de mercure
de trop remonte de ſoi-même vers
les bords à meſure que la glace s'enfonce (*a*).

(*a*) Depuis deux ans M. de Bernieres cité
cy-deſſus, met au teint toutes ſortes de miroirs, & de glaces, ſans diſtinction de grandeur ni de figure, par le moyen d'un amalgame
dont il s'eſt réſervé le ſecret, en le dépoſant
néanmoins au Greffe de l'Académie Royale

Ces miroirs ont fur ceux de métal deux avantages confidérables : ils réfléchiffent plus de rayons de lumiére & font par-là capables de plus grands effets, tant pour former des foyers brûlans, que pour rendre vivement les images des objets ; en fecond lieu, ils confervent mieux leur poli & le brillant de leur furface, ce qui n'oblige point à des réparations qui peuvent à la longue altérer la figure du miroir & la rendre irréguliére. Cette derniére confidération avoit déterminé Newton à conftruire avec du verre les miroirs de fon télefcope de réfleſtion ; mais quelque peine qu'il prît pour en trouver & pour en faire goûter les moyens, les ouvriers ont trouvé tant de difficultés dans l'exécution, qu'ils y ont renoncé : toute leur application aujourd'hui eft d'employer un métal affez ferré pour recevoir un beau poli, & tellement compofé, que fa furface bien travaillée, ne fe terniffe qu'au bout d'un tems fort long.

des Sciences, afin que cette belle découverte ne courre point le rifque d'être perdue, s'il mouroit avant que de la révéler au public.

Les

Les grands miroirs de métal ont
aussi sur ceux de verre quelques raisons de préférence ; ils sont moins casuels, & comme les deux surfaces peuvent se polir également, la même piéce fournit deux miroirs, l'un concave, l'autre convexe de la même grandeur.

Quand il ne s'agit que de rassembler les rayons solaires dans un petit espace, pour y faire naître un dégré de chaleur très-considérable, on peut former des miroirs concaves avec plusieurs petits miroirs plans ajustés dans un chaffis & inclinés entr'eux d'une maniére convenable, comme je l'ai fait connoître dans la XIIIᵉ. Leçon : mais pour les effets d'optique dont nous avons fait mention en dernier lieu, il faut absolument une concavité égale & uniforme, que les parties qui la composent soient des facettes si petites, que l'œil ne puisse distinguer l'étendue de chacune d'elles, & que de l'une à l'autre l'inclinaison soit absolument insensible. Sans ces conditions, au lieu d'une seule image, il s'en forme autant qu'il y a de petits miroirs plans ; ou

Tome V.   V

si chacun d'eux n'est point assez grand pour représenter l'image en entier, il se fait autant d'images tronquées, qu'il y a de piéces au miroir.

En regardant le creux d'une cuilliere neuve, l'intérieur d'une boîte de montre ou de quelque vaisseau de métal, dont la surface soit propre à réfléchir beaucoup de lumiére, si l'on apperçoit son visage renversé ou quelqu'autre des effets qui ont rapport à nos trois derniéres Expériences ; c'est que toutes ces surfaces réfléchissantes sont autant de miroirs concaves, irréguliers pour la plupart, mais qui ne laissent pas que de faire en gros, ce qu'une courbure plus conforme aux régles, produiroit avec exactitude.

REMARQUES

Sur les miroirs mixtes.

J'appelle *miroir mixte*, celui qui est droit dans un sens & courbe dans l'autre, soit que la courbure se présente par la convexité ou par la concavité : tels sont les miroirs coniques & ceux qui sont des parties de cylindres coupés parallélement à l'axe.

Ce font des inſtrumens de pure curioſité, par le moyen deſquels on
forme des images qui rappellent à
l'eſprit un objet qu'on eſt ſurpris de
ne pas trouver devant le miroir, ou
par leſquels on rend méconnoiſſable
dans ſa repréſentation, un objet connu qui s'y trouve expoſé. Tout le
monde connoît ces cartons peints,
ſur leſquels on voit des figures qu'on
a peine à deviner, & qui ſe recon-
noiſſent tout-d'un-coup & avec ſur-
priſe quand on y applique le miroir qui leur convient ; on ſçait auſſi, qu'en regardant ſon viſage dans
ces ſortes de miroirs, on apperçoit ſes
traits dans un déſordre fort étrange.

Pour ſe rendre raiſon de ces effets & de quelques autres que nous
remarquerons encore, il faut conſidérer, que ces miroirs étant droits
dans une de leurs dimenſions, dans
leur hauteur, par exemple, tout ce
qui s'y paſſe de bas en haut, doit
être tout-à-fait conforme à ce que
nous avons enſeigné, touchant les
miroirs plans, que nous avons toujours repréſentés par des lignes droites. Enſuite, on doit faire attention,

V ij

que toutes ces lignes droites qu'on peut concevoir de bas en haut, n'étant pas rangées dans un même plan, mais formant une furface courbe dans fa largeur, tout ce qui fe paffe à l'égard de cette derniére dimenfion, doit s'expliquer comme les effets des miroirs concaves ou convexes, que nous avons repréfentés par des lignes circulaires.

Suppofons donc premiérement, que *F G*, *Fig.* 26. foit le miroir cylindrique confidéré fuivant fa hauteur feulement, & que *A E*, foit un objet divifé en plufieurs parties felon fa longueur : puifque *F G* eft un miroir droit, ou qu'on doit le regarder comme tel, les points *a*, *b*, *c*, *d*, *e*, de l'image, doivent être à pareilles diftances les unes des autres, comme *A*, *B*, *C*, *D*, *E*, le font dans l'objet, pour les raifons que j'ai alléguées page 183, & que j'ai fait entendre par les Fig. 7, 8, & 9; c'eft-à-dire, que ce que l'on voit dans un miroir cylindrique convexe ne change point de figure dans fa hauteur, ou pour parler plus exactement, dans celle de fes dimenfions, qui fe pré-

Tente perpendiculairement à la fur-face du miroir confidérée de bas en haut.

Secondement, fi l'on confidere ce qui fe paffe dans la largeur *q t y* du miroir, *Fig.* 27, on doit penfer que les rayons incidens *A q*, *L r*, *M s*, *N t*, &c. étant réfléchis vers *Z* où eft l'œil, font voir les parties du def-fein *A, L, M, N,* &c. dans l'efpace *a f*, & qu'il doit arriver la même chofe à tous les points vifibles qui feront dans les autres lignes concen-triques à la furface du miroir, *B Q G*, *C R H*, &c. d'où il eft aifé de com-prendre, que fi ces parties ainfi ref-ferrées repréfentent au naturel l'ob-jet dont elles forment l'image, il faut néceffairement que dans le def-fein, elles foient étendues de ma-niére à rendre ce même objet mé-connoiffable ; telle eft une figure hu-maine qui ayant de la tête aux pieds la longueur *N S*, occupe en largeur l'efpace *L N P*, ou quelque chofe de plus.

Par une conféquence néceffaire, une figure bien proportionnée qui fe préfente devant un tel miroir, doit

produire une image tout-à-fait difforme, puisqu'il est indispensable que
l'une de ses dimensions se représente dans un espace beaucoup plus petit, que celui qu'elle occupe dans
l'objet. Voilà pourquoi l'on se voit
un visage écrasé avec une bouche
extrêmement grande, quand on tient
l'axe du miroir cylindrique parellé-
lement à la position des deux yeux.

Si *FG*, *Fig.* 26. étoit un miroir
plan d'une largeur sensible, tous les
points *A*, *B*, *C*, *D*, *E*, seroient vus
infailliblement dans la ligne *ae*, c'est-
à-dire, dans une position horizon-
tale ; le miroir étant élevé, comme
on le suppose, verticalement : avec le
miroir cylindrique, ce qui est dessiné par le carton placé horizontalement, paroît élevé à-peu-près comme *e g* ; cela vient de ce que les pyramides de lumiére qui arrivent des
parties *A*, *B*, *C*, *D*, &c. du dessein
au miroir, y touchent non pas un seul
point comme nous l'avons supposé,
en ne faisant attention qu'aux axes
de ces pyramides, mais un espace
sensible qui doit être consideré comme un petit miroir convexe, puis-

qu'il eſt courbe ſuivant ſa largeur.

Or, tout miroir convexe, comme je l'ai fait voir, rapproche les images vers l'œil, en augmentant la divergence des rayons qui forment les pyramides de lumiére ; ainſi le point A au lieu d'être vu en a, paroît en g, & ainſi des autres.

On peut encore remarquer dans l'uſage du miroir cylindrique, que la dimenſion $a\,e$ de l'image augmente, à meſure que l'œil s'éleve davantage au-deſſus du carton ſur lequel eſt deſſinée la figure ; c'eſt qu'alors l'angle viſuel devient moins aigu, comme on le peut voir en ſuppoſant l'œil placé en $K :$ & l'on ſçait par ce que j'ai enſeigné ailleurs, que la grandeur apparente de tout ce que nous voyons, ſe régle naturellement ſur l'ouverture plus ou moins grande des angles viſuels.

Le miroir conique eſt encore une combinaiſon du miroir droit avec le convexe : mais il s'y joint des circonſtances qui rendent les effets très-différens de ceux du cylindre. Premiérement, comme toutes les lignes droites de la ſurface réfléchiſſante font inclinées entr'elles, & qu'elles ont un point commun de réunion au-deſſus du plan qui porte la figure deſſinée, le miroir placé au centre d'un carton circulaire, en peut faire voir toute l'étendue à quiconque met l'œil directement & à une diſtance convenable au-deſſus de la pointe du cône; car les rayons qui partent des points *A*, *B*, *C*, *Fig. 28.* après avoir touché le miroir en *g*, *h*, *i*, ſe réfléchiſſent vers le ſpectateur, & lui font voir les parties du deſſein dans la baſe du cône. La même choſe ſe paſſe dans la partie oppoſée à l'égard des points *D*, *E*, *F*; de ſorte que tout ce qui eſt tracé dans un eſpace circulaire dont on ne voit ici que la moitié *A C G H F D*, ſe repréſente dans le cercle, dont le diamétre eſt *c f*.

L'image par conſéquent eſt beaucoup plus petite que l'objet, & bien plus près de l'œil qu'elle ne ſeroit, ſi le miroir étoit purement droit. La ſurface du miroir conique étant comme celle du cylindre, compoſée dans ſon pourtour de lignes circulaires paralleles à la baſe, chaque
endroit

endroit fur lequel tombe un faifceau de rayons, le modifie comme
un miroir convexe, dont la propriété eft de diminuer la grandeur
des images, & de les approcher de
l'œil : & parce que deux miroirs plans
inclinés l'un vers l'autre, comme les
deux lignes cg, fg, feroient voir
a, b, c, & d, e, f, dans un ordre direfte-
ment oppofé à celui des parties $A, B, C,$
D, E, F, de l'objet repréfenté, quand
on regarde fur la pointe d'un miroir cônique, on doit s'attendre de
trouver au centre de l'image ce qui
eft deffiné dans la circonférence extérieure $A H D$ du carton, & les extrêmités de cette même image compofée des parties C, G, F, &c.

Mais ce que cette efpéce de miroir a de particulier, c'eft que fa
courbure va toujours en augmentant,
depuis la bafe jufqu'au fommet ; &
c'eft une feconde circonftance qui
mérite attention, parce qu'elle contribue plus que toute autre à rendre
l'image différente de l'objet qui l'a
fait naître. Les parties du deffein fe
repréfentant à contre-fens dans le
miroir, celles qui font les plus éloi-

gnées l'une de l'autre fur le carton font les plus rapprochées dans la repréfentation : en un mot, tout ce que porte le cercle *AHD*, &c. fe raffemble, pour ainfi dire, dans un point ; *BIE*, &c. eft moins refferré, & *CGF*, &c. occupe la circonférence extérieure de l'image : on voit par-là, que fi les parties de cette image fe montrent dans un ordre, & avec des diftances convenables, pour repréfenter un objet connu, il faut qu'elles ayent dans le deffein des pofitions contraires, & des difproportions de grandeur, d'où il réfulte un tout qu'on ne reçonnoît point ; & cet effet du miroir, qui rend à l'image ce que le deffein n'a pas, vient de ce que les parties les plus écartées *A, H, D*, tombent fur une zône du miroir où la courbure eft la plus forte, & qui faifant l'office d'un miroir très-convexe, les refferre plus que les autres. Les décroiffemens de cette courbure, depuis la pointe jufqu'à la bafe du cône, étant dans un rapport convenable avec la diminution des cercles concentriques, fur lefquels les différentes parties du deffein fe trouvent

Fig. 25.

Fig. 26.

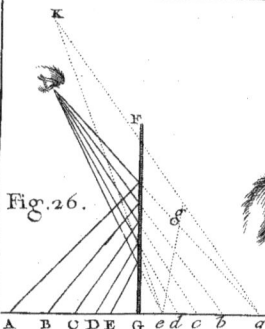

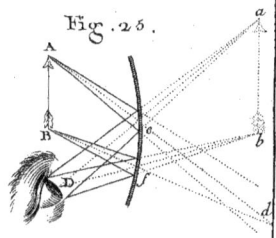

Fig. 27.

Fig. 28.

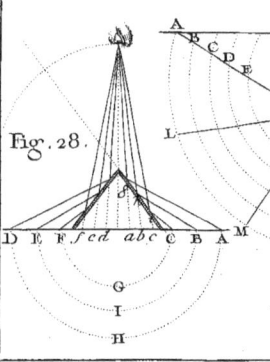

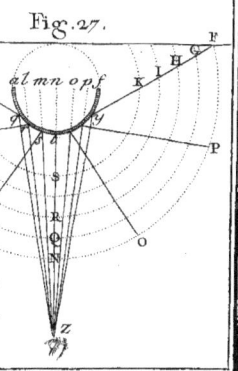

placées, il arrive de-là que ces mêmes parties reçoivent dans l'image un arrangement régulier, & tel qu'il leur faut, pour repréfenter correctement un certain objet.

Par une fuite néceffaire de tout ce que je viens de dire touchant le miroir cônique, les parties d'un objet ou d'un deffein régulier doivent s'y repréfenter dans un ordre renverfé, & avec des difproportions & de diflances & de grandeurs qui le rendent tout-à-fait difforme. Un homme, par exemple, y voit fon vifage avec une bouche qui fait tout le tour de l'image, tandis que les oreilles diminuées à l'excès, font adoffées l'une à l'autre près du centre.

Les miroirs, tant cylindriques que côniques, font ordinairement convexes : on en pourroit faire de concaves, & on expliqueroit de même leurs effets, en démêlant ce qui dépend des propriétés du miroir droit, d'avec ce qui appartient au miroir fphérique concave, dont nous avons parlé ci-deffus : & en général, comme les miroirs mixtes ne peuvent être compofés que de lignes droites

X ij

dans un sens, & de lignes courbes dans l'autre, quand bien même ces courbes ne seroient pas des arcs de cercle, en partant de ce premier principe, que *la lumiére se réfléchit faisant son angle de réflection égal à celui de son incidence*, on viendroit toujours à bout de voir l'influence, ou la part que ces courbes pourroient avoir dans l'effet total.

ARTICLE III.

De la lumiére réfractée, ou des principes de la Dioptrique.

La réfraction de la lumiére, comme je l'ai déja annoncé au commencement de l'Article précédent, est une déviation que ses rayons souffrent dans certains cas, en passant d'un milieu dans un autre. Les anciens ont remarqué cet effet ; mais ils ne l'ont point approfondi, parce qu'ils n'en sentoient pas l'importance, & parce qu'ils ne le pouvoient guéres avec les idées qu'ils s'étoient faites de la propagation de la lumiére & de la vision des objets. L'invention des lunettes à laquelle la théorie des réfractions nous auroit

conduit immanquablement, si le hazard n'eût été plus prompt à nous
servir, fit connoître aux Mathématiciens, & sur-tout aux Astronomes,
combien il étoit nécessaire d'étudier
ce phénoméne, & d'en déterminer
les loix : on peut dire que ce n'est
que depuis cette époque qu'on s'y
est appliqué avec un véritable succès.
Snellius profitant & des expériences
& des conjectures de Kepler, a fort
avancé ces recherches ; & Descartes
y a mis, pour ainsi dire, la derniére
main : Son Traité de Dioptrique est
un chef-d'œuvre, eu égard au tems
dans lequel il a paru.

La réfraction dont il s'agit ici ne
s'observe que dans les milieux transparens, c'est-à-dire, dans ceux que
la lumiére pénétre, en conservant
l'action par laquelle elle se rend visible elle-même, & nous fait voir les
autres corps ; & comme il peut arriver
qu'un rayon se divise après être entré, & que plusieurs de ses parties
se jettent à droite ou à gauche sans
aucun ordre, nous n'aurons égard
qu'à celles qui demeureront unies,
& qui auront conservé un mouve-

X iij

ment régulier dans le milieu réfringent.

Je regarde les milieux transparens, solides ou fluides, comme des
masses, dont les pores réguliérement
allignés dans toutes sortes de directions, sont pleins de ce fluide subtil
que nous avons nommé jusqu'à présent
matiére de la lumière ; lorsque de tels
corps sont entiérement plongés dans
d'autres milieux transparens comme
eux, quoique de nature différentes,
je conçois que la lumière extérieure
animée par un astre, ou par quelque
corps enflammé, communique son
action à celle du dedans, qui la transmet à son tour jusqu'à la surface opposée, à peu près comme le son passe
d'un côté à l'autre d'un bois, sans que
l'air sonore qui est entre les arbres
se déplace : ainsi je le répéte encore,
quand je dirai qu'un rayon *passe* de
l'air dans l'eau, dans le verre, &c.
qu'il *se plie*, qu'il *se détourne*, qu'il *se
réfracte*, qu'il *s'approche*, qu'il *s'éloigne*, tout cela doit s'entendre, non
d'une translation réelle de la matiére
même de la lumière, mais du progrès
de son action, ou de ses changemens de directions.

La lumiére se réfracte dans ces deux circonstances réunies ; sçavoir, quand elle passe d'un milieu dans un autre plus ou moins dense, & que sa direction est oblique au plan qui sépare les deux milieux ; c'est-à-dire, qu'avec quelque direction que ce fût, le rayon de lumiére ne souffriroit aucune réfraction, si, sortant de l'air, par exemple, il entroit dans une matiére diaphane qui ne fût, ni moins, ni plus pénétrable pour lui que ce fluide ; & que quand bien même il y auroit une différence de pénétrabilité entre les deux milieux, le rayon de lumiére les traverseroit en droite ligne, si lorsqu'il sort de l'un, il tomboit perpendiculairement sur la surface de l'autre : on remarquera que la lumiére a cela de commun avec tous les corps, si l'on se rappelle ce que j'ai enseigné touchant la réfraction * en général, en traitant des loix du mouvement.

On ne sçait pas bien encore quelle est la vraie cause de la réfraction de la lumiére : les Physiciens sont fort partagés sur cette question ; mais on en connoît assez bien les loix, &

XVI.
Leçon.

* III. Leçon, Tom. I. pag. 262. & suiv.

X iv

c'eft ce qu'il nous importe le plus
d'apprendre, parce que ce font des
faits qui fervent de fondement à la
Dioptrique, & d'où dérivent toutes
les explications dont nous aurons befoin dans cette partie. L'Expérience
fuivante nous les mettra fous les yeux.

I. EXPERIENCE.

PREPARATION.

Il faut avoir une platine quarrée de
bois ou de métal, bien dreffée, peinte en blanc, & de telle grandeur
qu'on puiffe y tracer en noir un cercle de 20 pouces de diamétre, ou
environ, avec les lignes & les divi-
fions qu'on voit dans la *Fig.* 1. Il
faut de plus, qu'il y ait aux quatre
angles des vis à oreilles qui en tra-
verfent l'épaiffeur, & par le moyen
defquelles on puiffe l'affermir, & la
mettre de niveau fur une table en
forme de guéridon, qui fe hauffe &
fe baiffe à volonté, & qui tourne horifontalement fur un pivot, *Fig.* 2.

On place cet appareil dans une
chambre obfcure, où, par le moyen
d'un miroir plan de métal, placé en

dehors de la fenêtre, on fait entrer
avec une direction horifontale, des
rayons folaires par une ouverture de
trois pouces de haut, fur un de large,
pratiquée au volet.

Cette lumiére eft reçue d'abord
fur une platine verticale de cuivre
mince, placée à la circonférence du
grand cercle, & qui a une ouverture un peu moins longue & moins
large que celle du volet, pour diminuer un peu le jet de lumiére. Cette
platine eft repréfentée féparément
par la *Fig.* 3.

Comme la table, avec tout ce
qu'elle porte, peut fe mouvoir en
tournant horifontalement, & que la
platine verticale change de place,
autant qu'on le veut fur la circonférence du cercle, il eft aifé de con-
duire le jet de lumiére fucceffivement par tous les rayons du quart
de cercle *OCP.*

f g h, Fig. 4. eft une caiffe longue de 10 pouces, & qui en a 4,
tant en hauteur qu'en largeur ; elle
eft entiérement ouverte par en haut:
fes quatre côtés font faits avec des
lames de cuivre ; & le fond eft une

glace transparente qui tient avec du mastic. Au tiers de sa longueur, le côté *g h* a une ouverture tout-à-fait semblable à celle de la platine verticale ; & afin que la caisse puisse contenir de l'eau, cette ouverture est couverte d'un morceau de verre mince attaché avec du ciment.

Enfin, la *Fig.* 5. représente un quarré de cristal très-pur & sans bouillon, dont les côtés bien plains & bien paralleles entr'eux ont chacun 3 pouces de long, & l'épaisseur du morceau est d'environ deux pouces.

Ces deux derniéres piéces se placent l'une après l'autre dans le demi-cercle *C p R*, de maniére que le côté *g h* soit sur la ligne *O R*, & que la ligne *i k* tombe directement sur le point *C*. Quand on se sert de la caisse, on l'emplit d'eau bien claire jusqu'à la moitié de sa hauteur, & l'on regarde perpendiculairement par-dessus, pour reconnoître l'endroit où répond le rayon de lumiére sur le quart de cercle *C p R*.

EFFETS.

1°. Si le jet de lumiére dirigé

comme AC rencontre l'ouverture ik de la caiſſe, il ſe diviſe en deux parties, dont l'une paſſe au-deſſus de la ſurface de l'eau, & arrive en B, en ſuivant ſa première direction ; l'autre ſe plonge dans l'eau, & s'incline en entrant vers la ligne Cp, qui eſt perpendiculaire au côté gh.

2°. On voit arriver le même effet, lorſque le rayon tombe moins obliquement ſur gh, comme par les lignes DC, EC, à cela près qu'il eſt moins grand ; c'eſt-à-dire, que le rayon rompu paroît moins écarté de ſa première direction : & ce même effet devient abſolument nul, quand le rayon tombe perpendiculairement, comme PC ; car alors le jet de lumière ne ſe diviſe plus ; la partie qui paſſe dans l'air, comme celle qui traverſe l'eau, ſuivent également la direction Cp.

3°. Les choſes ſe paſſent de même, quand on ſubſtitue le quarré de verre à la caiſſe qui contient de l'eau ; ce qu'on remarque de plus, c'eſt que la réfraction que ſouffre la lumière en entrant dans le verre, eſt plus forte dans tous les cas où elle a lieu, que dans l'eau pure.

4°. Mais quoique la réfraction soit mois grande, à mesure que le rayon incident devient moins oblique à la surface du milieu réfringent, on trouve toujours un rapport constant entre l'angle *a Cp* & celui d'incidence *ACP*. Ce rapport se connoît par la comparaison des lignes *ad* & *Ae*, qui sont les sinus des angles de réfraction & d'incidence, & que l'on peut voir à travers de l'eau & de la glace qui fait le fond de la caisse. L'expérience montre que la premiére est à la seconde dans la proportion de 3 à 4, quand le milieu réfringent est de l'eau commune, & à-peu-près comme 2 à 3 quand c'est du verre, & que dans l'un ou l'autre cas le rayon incident vient de l'air (*a*).

5°. Un rayon réfracté en *a* ou en tout autre endroit, & renvoyé en *C* par un miroir plan ou par quelqu'autre moyen, ne continue point

(*a*) Il ne faut prendre ces proportions que comme des à peu-près : je les donnerai d'une maniére plus exacte, quand je parlerai de la décomposition de la lumiére & des différens dégrés de réfrangibilité de ses rayons.

cette route en ligne droite ; mais il s'écarte de la perpendiculaire PC, & retourne précisément en A, d'où il étoit parti d'abord : ce qui a lieu dans tous les cas.

Loix de la réfraction de la lumiére.

Nous pouvons déduire des résultats de notre Expérience, les propositions suivantes, que nous regarderons dorénavant comme des loix ou comme des points fixes, sur lesquels nous appuyerons tout ce que nous avons à dire touchant les effets de la lumiére refractée.

I. Loi. Les rayons de la lumiére se réfractent toujours, lorsqu'ils passent obliquement d'un milieu dans un autre, qui est d'une densité ou d'une nature différente.

II. Loi. Quand la lumiére se réfracte en passant d'un milieu rare dans un milieu plus dense (*a*), l'angle de

(*a*) Cette Loi souffre des exceptions. La plûpart des matieres grasses ou sulphureuses qui font transparentes, réfractent la lumiére plus fortement qu'on ne devroit s'y attendre, si l'on n'avoit égard qu'à leur densité. Il y a en elles deux causes de réfraction, l'une qui tient à leur densité, l'autre qui dépend de leur na-

réfraction eſt plus petit que l'angle d'incidence, & réciproquement, &c.

III. Loi. Quoique la réfraction de la lumiére devienne plus ou moins grande, ſoit par le dégré d'obliquité de l'incidence du rayon, ſoit par la nature du milieu réfringent, les ſinus des deux angles, de réfraction & d'incidence, demeurent toujours en rapport conſtant.

IV. Loi. La réfraction, non plus que la réflection, n'altére pas ſenſiblement l'activité de la lumiére; puiſqu'un rayon réfracté qu'on oblige à retourner ſur lui-même, reprend en ſortant du milieu réfringent, la di-

ture particuliére : celle-ci peut ſuppléer d'une maniere ſurabondante à ce que l'autre ne peut pas faire, ou produire une juſte compenſation; de-là il peut arriver que la lumiére, en paſſant d'un milieu rare dans un milieu plus denſe, faſſe ſon angle de réfraction plus grand que celui de ſon incidence, ou qu'elle les faſſe tous deux égaux ; c'eſt à-dire, qu'elle ne ſe réfracte point: on pouroit même en citer des exemples, ce qui eſt contraire à la loi générale; mais comme cette loi eſt vraie dans les cas les plus ordinaires, & ſur-tout pour les corps dans leſquels il nous importe le plus de ſuivre les mouvemens de la lumiére, nous régarderons toujours la propoſition générale comme un principe de Dioptrique.

rection qu'il avoit dans son incidence, comme on l'a vû par le 5e. résultat, & comme on peut s'en assurer encore davantage, en multipliant cette épreuve sur le même rayon.

V. Loi. Le rayon réfracté & le rayon incident se trouvent toujours dans un même plan, lequel est perpendiculaire à la surface du milieu réfringent.

EXPLICATION.

En regardant les Résultats qu'on vient de voir comme des Loix ou comme des principes tirés immédiatement de l'Expérience, je pourrois me dispenser d'en chercher les raisons, sans que cela fît tort aux vérités que j'ai dessein d'en déduire : mais pour satisfaire le Lecteur curieux de sçavoir ce que l'on a pensé à ce sujet, plutôt que par l'espérance de l'éclairer à fond, je crois devoir rapporter en gros les opinions des plus habiles Physiciens de partis opposés.

Descartes considérant que la réfraction de la lumiére se fait communément en sens contraire de celle

des autres corps, & fçachant, à n'en
pas douter, qu'une balle de mouf-
quet lancée obliquement de l'air
dans l'eau, ne fait fon angle de
réfraction plus grand que celui de
fon incidence, que parce qu'à la
fuperficie du milieu le plus denfe
fon mouvement de haut en bas eft
plus retardé, que celui qu'elle a pour
s'avancer parallélement à cette même furface, fit ce raifonnement :
»Puifqu'une balle de métal ou tout
»autre corps femblable venant en *C*
»*Fig.* 6. fe réfracte en s'approchant
»de *Cd*, parce que l'eau dans la-
»quelle elle entre réfifte plus que
»l'air d'où elle fort, au mouve-
»ment qu'elle a pour defcendre ; un
»rayon de lumiére qui dans les mê-
»mes circonftances fe plie vers *CP*,
»doit nous porter à croire, que
»l'eau lui fait moins de réfiftance
»que l'air ». Ce Philofophe voyant
encore, que la réfraction de la lumiére étoit plus grande dans le verre
que dans l'eau, conclut tout de fuite
& en général, que plus la denfité
des corps tranfparens étoit grande,
plus la lumiére y exerçoit fes mouvemens

mens avec liberté ; en quoi, sans doute, il se pressa un peu trop, ne pre-
voyant pas les exceptions qui se sont
trouvées depuis, & dont j'ai fait
mention dans la derniére note.

Cette supposition, toute consé-
quente qu'elle étoit, révolta dès-
lors bien des esprits, & encore aujourd'hui, il y a peu de personnes
qui ne sentent de la répugnance à
l'admettre, parce que ne connoif-
fant pas l'état intérieur des corps
diaphanes, ni de quelle maniére au
juste ils reçoivent & transmettent
l'action de la lumiére, on raisonne
d'après des exemples & des comparaisons pleines de disparités ; car aucun autre fluide n'est comparable à
la lumiére, & la transparence des
corps à travers lesquels elle passe,
est tout-à-fait différente de ce qu'on
nomme *perméabilité* dans ceux qui sont
opaques.

Voici, selon moi, ce que cette
opinion a de plus fort contr'elle, c'est
le préjugé où l'on est, qu'un corps ne
peut jamais offrir des passages plus
libres à une matiére étrangére, quand
les vuides qui sont entre ses parties

Tome V.   Y

propres, décroissent de nombre ou de grandeur, comme il arrive dans le cas d'une plus grande densité.

Mais ce préjugé, quelque puissant qu'il soit, peut-il tenir contre des faits évidens ? N'est-il pas démontré que l'action de la lumière sortant de l'air s'accélere en pénétrant dans l'eau, quand on voit qu'elle n'employe pour passer de C en a, que le tems qu'elle eût mis à parcourir CB, si elle eût continué de traverser de l'air ? D'ailleurs une plus grande transparence, n'est-elle pas le signe infaillible d'une plus grande perméabilité, par rapport à la lumière ? Dans nombre d'occasions cependant, nous voyons qu'un corps, pour être plus dense qu'un autre, n'en est pas moins propre à laisser passer la lumière ; il n'y a qu'à comparer à cet égard un diamant d'une belle eau, avec un morceau de verre de même épaisseur ; on verra sûrement que celui-ci, quoique plus poreux, puisqu'il est spécifiquement plus léger, n'est jamais d'une transparence aussi parfaite.

Mais pourquoi l'eau plus dense

que l'air est-elle plus perméable à la
lumiére ?

Descartes répond, c'est qu'une
masse d'air est composée de parties
rameuses, moins propres à laisser
entre elles des passages en droites
lignes, que celles de l'eau qui ont
des surfaces lisses & une figure avec
laquelle elles s'arrangent de telle
forte, qu'il en résulte une porosité
convenable à la propagation de la
lumiére.

Cette réponse ne peut être reçue
que comme une conjecture, encore
n'est-elle pas des plus heureuses ; le
Philosophe de qui nous la tenons
ne l'auroit peut-être pas hazardée,
s'il avoit sçu que la plûpart des hui-
les, moins denses que l'eau, réfractent cependant plus fortement qu'elle
la lumiére qui sort de l'air ; car suivant ses propres idées, nous devons
croire que toutes les matiéres graffes ont des parties branchues ; ce
qui met en droit de dire, ou que le
mouvement de la lumiére ne s'accélere point dans l'eau, par la raifon que les parties de ce liquide ne
font point rameuses comme celles

Y ij

de l'air, ou que les corps gras qui réfractent la lumiére autant ou plus que l'eau, n'ont pas, comme on le suppose, des parties moins lisses & moins dégagées que les siennes.

Les Physiciens attachés au principe des attractions reconnoissant avec les Cartésiens, que le mouvement de la lumiére est accéléré, lorsqu'elle passe de l'air dans l'eau, répondent tout autrement qu'eux, quand on leur demande quelle est la cause de cette accélération ; ils attribuent cet effet à la vertu attractive de l'eau, laquelle, plus puissante que celle de l'air, oblige l'extrêmité C du rayon incident à s'incliner un peu plus qu'il ne l'est par sa direction naturelle, & à tendre au point a, au lieu de continuer en droite ligne vers B. Et comme l'attraction est une puissance qui augmente comme la densité des corps où elle réside, & à mesure que la distance diminue entre ce corps & celui qui est attiré, il suit premiérement, que du verre doit accélérer plus que l'eau, le mouvement de la lumiére qui vient de l'air, comme

l'expérience le montre ; secondement, que le rayon incident doit augmenter de vîteffe, à mefure qu'il approche davantage du milieu réfringent le plus denfe ; ce qui doit lui
faire prendre de l'accélération, &
une petite courbure, qu'on ne voit
pas, mais qu'il faut fuppofer, quand
on raifonne fuivant ces principes.

Si quelqu'un a pris fon parti fur
cette maniére de philofopher, & qu'il
ait une fois pour toutes admis des
vertus attractives & répulfives dans la
matiére, je ne lui confeillerai pas
de changer d'avis dans cette occafion : j'avóue que les Newtoniens
fe tirent affez adroitement d'affaire,
lorfqu'il s'agit de rendre raifon des
différens effets qu'on remarque dans
les réfractions de la lumiére ; mais fi
l'on eft impartial, on m'accordera
que ce n'eft pas fans peine : le Lecteur en jugera par ce qui fuit.

Newton a trouvé par expérience
un certain nombre de corps, tant folides que liquides, lefquels avec moins
de denfité que l'eau & le verre, réfractent autant ou plus qu'eux, la lumiére qu'ils reçoivent de l'air. En un

mot il a reconnu que l'accélération de la lumiére qui pénétre dans ces subſtances ; eſt plus grande qu'elle ne doit être eu égard à leur ſeule denſité : que dire à cela, quand on a commencé par attribuer l'accération du rayon réfraƈté à l'attraƈtion du milieu réfringent, & que l'on a donné la denſité pour la meſure de cette vertu ? Le cas eſt embarraſſant pour un Phyſicien qui a pris pour régle d'être ſobre en ſuppoſitions ; voici la ſolution qu'on donne de cette difficulté : Dans les corps dont il s'agit, il y a, dit-on, deux ſortes de pouvoirs attraƈtifs ; l'un tient à la denſité, l'autre eſt un être inconnu qui eſt attaché à la nature particuliére de chacune de ces ſubſtances. Probablement vous ne le connoîtrez jamais, que par le nom générique qu'on lui donne & par les fonƈtions qu'on lui attribue ; mais vous ferez dédommagé de ce qu'on vous laiſſe à déſirer à cet égard, pour peu que vous ayez du goût pour les calculs ; car on vous dira à point nommé, combien il influe dans telle ou telle réfraƈtion.

Ce qui réfulte de tout cela, c'eſt que les Newtoniens & les Carté-

fiens font d'accord ſur ce point, que la lumiére reçoit une accéléra-tion de vîteſſe en paſſant de l'air dans l'eau, dans le verre & dans quantité d'autres milieux plus denſes, & que ſur la cauſe de cette accélération, ils ne nous éclairent guéres plus les uns que les autres. Car alléguer l'attrac-tion comme font les premiers, c'eſt uſer d'un principe dont bien des gens ne veulent point, & qui a beſoin de ſupplément dans pluſieurs cas ; dire avec les autres, que la lumiére s'accé-lere, parce qu'elle paſſe plus librement, c'eſt preſque donner pour raiſon, le fait même qu'il s'agit d'expliquer.

Il me ſemble pourtant qu'on a tort d'objecter à ceux-ci, qu'un paſſage plus libre dans l'eau, dans le verre, &c. quand il ſeroit démontré d'ail-leurs, ne ſuffiroit pas pour rendre raiſon du mouvement accéléré de la lumiére ; il faut ſe mettre dans la poſition d'un Cartéſien qui ne regarde pas le trajet de la lumiére comme un mouvement de tranſla-tion, mais ſeulement comme le transport d'une action qui s'imprime & s'entretient par celle du corps lumineux d'où procéde le rayon. Or, je pense que dans un jet de lumiére ainsi considéré, qui enfile différens milieux, dont les uns sont plus propres que les autres à conserver l'activité de son mouvement, l'action qui se transmet d'un bout à l'autre peut être plus prompte dans les endroits où elle trouve moins d'obstacles qui la ralentissent.

Un Auteur de ces derniers tems a prétendu expliquer la cause des réfractions de la lumiére, en disant que les rayons incidens se réfléchissent en entrant obliquement dans les pores du milieu réfringent : quoique cette opinion ait un air assez naturel, il n'est pas possible de la faire valoir, si l'on ne montre auparavant, que les angles de ces prétendues réflections, sont égaux à ceux des incidences dans tous les cas, où il y a ce que l'on nomme réfraction : & pour cela, il faut avoir recours à des hypothèses qu'on auroit peine à faire goûter, comme de supposer une certaine direction dans la
plûpart

plûpart des pores des corps tranfparens; tandis que les plus fortes raifons nous portent à croire, que ces
pores font allignés dans toutes fortes
de fens, ou de dire qu'il y a plus de
lumiére réfléchie par les pores obliques, qu'il n'en entre dans ceux qui
reçoivent directement les rayons incidens, ce qui ne feroit pas naturel à penfer.

APPLICATIONS.

Un des effets de la réfraction qu'on
remarque le plus, & dont on eft toujours furpris quand on en ignore la
caufe, c'eft l'inflexion apparente d'un
bâton que l'on plonge obliquement
dans l'eau; tout le monde fçait qu'au
lieu de paroître droit, il femble bri-
fé au point C *Fig.* 7. & former l'angle
ACb. Si l'on veut comprendre comment cela fe fait, il faut confidérer,
que chaque point éclairé de la partie
plongée du bâton devient vifible
par un faifceau de lumiére qui paffe
obliquement de l'eau dans l'air, où
l'on fuppofe que l'œil eft placé: or ce
jet de lumiére paffant ainfi d'un milieu
denfe dans un autre qui l'eft moins,

Tome V.   Z

doit se réfracter dans celui-ci, en s'écartant de la perpendiculaire *P D*: ainsi l'œil apperçoit le point *B*, par la pyramide de lumiére *D E*, dont les rayons convergent en *b*, qui devient par-là le lieu apparent de l'objet. Si vous faites le même raisonnement pour tous les points visibles *F*, *G*, *H*, &c. vous trouverez que leurs images doivent être dans la ligne *b C*, laquelle fait un angle avec la partie du bâton qui est hors de l'eau.

On explique de même, comment une piéce d'argent placée au fond d'un vaisseau qui n'est pas de matiére transparente, devient visible à l'œil qui ne pouvoit pas l'appercevoir, lorsqu'on la couvre d'une masse d'eau d'une certaine épaisseur ; car on voit que le rayon *R S* qui passeroit au dessus de l'œil, s'il n'y avoit pas de réfraction, venant à s'écarter de la perpendiculaire *P S*, lorsqu'il passe de l'eau dans l'air, se dirige vers *T*, & fait voir l'image de la piéce en *r*, comme si l'objet s'étoit élevé.

Nous voyons donc au-dessus de son vrai lieu tout ce que nous appercevons dans l'eau par des rayons obliques ; & c'eſt à quoi l'on doit faire attention, lorſqu'on tire ſur le poiſſon d'un étang : on le manqueroit certainement, ſi l'on tiroit à l'endroit où on le voit, pour deux raiſons ; 1°. parce qu'il eſt plus bas que le lieu où il paroît être ; 2°. parceque la balle ſouffrant une réfraction en ſens contraire de celle de la lumiére, s'éleve néceſſairement au-deſſus de la direction qu'on a intention de lui donner.

Comme, étant placés dans l'air, nous appercevons dans l'eau des objets que les bords du baſſin nous cacheroient, ſi la lumiére qui en vient ne ſouffroit pas de réfraction, en paſſant de l'un de ces milieux dans l'autre, réciproquement les animaux qui, étant ſous l'eau, regardent dans l'air, par des rayons obliques, découvrent ce qui ne ſeroit pas à la portée de leurs yeux, s'ils ne devoient voir que par des rayons directs. L'œil placé en *R* apperçoit ce qui eſt en *T*, comme lorſqu'il eſt en *T*, il voit ce qui eſt en *R* ; mais au lieu de le rapporter à ſa vraie place, il le juge en *t*.

Cette derniére remarque eſt d'une grande conſéquence pour l'Aſtronomie. Il ſuit de-là que nous voyons les aſtres ſur l'horiſon le matin & le ſoir, quelque tems avant qu'ils y ſoient arrivés, & après qu'ils ſont deſcendus au-deſſous; car l'atmoſphére terreſtre étant un milieu plus denſe que celui par lequel paſſe la lumiére des aſtres, avant que d'y arriver, le rayon qui part de l'étoile S, *Fig.* 8, lorſqu'elle eſt encore au deſſous de l'horiſon Hh, ce rayon, dis-je, qui paſſeroit en droite ligne vers V, venant à ſe réfracter en c, en s'approchant de la perpendiculaire pp, parvient à l'œil du ſpectateur qu'on ſuppoſe en t, & lui fait voir l'étoile, comme ſi elle étoit en $ſ$ au-deſſus de l'horiſon.

Après le lever de l'aſtre, ſon lieu apparent différe encore de ſon lieu réel, par la même raiſon : mais à meſure qu'il s'éleve, cet effet va toujours en diminuant; parce que l'incidence de ſes rayons $Rr Xx$, devenant de moins en moins oblique à la ſurface de l'atmoſphére terreſtre, la réfraction devient moins grande

à proportion, jufqu'à ce qu'enfin
l'aftre étant parvenu au Zénith, ou
à une hauteur qui en approche, fes
rayons, comme Z z, tombent directement, ou à peu-près, & le repréfentent au vrai lieu où il eft.

Ce que je viens de dire, comme en
paffant, des réfractions aftronomiques,
fuppofe que l'atmofphére terreftre
eft un milieu plus réfringent, ou plus
denfe que celui qui remplit l'efpace
immenfe des cieux ; & c'eft un fait
dont on eft affuré : premiérement, par
l'apparition des aftres, qui précéde
conftamment le matin celle qu'un calcul exact nous annonce, lorfqu'on
n'a égard qu'à la durée de leur révolution. Secondement, par des Expériences immédiates que d'habiles
Phyficiens ont faites en différens
tems & en différens lieux (a), &
par lefquelles ils ont tâché de déterminer le rapport des finus des angles d'incidence & de réfraction *totale*,

(a) On peut confulter fur cela les Tranfact.
Philofoph. de Londres , N°. 257. & les Exp.
Phyfico-méchaniques de Hauxbée, nouvellement traduites en François, à Paris, chez Ca-
velier. *tom.* 1. *pag.* 106. *& fuiv.*

Z iij

par les rayons de lumiére qui paſſent de l'éther dans toute l'épaiſſeur de l'atmoſphére terreſtre.

Je dis la réfraction totale, parce que le rayon réfracté par l'air de l'atmoſphére ne ſuit pas une ſeule ligne droite, comme il arrive dans un milieu réfringent d'une denſité uniforme : l'air étant plus denſe & plus chargé de vapeurs dans les couches de l'atmoſphére qui approchent le plus de la ſurface de la terre, on doit conſidérer, que ſon pouvoir réfractif va toujours en croiſſant dans le même ſens : ce qui fait que le rayon qui commence à ſe réfracter en a, *Fig. 8.* s'incline davantage en b, & encore plus en e ; au lieu de diſtinguer ſeulement trois couches dans l'atmoſphére, ſi l'on fait attention qu'il y en a une infinité, & que leurs denſités augmentent inſenſiblement, à commencer du point a, on comprendra d'abord que le rayon réfracté doit ſuivre une courbe continue, & faire voir l'aſtre d'où il procéde, dans la tangente $t\,d$.

Et comme on s'eſt encore aſſûré par des expériences réitérées avec

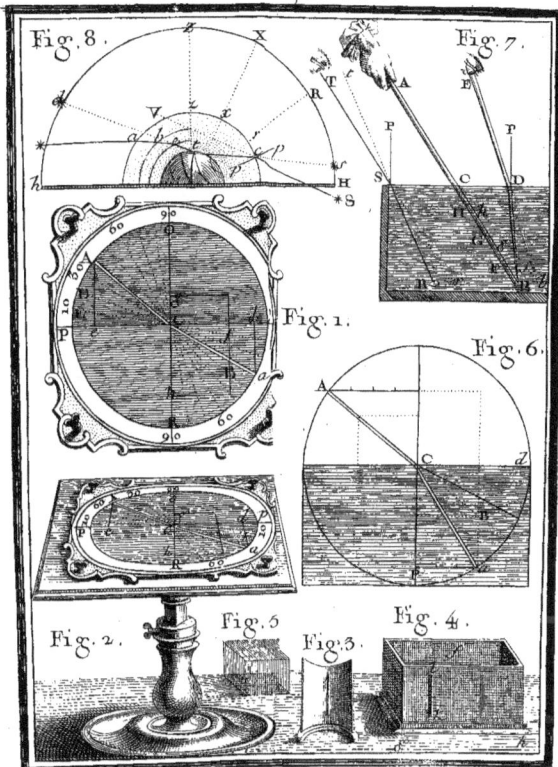

foin, que la réfraction de la lumiére qui entre du vuide dans l'air, devient plus grande, à mesure qu'on augmente la densité de ce fluide, soit en le comprimant, soit en le refroidissant, c'est une conséquence nécessaire, que les objets qu'on voit ainsi à travers l'atmosphére, quoiqu'à des hauteurs données, ne paroissent pas toujours également déplacés de leur vrai lieu ; puisque la température de l'air, son poids & la quantité de vapeurs dont il est chargé, varient, non-seulement selon les climats & les saisons, mais encore par une infinité de causes accidentelles.

Ces variations de densité dans certaines parties de l'atmosphére, influent tellement sur la réfraction de la lumiére, que d'habiles Physiciens nous assûrent avoir trouvé, tantôt plus, tantôt moins grande la hauteur des mêmes édifices qu'ils avoient mesurés géométriquement d'une distance un peu grande. De pareils avis joints à la certitude que l'on a de la possibilité des effets, font qu'un Astronome circonspect ne se repose point avec une entiére confiance sur l'exactitude de

Z iv

ſes tables de réfractions, & infpi-
rent une défiance raiſonnable à quiconque eſt obligé de compter ſur la
rectitude parfaite d'un rayon de lumiére, qui traverſe une grande épaiſſeur d'air.

En regardant le Soleil ou la pleine Lune près de l'horiſon, ſi vous
remarquez que ſon diſque eſt d'une
figure ovale, vous pouvez obſerver
en même-tems, que le diamétre le
plus court eſt celui qui eſt vertical;
& vous appercevrez la raiſon de cet
effet, ſi vous conſidérez premiérement, que la réfraction fait paroître
toutes les parties de l'aſtre plus élevées qu'elles ne le ſont réellement;
en ſecond lieu, que cette élévation
apparente eſt d'autant plus grande,
que l'objet eſt plus près de l'horiſon : car, de ces deux effets il réſulte clairement, que le bord inférieur
du diſque lumineux, doit paroître
rapproché du bord ſupérieur, ce qui
change ſa figure ronde en ovale. Si
vous y preniez garde, vous verriez
auſſi, & par la même raiſon, que la
diſtance reſpective de deux étoiles,
dont l'une eſt au-deſſus de l'autre,

paroît plus petite peu après leur lever, que quand elles approchent du
Méridien, & vers le Zénith.

Un phénoméne qui arrive quelquefois, & qui a bien intrigué les anciens Aftronomes, parce qu'ils ne
connoiffoient point affez les effets
de la lumiére réfractée par l'atmofphére terreftre, c'eft de voir la Lune
fe lever totalement éclipfée, tandis
que le Soleil fe voit encore tout entier dans la partie oppofée de l'horifon. Ceux qui fçavent qu'une éclipfe
de Lune fe fait par l'interpofition de
la terre entre le Soleil & elle, font
furpris de voir qu'elle manque de lumiére en préfence, & vis-à-vis de
l'aftre qui a coutume de lui en donner : c'eft que dans le cas dont il s'a-
git, ce n'eft point elle-même qui fe
montre fur l'horifon, ce n'eft que
fon fpectre élevé par l'effet de la réfraction, comme l'étoile S de la *Fig. 8.*

Mais, dira-t-on, comment un aftre éclipfé peut-il fe faire voir ainfi,
s'il n'a plus de lumiére ?

Il faut fe rappeller ici, que la Lune, dans les tems de fes éclipfes,
n'eft jamais totalement privée de lu-

miére, elle eſt toujours très-viſible, ſous une couleur de fer rouge qui commence à s'éteindre : c'eſt encore un effet ſur lequel les Anciens ont mal raiſonné, ne connoiſſant pas aſſez le pouvoir refractif de l'atmoſphére terreſtre, & que je trouve très-bien expliqué dans l'Optique de M. Shmith. » C'eſt, dit-il, une partie »des rayons ſolaires qui embraſſent »la terre, & qui s'étant réfraxés »dans l'atmoſphére de cette planéte, »vont ſe croiſer dans ſon ombre, »& illuminer foiblement la Lune qui »s'y trouve plongée ».

Les effets dont je viens de faire mention, nous apprennent déja, que la réfraxion de la lumiére change ſouvent la poſition, ou le lieu de l'objet, en nous le faiſant voir où il n'eſt pas, nous verrons auſſi que la même cauſe influe ſur la figure, la grandeur, la diſtance & la ſituation ; mais comme toutes ces apparences dépendent de la poſition reſpextive des rayons qui tracent les images au fond de l'œil, il eſt à propos, avant que d'entrer dans ce détail, de faire voir par des faits ſimples, comment

des rayons réfractés s'arrangent entre
eux, étant données leurs incidences,
& la figure des furfaces réfringentes.

Quand deux milieux fe touchent,
la furface du plus denfe ne peut être
que plane, convexe ou concave ; &
les rayons incidens qui viennent
plufieurs enfemble pour la traverfer,
font, ou paralleles entr'eux, ou convergens, ou divergens. Je vais examiner ce qui arrive dans ces différens cas ; & comme j'ai lieu de croire, après ce qui a été dit & répété
jufqu'ici, que le Lecteur comprend
fuffifamment, qu'un jet de lumiére de
la groffeur du doigt, par exemple,
eft un faifceau de rayons qui peuvent
s'écarter davantage, ou fe rapprocher
les uns des autres, pour former un
cylindre, ou une pyramide, au lieu
d'employer, comme j'ai fait au commencement de la Catoptrique, deux
jets féparés l'un de l'autre, le plus
fouvent je n'en mettrai qu'un en expérience, & je ferai juger du parallélifme, de la divergence ou de la
convergence de fes parties, par la
figure cylindrique ou pyramidale
qu'il recevra. Quant aux furfaces

concaves ou convexes des milieux,
je ne parlerai que de celles qui font
fphériques ; parce qu'elles font le
plus en ufage dans la conftruction
des inftrumens de Dioptrique, &
que d'ailleurs, fi l'on entend bien
leurs effets, il fera aifé d'appliquer
les mêmes principes, pour expliquer
ou prévoir ce qui arrive avec toute
autre courbure.

PREMIER CAS.

Si des rayons paralleles dans leur inci-
dence, paffent obliquement d'un milieu
rare dans un plus denfe qui foit termi-
né par une furface plane.

II. EXPERIENCE.

PREPARATION.

Par le moyen d'un miroir plan de
métal, placé en dehors de la fenêtre,
on introduit dans une chambre bien
obfcure, des rayons folaires qu'on
fait paffer par un tuyau rond qui
traverfe le volet dans une direction
horifontale, & qui a 6 pouces de
longueur fur un pouce & demi de diamétre. Ce tuyau reçoit des verres de
différentes convexités, à celle de fes

extrêmités qui répond au-dedans de
la chambre : celui qu'on y met pour
cette Expérience, n'en a que ce qu'il
en faut, pour rendre le jet de lumiére folaire parfaitement cylindrique.

Ce faifceau de rayons eft reçu
obliquement fur le côté long d'une
caiffe repréfentée par la *Figure 9.* &
placée fur la table que j'ai défignée
ci-deffus par la *Fig.* 2.

Les côtés longs de cette caiffe
font deux morceaux de verre bien
droits de 4 pouces de large fur un
pied de long, élevés bien parallélement à 6 pouces de diftance l'un de
l'autre. Les deux petits côtés font
de métal, ainfi que le fond, & chacun d'eux a une ouverture circulaire
de deux pouces & demi de diamétre,
garnie d'un verre femblable à ceux
dont on couvre les cadrans des mon-
tres, l'un ayant fa convexité en dehors, l'autre ayant la fienne en dedans de la caiffe. Comme ce vaiffeau
doit contenir de l'eau, tous ces verres font attachés avec du ciment ;
& aux quatre coins du fond en dehors, il y a des vis par le moyen def-

quelles on le met de niveau sur la table, & à l'un des bouts, un robinet pour vuider l'eau.

Effets.

Le jet de lumiére entrant par *A Fig.* 10. dans la caisse remplie d'eau, se réfracte en *B*, & forme à cette distance, sur une lame de métal qu'on présente perpendiculairement à sa direction, un cercle lumineux dont le diamétre est égal à celui du cylindre de lumiére mesuré en *A*. Ce cercle s'apperçoit plus aisément, si l'on couvre le dehors du verre avec un morceau de carton blanc : dans la Figure on n'a représenté que l'épaisseur de l'eau qu'on met dans la caisse, avec les effets de la lumiére qui la traverse.

Au lieu d'arrêter ainsi le rayon, si vous le laissez sortir de la caisse dans l'air, il prend une direction *S s*, parallele à celle du rayon incident *R r*, ce qu'il est aisé de reconnoître en mettant sur les bords de la caisse une régle parallele à l'un des deux rayons; & la grosseur du jet de lumiére demeure constamment égale dans toutes les parties de sa longueur.

XVI.
Leçon.

D'où il fuit, que des rayons de lumiére paralleles dans leur incidence, en paſſant obliquement de l'air dans une maſſe d'eau terminée par une ſurface plane, conſervent leur parallélifme, comme auſſi en rentrant de l'eau dans l'air, terminé de même par une ſurface droite : la même choſe arrive avec tous les autres milieux qui différent en denſité, & qui n'ont qu'une médiocre épaiſſeur, comme nous le ſuppoſons ici.

SECOND CAS.

Si des rayons convergens dans leur incidence paſſent d'un milieu rare dans un plus denſe, & de celui-ci dans un autre ſemblable au premier.

III. EXPERIENCE.

PRÉPARATION.

Cette Expérience ſe fait comme la précédente, excepté, qu'au lieu de mettre au bout du tuyau un verre très-peu convexe, qui ne feroit qu'ôter aux rayons ſolaires le peu de divergence qu'ils ont quand on les reçoit par un trou dans une chambre, on en place un autre qui l'eſt davantage, & qui fait prendre au jet de lumiére la forme d'un cône ou d'une pyramide ronde, dont la pointe s'avance à 8 ou 9 pouces de distance.

La caisse étant pleine, on en présente le côté *A D* perpendiculairement à la pyramide de lumiére, de façon que sa pointe atteigne tout juste le côté *B C* : après quoi on ouvre le robinet, pour la vuider : voyez la *Figure* 11.

Effets.

Aussi-tôt qu'on a ôté l'eau de la caisse, la pointe de la pyramide lumineuse se raccourcit sensiblement, & se voit en *E*.

Si l'on fait avancer la caisse vuide de quelques pouces, de sorte que la pointe de la pyramide de lumiére passe d'autant au-delà du côté *B C*, l'eau que l'on met ensuite dans la caisse fait un peu avancer cette pointe, & l'on remarque que la pyramide est déformée, comme *FG*.

Ce qui fait voir que la convergence des rayons diminue, lorsqu'ils passent d'un milieu rare dans un milieu dense ; & qu'elle augmente au contraire ;

quand le paſſage ſe fait du milieu denſe
dans celui qui l'eſt moins, & que les
ſurfaces de ces milieux ſont planes.

TROISIEME CAS.

*Si des rayons divergens dans leur inci-
dence entrent dans un milieu plus
denſe, ou plus rare.*

IV. EXPERIENCE.

PREPARATION.

Tout reſtant diſpoſé, comme dans
la derniére Expérience, & la caiſſe
étant vuide, il faut la reculer de maniére, que les rayons qui commencent à diverger, après avoir formé la
pointe *G*, *Fig.* 12. & qui font une pyramide lumineuſe oppoſée à la premiére, ſe préſentent directement au
côté *A D* de la caiſſe, & la traver-
ſent entiérement ; & l'on éleve verticalement à 3 ou 4 pouces de diſtance, au-delà du côté *B C*, un carton blanc, ſur lequel on reçoit la
baſe de cette pyramide de lumiére,
dont on meſure exactement le diamétre : après quoi l'on met de l'eau
dans la caiſſe comme de coutume.

Tome V.   A a

Effets.

Le cercle lumineux paroît un peu augmenté sur le carton ; & la pyramide paroît déformée, n'étant pas aussi grosse à la distance *B C*, qu'elle l'étoit avant qu'il y eût de l'eau dans la caisse.

Ce qui prouve que les rayons, en entrant de l'air dans l'eau, ont perdu une partie de leur divergence, & qu'ils l'ont reprise en sortant de l'eau pour rentrer dans l'air ; d'où l'on peut conclure, que quand les milieux se touchent par des surfaces planes, les plus denses diminuent la divergence des rayons, & que les plus rares l'augmentent.

Explication.

Suivant la seconde Loi de la réfraction de la lumiére, un rayon qui passe obliquement d'un milieu rare dans un milieu dense, quitte sa premiére direction pour s'approcher de la perpendiculaire au plan qui sépare les milieux : voilà pourquoi dans la seconde Expérience, le jet de lumiére qui est arrivé en *A*, s'est réfracté vers

B ; car son incidence étoit oblique,
& le milieu qu'il quittoit étoit moins
dense que celui dans lequel il est entré.

Si l'on conçoit deux lignes paralleles qui se plient ensemble, & de la même quantité, leur parallélisme doit subsister après l'inflexion. Or, des filets de lumiére qui forment ensemble un jet cylindrique, comme dans la même Expérience, sont paralleles entr'eux ; l'incidence, par conséquent, est également oblique pour chacun d'eux sur une surface plane; leur réfraction paroît l'être aussi dans une épaisseur d'eau qui n'a que 5 ou 6 pouces : ainsi, demeurant sensiblement paralleles après cet effet, ils forment encore un cylindre de lumiére égal en diamétre à celui qu'ils formoient dans l'air ; & c'est pour cette raison, que ce jet réfracté tombant perpendiculairement sur un plan qu'on lui présente, y marque un cercle lumineux de la même grandeur que celui qu'il fait voir sur un pareil plan, avant que d'être dans l'eau.

Le 5e. résultat de la première Expérience, sur lequel nous avons établi la IVe. Loi, nous a fait voir

A a ij

qu'un rayon réfracté en *a*, Fig. 13, s'il eſt renvoyé en *C* par un miroir, ou autrement, ſe plie en entrant dans l'air, de telle maniére, qu'il retourne toujours par la ligne *C A*, qui eſt celle de ſa premiére incidence. Cela étant, lorſqu'arrivé en *a* il paſſe de l'eau dans l'air qui eſt au-delà, il doit venir en *B*, faiſant l'angle *p a B* égal à celui de l'autre part *A C P*; car la grandeur de ces angles dépend du dégré d'obliquité avec lequel le rayon tombe de l'eau ſur l'air, ſoit en allant de *C* en *a*, ſoit en faiſant la route oppoſée : or, cette obliquité eſt égale de part & d'autre; puiſque les ſurfaces *E F*, *G H*, par leſquelles l'air & l'eau ſe touchent, ſont paralleles entr'elles. Dans le cas préſent, ces angles doivent donc être égaux ; & c'eſt ce qui fait que le rayon *a B*, après avoir traverſé l'eau, reprend une direction parallele à celle qu'il avoit avant que d'y entrer.

Dans la caiſſe pleine d'eau de la III. Expérience, la pyramide de lumiére paroît plus longue qu'elle ne l'eſt dans l'air ; parce que les rayons incidens *a d*, *b c*, *Fig.* 14. étant incli-

nés en sens contraire sur la même surface droite *c d*, du milieu le plus dense,
font aussi leurs réfractions dans des
sens opposés : ce qui diminue la
convergence naturelle de ces rayons
qui est au point *e*, & qui se rétablit,
dès qu'il n'y a plus d'eau dans la
caisse.

Quand la pointe de cette pyramide s'avance dans l'air au-delà du
côté *K L*, les rayons émergens, comme *h k*, reprennent une direction parallele à celle de la premiére incidence
fg, lg, comme je viens de le faire entendre, en expliquant les effets de la
II. Expérience ; de-là il arrive, que le
point de convergence qui seroit en
i, sans les deux réfractions, se prolonge jusqu'en *k*, & les côtés de la
pyramide, au lieu d'être des lignes
droites, comme *f i*, *l i*, sont pliés
deux fois, & en sens contraires, comme on le voit en *h* & en *g*.

Pour se rendre raison des effets
de la IV. Expérience, il n'y a qu'à
s'imaginer que les rayons divergens
partent du point *k*, *Fig.* 14. en suivant leur marche assujettie aux loix
de la réfraction, on verra tout d'un

coup, comment ils deviennent d'abord moins divergens dans l'eau, qu'ils ne l'étoient avant que d'y entrer ; & enfuite plus divergens au-de-là de la furface *H I*, qu'ils ne l'étoient avant que de toucher la premiére *K L* : car ils le font alors, comme s'ils venoient du point *i*.

On voit pareillement, pourquoi, malgré cette plus grande divergence, ils marquent fur le plan qu'on leur oppofe un cercle de lumiére plus petit ; car, fans les deux réfractions, les rayons *k h*, de part & d'autre, auroient été par des lignes droites en *m* & en *n* ; mais en fe pliant deux fois en *h* & en *g*, fuivant les proportions dont on a parlé précédemment, ils fe refferrent dans l'efpace *f l*, & forment une pyramide irréguliére, quoique fymmétrique.

I. Corollaire.

Ce que j'ai dit des rayons paralleles qui demeurent tels, après avoir traverfé un milieu denfe renfermé entre deux furfaces planes & paralleles entr'elles, peut avoir lieu par les mêmes raifons, lorfque le milieu

denſe eſt terminé par deux ſurfaces
courbes, mais concentriques, comme
HI, *KL*, *Fig.* 15. pourvû que l'incidence ſoit peu oblique, & que les
rayons ſoient près les uns des autres ;
car alors, comme le rayon réfracté
a b tombe ſur *K L* avec une obliquité
très-à-peu-près égale à celle du
rayon incident *A a*, l'angle *B b p* de
réfraction dans l'air ne différe pas
ſenſiblement de celui de la premiére
incidence *A a p* ; & par conſéquent,
b B & *A a* ſont paralleles, ou très-
peu s'en faut. Il n'en eſt pas de même du rayon *e E*, par rapport à *D d* ;
parce que l'inclinaiſon de *d e* ſur la
ſurface *K L*, étant plus grande que
celle de *D d* ſur *H I*, les angles d'incidence & de réfraction dans l'air ne
ſont plus dans le rapport d'égalité,
comme dans le cas précédent : ce
qui fait que le rayon émergent *e E*
s'incline à la direction du rayon *D d*.
La différence de ces angles devenant
d'autant plus grande, que le rayon
a b, ou *d e*, eſt plus oblique à la
ſurface *K L*, on doit concevoir que
les deux rayons émergens *b B* & *e E*
ne ſont plus paralleles entr'eux,
quoique *A a* & *D d* le ſoient.

II. COROLLAIRE.

Comme c'est le parallélisme des surfaces réfringentes *E F*, *G H*, *Fig.* 13. qui fait prendre au rayon émergent *B b*, une direction parallele à celle du premier rayon incident *A C*, cela ne doit point arriver, quand ces surfaces font inclinées l'une à l'autre, comme dans la *Fig.* 16. les réfractions, tant en *a*, qu'en *b*, se faisant dans le même fens, à caufe des inclinaisons oppofées des surfaces, la direction du rayon émergent est *b B*, toujours oblique à l'incidence *A a*, plus ou moins, suivant la grandeur des réfractions.

APPLICATIONS.

Le réfultat de la feconde Expérience nous apprend pourquoi les verres plans femblables à ceux qu'on met aux fenêtres, les glaces dont on fait les miroirs, &c. ne peuvent fervir à condenfer la lumiére folaire qui les traverfe : ces rayons étant comme paralleles entr'eux, ne peuvent jamais être plus inclinés les uns que les autres à un feul plan : ainfi les
furfaces

surfaces réfringentes qui font droites, ne changent rien à leur pofition
refpective. Il en eft de même des
eaux dormantes, dont la fuperficie fe
met de niveau dans toute fon étendue; on ne voit jamais que ces maffes liquides, quelque tranfparentes
& réfringentes qu'elles foient, donnent occafion à la lumiére parallele
de former des foyers dans leur fein.

Quand les milieux plus denfes que
l'air ont des furfaces droites, & qu'ils
font fort minces, leur interpofition
ne caufe pas de changemens fenfibles dans les images ; au travers des
vitres ou d'une glace de carroffe, on
voit à-peu-près de la même maniere
qu'on verroit à la vûe fimple dans
un milieu homogêne : mais quand il
y a une grande épaiffeur, l'objet qui
n'eft pas fort éloigné du milieu réfringent, paroît plus près & plus
grand ; fouvent fa figure change &
fa clarté diminue.

Les rayons divergens qui fortent
d'un verre plat fort épais ou d'un
vafe plein d'eau pour entrer dans
l'air, deviennent plus divergens
qu'ils ne l'étoient : c'eft le réfultat

Tome V.   B b

de la IVe. Expérience. S'ils entrent dans l'œil après une telle émersion, ils semblent venir d'un point moins éloigné que celui d'où ils sont partis; l'apparence du point radieux *E*, par exemple, *Fig.* 14, est en *e*, & ainsi de tous les autres points visibles du même corps.

Voilà pourquoi le poisson que nous voyons dans l'eau, nous paroît plus élevé vers la surface qu'il ne l'est réellement : le chasseur qui auroit dessein de le tuer d'un coup de fusil, doit avoir égard à cette apparence trompeuse ; car la charge de plomb ne peut percer qu'une certaine épaisseur d'eau, laquelle se trouvant plus grande qu'on ne l'a estimée, peut mettre le poisson hors d'atteinte.

De même, le fond d'un vase, d'un bassin, d'une riviére, ne nous paroît jamais aussi bas qu'il l'est, à cause de l'eau qui le couvre; quand on descend dans un bain, on est toujours surpris de le trouver plus profond qu'on ne s'y attendoit ; & quand on se presse de prendre quelque chose dans l'eau, il arrive très-souvent qu'on porte la main plus avant qu'on ne

croyoit devoir le faire, & qu'on
mouille la manche de son habit, pour
avoir jugé la profondeur plus petite
qu'elle n'eſt.

Lorſqu'on regarde à travers une
grande épaiſſeur d'eau, ſi les parties
de l'objet qui ſemblent s'élever vers
la ſurface, ſouffroient toutes un
déplacement égal, la figure apparente ſeroit toujours conforme à ce
qu'elle repréſente; car dans l'image,
comme dans l'objet, la figure dépend
de la poſition reſpective des parties,
à laquelle un mouvement commun
n'apporte pas de changement : mais
le déplacement égal n'a pas lieu dans
les cas où l'objet eſt d'une grande
étendue; car les rayons qui viennent
des extrêmités les plus éloignées de
l'œil, tombant plus obliquement que
les autres ſur la ſurface de l'air, ſe réfractent davantage ; les faiſceaux ou
pyramides de lumiére divergente,
ſe dilatent vers l'œil, de maniére que
leurs points de réunion, où ſont les
apparences, ſe rapprochent davantage de la ſurface réfringente, & dans
un rapport trop grand, pour conſerver à l'image totale une conformité

parfaite avec fon objet. L'œil placé,
en *k*, *Fig.* 14. pour voir au fond de
l'eau un grand objet droit, ou une
fuite d'objets rangés dans une ligne
droite comme *g*, *d*, *c*, *g*, non-feulement apperçoit le tout enfemble
plus près de lui, mais les extrêmités *g*, *g*, lui paroiffent encore plus rapprochées que les autres parties *d*, *c*,
ce qui forme une courbure dont la
concavité eft tournée vers le fpectateur (*a*). C'eft ainfi qu'un tuyau
de plomb couché fur le fond d'un
baffin ne paroît pas droit quoiqu'il
le foit, & que le fond du baffin lui-
même femble plus creux au milieu
que vers les bords, quoiqu'il le foit
également par-tout.

Les milieux denfes fort épais, quoiqu'avec des furfaces planes, nous
font voir les objets plus grands qu'ils
ne le font ; le poiffon paroît plus gros
dans l'eau que quand on l'en a tiré ;

(*a*) Pour apprendre quelle eft la nature de
cette courbe, & comment elle s'engendre,
confultez un beau & fçavant Mémoire de M.
de Mairan, imprimé dans le volume de l'A-
cad. des Sciences pour l'année 1740. dans lequel vous trouverez plufieurs remarques très-
curieufes.

le gravier, les pierres, les plantes, nous trompent de même quand nous les voyons au fond des baſſins, des fontaines, des riviéres, &c. les eſpaces nous paroiſſent auſſi plus étendus ; les limites qui les comprennent nous ſemblent laiſſer entr'elles une plus grande diſtance ; tout cela vient, de ce que des rayons convergens le deviennent davantage en ſortant de l'eau pour entrer dans l'air. Qu'on imagine pour un moment que g, g, *Fig.* 14. ſoient les extrêmités oppoſées d'un objet que l'on apperçoit au fond de l'eau par les rayons $g h$, $g h$, l'œil placé en k, juge de la grandeur de cet objet, par l'angle $G k G$, plus grand que $g k g$; & comme la même choſe arrive pour toutes les dimenſions du corps que l'on voit ainſi, il s'enſuit que tout ce qu'on regarde au travers d'un milieu fort épais & plus denſe que l'air, doit paroître amplifié, comme cela arrive en effet.

Ayant l'œil placé directement audeſſus d'un vaſe plein d'eau ou de quelqu'autre liqueur limpide, ſi je regarde une piéce de monnoie ou

quelqu'autre chose semblable, qui
soit au fond & suffisamment éclairée,
je la vois plus grande que dans l'air;
mais elle ne me paroît plus hors de sa
place, comme celle dont j'ai fait mention en parlant des effets de la réfraction de la lumière en général.
Je comprens la raison de ce dernier effet, en considérant que dans
le cas dont il s'agit, mon œil apperçoit une partie de la pièce (son
centre par exemple) par un faisceau
de rayons, dont l'axe ne souffre point
de réfraction, passant perpendiculairement de l'eau dans l'air ; cette partie de la pièce se voit donc dans son
vrai lieu ou dans sa direction naturelle ; les autres sont vûes par des
rayons obliques, par conséquent réfractés, qui les écartent en apparence
de la première qui est comme immobile : par-là l'objet paroît amplifié,
mais non pas déplacé quant à la direction : la figure même n'en est pas
sensiblement altérée, si l'on dirige
son regard de façon, que le rayon
direct vienne du milieu de l'objet
qu'on se propose de voir, à moins
que cet objet ne soit fort grand.

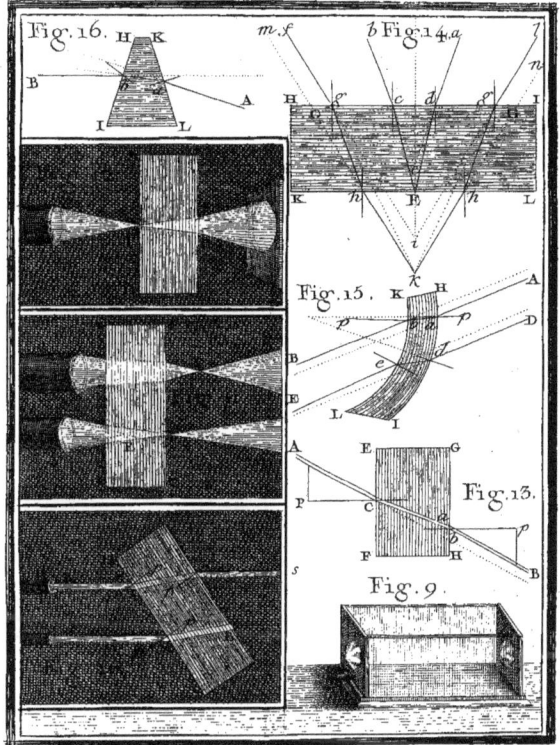

Fig. 16.

Fig. 14.

Fig. 15.

Fig. 13.

Fig. 9.

Un morceau de verre épais dont
les faces oppofées, quoique planes,
font inclinées l'une vers l'autre, fait
toujours voir les objets hors de leurs
vrais lieux, parce que, de quelque
façon qu'on s'y prenne en regardant
au travers de ces corps tranfparens,
tous les rayons qui viennent à l'œil
fans en excepter aucun, fouffrent au
moins une réfraction, foit en entrant,
foit en fortant ; je dis au moins une
réfraction, car fi quelqu'un des rayons
incidens eft oblique à l'une des deux
furfaces, & qu'après être entré, il
foit encore oblique à l'autre, il fera
réfracté deux fois, comme on le peut
voir par la *Fig.* 16. & s'il eft perpendiculaire à la première, il en fera
plus oblique fur la feconde.

Et fi ce verre eft taillé de maniére qu'une de fes furfaces foit en partie parallele à l'autre, en partie inclinée, il pourra faire voir l'objet
en même-temps dans deux lieux différens, comme il arrive quand une
glace de carroffe eft terminée par un
large bifeau, & qu'on dirige fes regards vers les bords, pour voir les
objets extérieurs.

Bb iv

C'eft en conféquence de cet effet, qu'on travaille exprès des verres à plufieurs facettes, qu'on nomme *multipliants*, parce qu'en effet, ils multiplient l'image d'un objet qu'on regarde au travers de leur épaiffeur. Après ce que je viens de dire touchant les corps réfringens terminés par des furfaces inclinées, l'infpection feule de la *Fig.* 17, fuffit pour faire comprendre la raifon de cette multiplication d'images. Car on peut remarquer que les quatre faces *ac*, *cd*, *de*, & *eb*, étant toutes inclinées à la grande face *a b*, font converger chacune féparément vers le même œil *E*, des rayons qui partent des extrêmités oppofées de l'objet *F*. D'où il arrive que ceux qui tombent fur *ac*, après les deux réfractions, produifent une image en *G*; ceux qui tombent fur la facette *cd*, une autre image en *H*; & enfin ceux qui paffent par *d e* & par *eb*, repréfentent le même objet féparément en *I* & en *K*: ce qui fait autant d'images que de facettes.

On voit diftinctement & complétement l'image par toutes les facet-

tes, lorſque chacune d'elle reçoit
des rayons de toutes les extrêmités
oppoſées de l'objet, qu'après les réfractions, ces rayons ſont convergens vers un même endroit, & que
les faiſceaux qui appartiennent à chaque point viſible, ont conſervé ou
repris un peu de divergence ; la premiére & la feconde de ces conditions
venant à manquer, chaque facette ne
fait voir qu'une partie de l'objet ; ſans
la troiſiéme on ne voit rien que très-
confuſément. Pour éviter ces défauts, on ne doit regarder avec ces
fortes de verres les grands objets que
de loin, & de près, ſeulement les petits ; il faut encore leur donner des
faces d'une certaine largeur, leſquelles, par leurs inclinaiſons reſpectives, ne forment pas une trop grande convexité, & enfin ne les approcher pas trop près de l'œil. On verra
mieux comment il faut uſer de ces
précautions, & les effets qu'on en peut
attendre, quand nous aurons parlé
de la viſion à travers les milieux réfringens, terminés par des ſurfaces
convexes.

QUATRIEME CAS.

Si des rayons paralleles passent d'un milieu rare dans un milieu plus dense, terminé par une surface convexe.

V. EXPERIENCE.

PREPARATION.

Il faut placer la caisse représentée par la *Fig.* 9. de façon qu'un jet de lumiére cylindrique & horizontal, tombe directement sur la surface du verre convexe qui est cimenté à l'un des petits côtés ; après quoi on la remplit d'eau.

EFFETS.

Aussi-tôt qu'on a mis l'eau dans la caisse, on observe, que la lumiére est convergente & se croise de tous les côtés sur l'axe du cylindre, lequel par cet effet, prend la forme d'une pyramide, dont la pointe se porte en avant dans la caisse, comme on le voit par la *Fig.* 18.

CINQUIEME CAS.

Si des rayons convergens qui sortent d'un milieu rare sont reçus dans un milieu plus dense, & terminé par une surface convexe.

VI. EXPERIENCE.

PRÉPARATION.

Tout étant disposé comme dans l'Expérience précédente, il faut faire passer par la surface convexe de la caisse, avant qu'il y ait de l'eau, une pyramide de lumiére, dont le point de convergence soit justement au centre de cette convexité, marquer cet endroit avec un index qu'on éleve à côté, & remplir ce vaisseau avec de l'eau claire.

On répete ensuite la même épreuve successivement avec deux autres pyramides de lumiére, dont l'une ait sa pointe en-deçà & l'autre au-delà du centre de la convexité ; lorsqu'il n'y a point encore d'eau dans la caisse, l'on marque à chaque fois où se termine la pyramide lumineuse, & l'on finit par mettre de l'eau, comme dans les autres Expériences.

Effets.

Lorſque les rayons de lumiére convergent naturellement au centre de
la convexité de la ſurface réfringente, l'eau qu'on met dans la caiſſe ne
change rien à leur direction ; la pointe de la pyramide de lumiére demeure conſtamment vis-à-vis de l'index,
A, Fig. 19.

Quand les rayons tendent naturellement à ſe réunir ou à ſe croiſer, plus près de la ſurface réfringente que le centre de ſa courbure,
l'eau qu'on met dans la caiſſe fait
allonger la pointe de la pyramide
lumineuſe, *B, Fig.* 19.

Et au contraire, on voit cette même pointe s'accourcir, quand on fait
la même épreuve avec des rayons
qui convergent au-delà de ce même
centre, *C, Fig.* 19.

SIXIEME CAS.

*Si des rayons de lumiére divergens paf-
fent d'un milieu rare dans un plus
denfe, terminé par une furface convexe.*

VII. EXPERIENCE.

PREPARATION.

La caiffe étant toujours tournée
du même fens, & vuide d'eau, il faut
y faire entrer par la furface convexe, la lumiére qui commence à diverger au bout de quelqu'une des
pyramides dont on a fait ufage dans
les Expériences précédentes, recevoir cette lumiére fur un plan élevé
verticalement dans la caiffe à 6 ou
7 pouces de diftance de la furface
réfringente, & marquer la grandeur
du cercle lumineux qu'elle fait fur
le plan, avant qu'il y ait de l'eau.

EFFETS.

Lorfqu'on a verfé l'eau dans la
caiffe, le cercle lumineux dont je
viens de parler, paroît fenfiblement
diminué de grandeur.

Si l'on éloigne de plus en plus la

caiſſe du point d'où procédent les rayons divergens, la baſe de la pyramide qu'ils forment ſe rétrécit peu à peu, le jet de lumiére devient cylindrique, & ſi l'on continue d'éloigner la caiſſe, les rayons commencent à converger en avant. Voyez la *Fig.* 20.

Il réſulte de ces trois derniéres Expériences, 1°. Que les rayons de lumiére en paſſant d'un milieu rare dans un milieu plus denſe, terminé par une ſurface convexe, deviennent convergens, s'ils étoient paralleles.

2°. Que s'ils ſont convergens au centre de la ſphéricité du milieu réfringent, ils ne ſe réfractent point.

3°. Que leur convergence diminue, s'ils tendent à ſe réunir plus près que le centre de la ſphéricité, & qu'elle augmente au contraire, ſi leur point de réunion naturelle eſt au-delà de ce même centre.

4°. Enfin que les rayons divergens perdent pour le moins une partie de leur divergence, ce qui peut aller juſqu'à les rendre paralleles, & même convergens.

OBSERVATION.

Dans toutes ces Expériences où la lumiére prend la forme d'une pyramide, en paſſant par des ſurfaces réfringentes dont la courbure eſt ſphérique, on peut obſerver, que l'endroit où les rayons ſe réuniſſent & ſe croiſent, n'eſt pas préciſément un point, mais un petit eſpace circulaire qu'on diſtingue très-bien, en y préſentant un carton blanc, & qui eſt d'autant moins rétréci, que la ſurface ſphérique qui reçoit les rayons incidens, eſt plus large.

EXPLICATION.

La poſition reſpective des rayons réfractés dépend de la déviation particuliére que chacun d'eux a ſoufferte, & cette déviation dans un milieu déterminé, eſt proportionnelle au dégré d'obliquité des incidences; or, cette obliquité peut varier, ou parce que les rayons tombent avec différentes directions ſur une ſurface droite, ou parce que les parties de la ſurface réfringente ne ſont pas dans un même plan. C'eſt ce dernier cas qui a lieu dans la Ve. Expérience.

Les rayons de lumiére font tous dirigés les uns comme les autres, puifqu'ils font paralleles entr'eux ; mais les parties de la furface convexe qui les reçoit, doivent être confidérées comme autant de plans infiniment petits, & infenfiblement inclinés les uns aux autres. Dans un faifceau de rayons paralleles, qui fe préfente directement à la furface convexe, il y en a un qui tombe perpendiculairement fur une de ces facettes & qui fuit l'axe AB de la convexité, *Fig.* 21. fans fouffrir aucune réfraction ; mais c'eft le feul à qui cela arrive ; tous les autres font néceffairement inclinés aux parties circonvoifines, parce que celles-ci le font à celle du milieu, & que les rayons ne le font point entr'eux.

Les rayons les plus près de l'axe, comme *d e*, ne font prefque point obliques à la furface réfringente, auffi leur réfraction n'eft-elle pas fort grande ; mais quelque petite qu'elle foit, ou par ce peu d'obliquité, ou par la nature du milieu réfringent, il faut toujours que de part & d'autre

tre ils aillent se croiser en quelqu'endroit sur l'axe *A B*. Ce sera plus près
ou plus loin, suivant le pouvoir réfractif du milieu, & la courbure plus
ou moins grande de la surface (*a*).

Si les rayons qui font un peu plus
loin comme *f g*, ne se réfractoient
que de la même quantité, ils deviendroient paralleles à *e D*, & se
croiseroient plus loin sur le même
axe, ce qui rendroit la pointe de la
pyramide fort grosse & mal terminée ; mais comme la surface est plus
inclinée au rayon incident en *g* qu'en
e, la réfraction est plus forte, & dans
une telle proportion, que ces derniers
rayons réfractés viennent se réunir
presque au même point avec les précédens *e D*.

Je dis presque au même point,
parce que cela n'est pas, à parler exactement ; les inclinaisons successives
que donne la courbure circulaire ou

(*a*) *E D*, *Fig.* 21, distance du foyer des
rayons paralleles, pris auprès de l'axe, est à *CD*,
distance de ce foyer au centre de la sphéricité,
comme le sinus d'incidence est au sinus de réfraction, c'est-à-dire, dans le rapport de 4 à 3, ou
à peu près, si le milieu réfringent est de l'eau,
ou de 3 à 2, si c'est du verre.

Tome *V.*   C c

ſphérique, n'ont point entr'elles le rapport qu'il faudroit, pour faire converger au même point les rayons qui ſont paralleles dans leur incidence ; on s'en apperçoit ſenſiblement, quand on ſuit la marche d'un rayon fort écarté de l'axe, comme *hi*, en l'aſſujettiſſant aux loix de la réfraction ; on trouve que l'inclinaiſon de la ſurface eſt un peu trop grande en *i*, ce qui fait prendre au rayon réfracté plus de convergence qu'il ne lui en faut, pour ſe réunir au même endroit que les autres. Voilà pourquoi, toutes les pyramides de lumiére que l'on forme par le moyen des ſurfaces ſphériques réfringentes ou réfléchiſſantes, (quand elles ſont fort larges) ne finiſſent jamais par une pointe bien aiguë, & que ces foyers font toujours un cercle d'une certaine étendue. Auſſi les Opticiens qui traitent ces matiéres avec l'exactitude géométrique, ont ſoin de reſtreindre leur théorie à des portions de lumiére qui n'occupent qu'une petite partie de ces ſortes de ſurfaces.

Dans la VIᵉ. Expérience, la pyramide de lumiére ne reçoit aucun changement en paffant de l'air dans l'eau, lorfque la convergence naturelle de fes rayons eft au centre de la convexité du milieu réfringent ; parce qu'alors la lumiére n'eft pas dans le cas de fouffrir réfraction, tous les rayons incidens étant comme *Ab, dh, ef, Fig.* 22. perpendiculaires à toutes les parties de la courbe *f b h.*

Mais quand les rayons de la pyramide ont leur point de convergence naturelle plus près de la furface réfringente, que le centre *C*, comme *i k*, ou plus loin, comme *g l*, alors leur incidence eft oblique : dans le premier cas la pyramide s'allonge ; parce que les rayons réfractés s'approchent de la ligne qui eft, comme *C d*, perpendiculaire au point d'incidence ; & dans le fecond cas elle s'accourcit, par la même raifon.

Le cercle lumineux de la VIIe. Expérience diminue de grandeur, quand on met de l'eau dans la caiffe, parce que les rayons qui forment la pyramide dont il eft la bafe, fe rapprochent les uns des autres, ou de l'axe

A B, Fig. 23. en fe réfractant vers
des lignes femblables à *C e*, perpendiculaires aux points d'incidence ; &
cet effet doit augmenter, à mefure
que les rayons incidens deviennent
moins divergens, comme il arrive,
lorfqu'on éloigne la furface *l b m*, du
point d'où les rayons commencent
à diverger : voilà pourquoi, lorfque
l'on continue d'éloigner la caiffe,
les rayons réfractés paffent d'une
moindre divergence au parallélifme,
& de-là à la convergence.

Pour fçavoir ce que deviendroient
des rayons de lumiére, tels qu'ils ont
été employés dans les trois derniéres
Expériences, s'ils paffoient d'une maffe d'eau terminée par une furface convexe, dans une maffe d'air contiguë,
il n'y a qu'à prendre pour rayons incidens, *Fig.* 21, 22, & 23, ceux que
nous avons confidérés comme rayons
réfractés : on verra, par exemple, que
des rayons qui feroient paralleles dans
le milieu le plus denfe, deviendroient
convergens, en entrant dans le plus
rare ; que ceux qui feroient convergens le deviendroient davantage,
&c.

APPLICATIONS.

Certains Artiftes qui ont befoin d'une forte lumiére, & qui travaillent long-tems de fuite fur de petites piéces, tels que font les Graveurs & Cifeleurs en bijouterie, les Méteurs en œuvre, les Horlogers, &c. s'éclairent affez communément le foir, avec une lampe dont ils font paffer la lumiére au travers d'une bouteille de verre mince & ronde, qu'on nomme *bocal*, & qu'ils empliffent d'eau bien claire, *Fig.* 24. la flamme d'une chandelle, ou d'une lampe, étant placée près de ce vaiffeau, jette fur une grande partie de fa furface fphérique des rayons divergens qui le deviennent beaucoup moins, comme ceux de la VIIe. Expérience; & par la même caufe, cette lumiére perd enfuite le refte de fa divergence, en paffant de l'eau dans l'air, parce que de part & d'autre elle fe réfracte, en s'éloignant des lignes *pc*, *pc*, ce qui refferre les rayons dans un plus petit efpace, jufqu'à les rendre paralleles ou convergens.

Les corps folides qui font plongés dans des vaiffeaux de verre remplis d'eau, ou de quelque autre liqueur tranfparente, nous paroiffent
pour l'ordinaire fous des figures dif-
formes, quand nous les regardons à
travers les parois de ces vaiffeaux,
(qui font le plus fouvent courbes
dans un fens, & droits dans l'autre)
parce que certaines dimenfions fe
reffentent plus que d'autres des effets de la réfraction. Soit, par exemple, un vafe cylindrique, *Fig.* 25.
rempli d'eau, dans le milieu duquel
on ait fufpendu une boule parfaitement ronde, dont le diamétre vertical foit *A B*; l'œil recevant l'image
de cette ligne par des rayons réfractés dans un même plan *b c,* la verra
à peu de chofe près dans fa grandeur
naturelle; au lieu que le diamétre *A B,*
Fig. 26. s'il eft horifontal, fera apperçu fous l'angle *A f B*, qui eft plus
grand que dans la Figure précédente, à caufe des réfractions qui font
plus fortes en *d* & en *e*, qu'elles ne
le font en *b* & en *c* : ainfi la boule
paroîtra fort ovale à quiconque pla-
cera l'œil, comme il l'eft dans ces
deux figures.

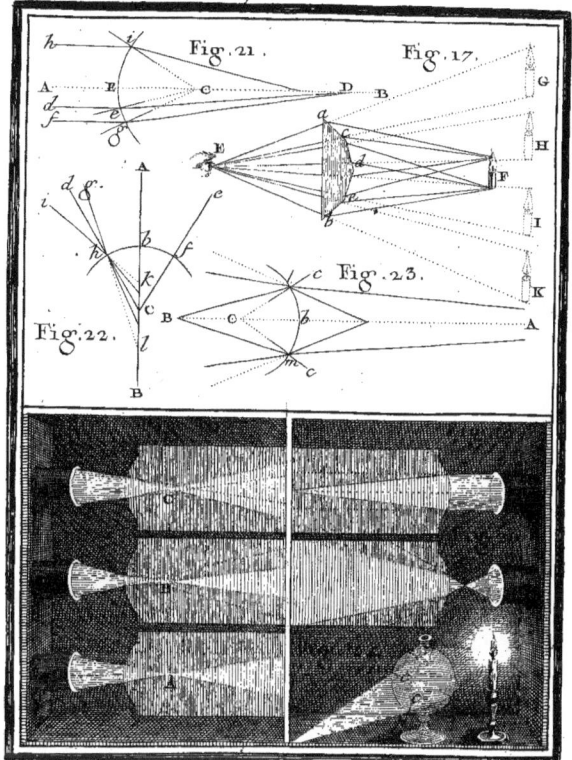

Les corps solides qui sont plan...

Les bocaux, dont j'ai parlé ci-des-
fus, les boules de luftres qui font
creufes & remplies d'eau, ou qui font
maffives de verre, en général, tous
les corps tranfparens & arrondis en
forme de fphéres, ou à peu près,
font capables de raffembler les rayons
folaires qui font prefque paralleles,
& d'en former des foyers, où s'af-
lument des matiéres combuftibles;
mais ce feroit s'abufer, que de croire, comme je l'ai oui dire quelquefois, que de tels corps fufpendus &
ifolés au milieu d'un appartement,
ont mis le feu aux meubles, ou aux
lambris: on ne doit point craindre
de pareils accidens, quand on fçau-
ra que le foyer des rayons paralleles qu'ils réfractent, ne s'étend que
très-peu au-delà de leur fphére à
une diftance qui égale le quart, ou
tout au plus, la moitié de leur diamétre (a), outre que ces foyers
font très-foibles, à caufe du grand
déchet que la lumiére fouffre en traverfant une fi grande épaiffeur.

Les Opticiens attentifs à ce der-

(a) Cela varie fuivant la denfité, ou le
pouvoir réfractif de ces corps.

nier effet ont imaginé un moyen de rendre ces corps réfringens plus minces, sans préjudice à la propriété qu'ils ont de condenser la lumiére, ou de former des foyers. Ils ont confidéré 1°. que quand les rayons incidens les plus écartés de l'axe *A F*, *Fig.* 27. rencontrent la furface du verre avec un certain dégré d'obliquité, comme de 47 à 48 dégrés, au lieu de pénétrer dans fon épaiffeur, & de s'y réfracter, ils ne faifoient plus que gliffer, pour ainfi dire, deffus, & fe réfléchir, comme on le voit au point *i*; 2°. que quand un rayon, comme *d e*, entre dans le verre, & s'y réfracte, il continue de fe mouvoir, en ligne droite jufqu'en *g*, que le trajet foit grand ou petit ; parce que la lumiére ne fe détourne point dans un milieu homogêne. De ces deux confidérations ils ont conclu très-judicieufement, qu'on pouvoit fupprimer toute l'épaiffeur *e i k l*, comme nuifible au paffage de la lumiére, & comme inutile à la réunion des rayons. Ils ont donc rapproché l'un de l'autre les deux fegmens *c h i*, *k m l*, pour en faire un feul corps

d'une

d'une forme lenticulaire *chin*, par le moyen duquel les rayons paralleles à l'axe, comme *op*, se réunissent, non pas aussi près, mais en plus grand nombre, que s'ils avoient eu à traverser la sphére entiére.

En taillant ainsi les verres en forme de lentilles, on en diminue beaucoup l'épaisseur ; il y en auroit encore trop cependant, si l'on vouloit laisser aux segmens des sphéres qui les forment, l'étendue qu'ils devroient avoir pour comprendre tous les rayons solaires qu'ils pourroient réfracter ; le diamétre *ci* d'une lentille étant la corde d'un arc *chi* de deux fois 47 ou 48 dégrés, l'épaisseur *hn* seroit environ le tiers du diamétre de sa sphére : ce qui seroit impraticable dans les grands verres, par la difficulté de les fondre, par le poids énorme qu'ils auroient, &c. & d'un mauvais usage même dans les petits ; parce qu'on perdroit plus de lumiére par la grande épaisseur, qu'on n'en gagneroit par l'étendue des surfaces. On se contente donc de segmens beaucoup plus petits, comme *qhr*, par exemple ; & alors avec une moin-

dre quantité de rayons incidens, &
une plus grande tranſparence, on
parvient à peu près aux mêmes effets.

J'ai déja remarqué que les ſurfaces
ſphériques ne ſont pas les plus propres à faire converger les rayons
dans le plus petit eſpace poſſible : on
ſçait bien celles qui devroient leur
être préférées pour cet effet ; mais on
a trouvé trop de difficulté à travailler le verre ſous la forme qu'il faudroit lui donner ; d'ailleurs, quand
cela ſe pourroit, on ne parviendroit
jamais à rendre tous les rayons de la
lumiére convergens vers un ſeul
point ; parce que, comme on le verra
par la ſuite, ils ne ſe rompent pas
tous également dans le même milieu.

En traitant du feu dans la 13ᵉ. Leçon *, j'ai fait voir, qu'il eſt poſſible
de raſſembler dans un petit eſpace
une grande quantité de jets de lumiére, par des miroirs plans arran-
gés dans un chaſſis, & inclinés de
maniére, qu'ils réfléchiſſent tous les
rayons vers le même lieu. On aura, ſi l'on veut, un effet à peu près
ſemblable par réfraction ; car puiſ-

Tom. IV.
pag. 330.

qu'un rayon folaire en traverfant un
morceau de verre dont les deux furfaces font planes & inclinées l'une à
l'autre, fe plie néceffairement vers le
bord le plus épais, en oppofant de
pareils verres les uns aux autres dans
un même bâti, on ménageroit l'inclinaifon des rayons réfractés, de
maniére qu'ils tomberoient fur un
même endroit à quelque diftance de
la machine : on en voit un exemple
en petit dans les verres à facettes,
dont j'ai fait mention ci-deffus. Car,
en les expofant au foleil, on peut
remarquer, que tous les jets de lumiére qui paffent par les petites faces
inclinées à la grande, vont fe réunir
& fe croifer dans un foyer commun :
fi toutes ces parties du verre étoient
plus grandes, féparées les unes des
autres, & arrangées dans un cadre,
comme elles le font dans le même
morceau, par la façon dont il eft
taillé, il n'eft pas douteux que pareil effet n'arrivât.

Quand on veut accourcir & rétrécir le foyer d'un grand verre convexe, on fait paffer la pyramide de

D d ij

lumiére qui en fort, par l'épaisseur d'une autre lentille plus convexe ; & alors conformément au réfultat de la VIe. Expérience, les rayons qui tombent fur ce dernier verre avec un dégré de convergence, qui les fait tendre au-delà du centre de fa fphéricité, ne manquent pas de s'incliner davantage à l'axe, tant en entrant qu'en fortant ; ce qui les réunit plutôt, & dans un plus petit efpace : c'étoit ainfi que M. Tfchirnaufen en ufoit pour augmenter l'activité des rayons folaires au foyer de fes grands verres, dont j'ai fait mention en parlant des différens moyens d'exciter le feu. * Mais je ne fçai s'il y a tant à compter fur ce moyen ; la feconde lentille intercepte beaucoup de rayons ; & les foyers les plus rétrécis, quand il n'y a qu'une fi petite différence, n'en font peut-être pas plus efficaces pour les effets qu'on cherche à produire.

* Tome IV.
XIII. Leçon,
p. 335.

L'effet le plus remarquable des lentilles, ou des loupes de verre, celui dont on fait le plus d'ufage, c'eft de nous faire voir les objets plus grands qu'ils ne nous le paroif-

sent à la vûe simple. Cela vient de
ce que les rayons qui partent des
parties opposées *A a*, *b b*, *c c*, *Fig*. 28.
convergens comme *A d*, *a e*, paralleles comme *b d*, *b e*, ou divergens comme *c d*, *c e*, après avoir
souffert les deux réfractions, se reu-
nissent de l'autre côté du verre, les
uns plus près, les autres plus loin ;
mais toujours en formant des angles
plus grands, que n'en formeroient aux
mêmes distances les rayons qui viendroient en droites lignes des mêmes
endroits de l'objet : car, par exemple, à la vûe simple, l'œil placé en
h verroit l'objet sous l'angle *A h a*;
par le moyen du verre, il l'apperçoit
sous l'angle *d h e*, qui est plus ouvert.
Ce seroit encore la même chose,
si l'on supposoit l'œil placé en *f*, ou
en *g*; mais comme le premier de ces
deux points est celui où se réunissent
les rayons paralleles, & qu'il n'en
peut venir de tels des espaces compris entre *a b* & *A b*, l'objet ne peut
y être vu tout entier, s'il est de la
grandeur qu'on le suppose ici, par
rapport au diamétre de la lentille ; &
l'on en verra encore moins du point *g*,

où il ne peut arriver que des rayons qui auroient été divergens dans leur incidence, comme *c d*, *c e*.

Si vous éloignez l'objet au-delà du point *F*, *Fig*. 29. qui est le foyer des rayons paralleles, quand la lumiére vient de l'autre côté du verre, vous ne le voyez plus que confusément; parce que les faisceaux de rayons divergens *l m*, qui procédent de chaque point de sa surface, après les deux réfractions, deviennent, ou paralleles, ou convergens, comme on l'a vu par la VIIe. Expérience; & j'ai déja dit plusieurs fois, que quand ils entrent ainsi dans un œil bien constitué, la vision n'est pas distincte; il faut qu'en sortant du verre, ils ayent encore un peu de divergence, & par conséquent, un point de concours, comme *n o*, *p q*.

Ce n'est pas qu'on ne puisse voir distinctement l'image d'un objet, quand le verre a rendu ces faisceaux de rayons convergens entr'eux; mais alors cette image est entre le verre & l'œil, & elle est renversée. Cela arrive, lorsque la distance de l'objet au verre, & du verre à l'œil, les

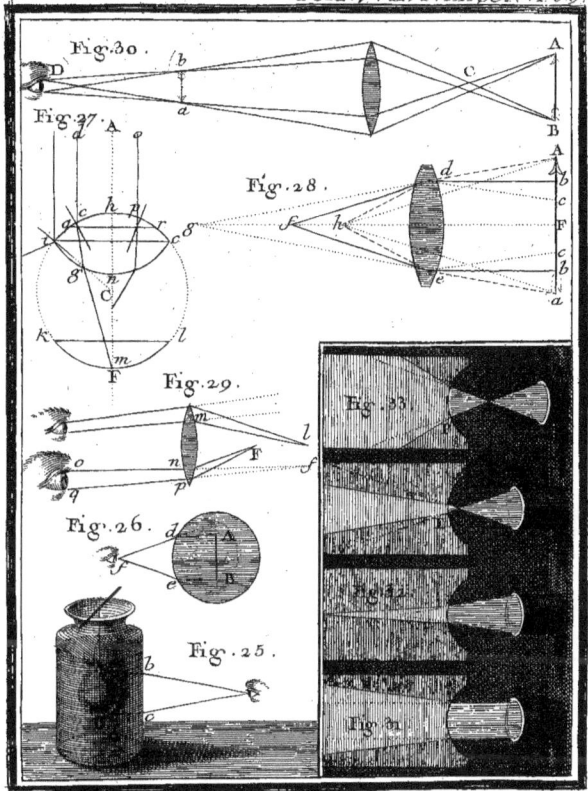

Fig. 30.

Fig. 27.

Fig. 28.

Fig. 33.

Fig. 29.

Fig. 26.

Fig. 25.

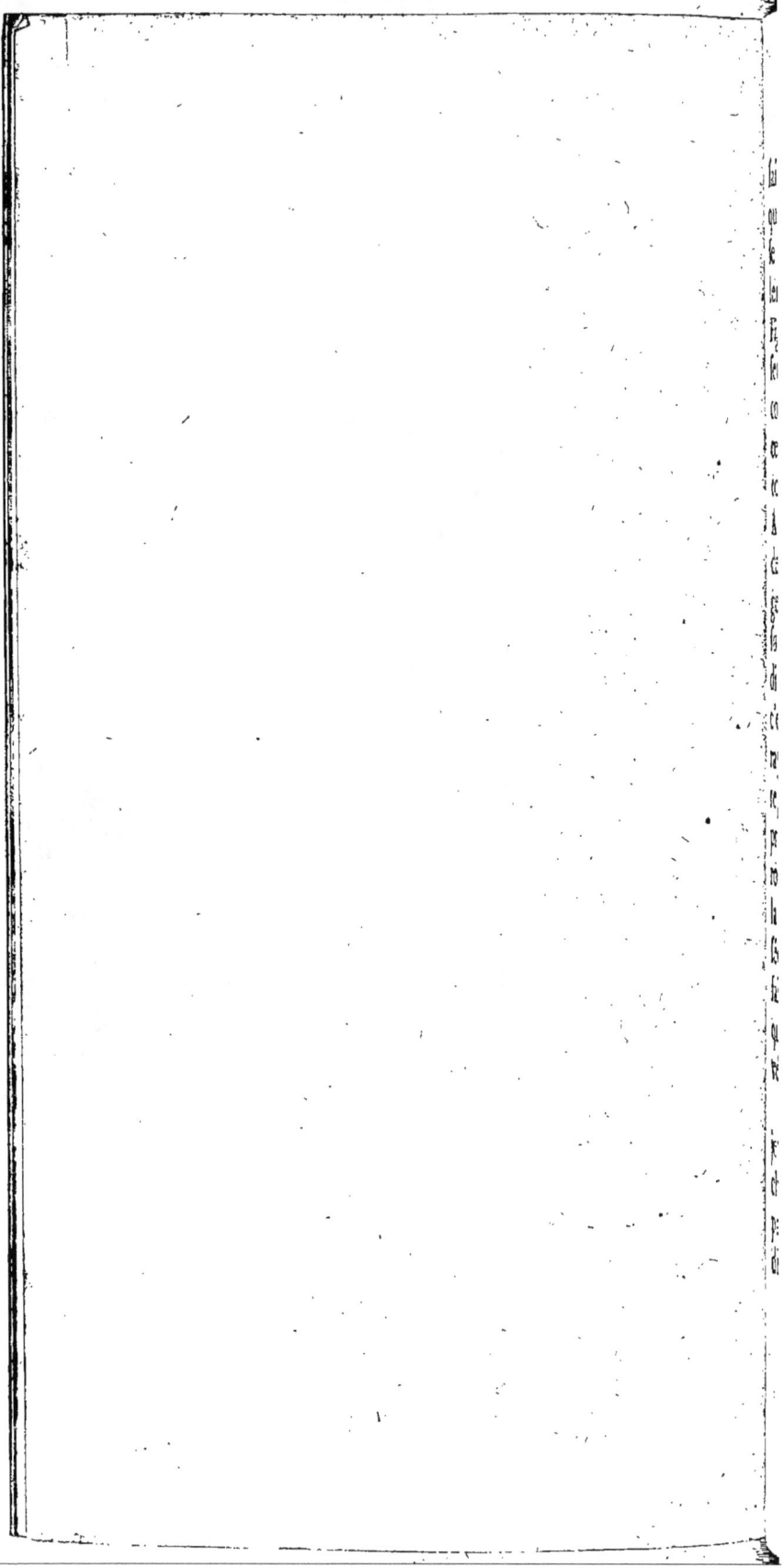

faifceaux qui doivent fe réunir en
quelque endroit après les réfractions,
fe croifent avant que d'entrer dans la
lentille, comme on le voit en C,
Fig. 30. & que les rayons qui compofent chacun d'eux, étant devenus
convergens, fe croifent auffi à une
certaine diftance, avant que de rencontrer l'œil, comme en *a* & en *b*.
A ces derniers points de réunion, ou
de croifement, il fe forme une image de l'objet que l'on peut recevoir
fur un carton blanc, ou voir immédiatement, en plaçant l'œil en *D*,
c'eft-à-dire, à telle diftance où les
rayons de chaque faifceau, ayent
repris un dégré de divergence à peu
près femblable à celui qu'ils auroient, fi l'on appercevoit l'objet à
la vûe fimple. L'image *a b* eft renverfée, parce qu'elle eft formée par des
faifceaux qui fe font croifés en *C* : ce
qui fait que la partie *A* la plus élevée de l'objet eft repréfentée en bas.

Quand l'image eft du côté de l'objet, elle eft plus loin que lui ; car
chaque point de fa furface étant vu
par des rayons qui deviennent moins
divergens, comme *n o*, *p q*, *Fig.* 29.

Dd iv

leur point de concours f, où nous le rapportons, est plus éloigné que celui d'où ces rayons sont partis ; mais comme ces sortes de verres amplifient les images en même-tems qu'ils les éloignent, nous avons peine à sentir ce dernier effet ; parce que nous sommes naturellement portés à croire, qu'un objet connu est plus près de nous, quand nous le voyons plus grand. Pour vaincre ce préjugé, il faut regarder un corps qui soit long & menu, de maniére qu'on en voye une partie à travers la lentille, & l'autre, à la vûe simple ; on reconnoîtra que la derniére est plus près de l'œil, que l'image de la premiére.

Les verres convexes font entrer dans l'œil des rayons qui n'y entreroient pas, si l'on voyoit l'objet sans eux : c'est une conféquence nécessaire, de ce qu'ils rendent la lumiére moins divergente, les rayons réfractés étant plus resserrés entr'eux, la prunelle doit en embrasser qui lui auroient échappé. A cet égard on a raison de dire que les loupes, ou lentilles de verre, nous font voir avec

plus de clarté ; mais il faut confidérer auffi que tous les rayons qui
tombent fur leur furface, ne parvien-
nent point à l'œil ; il y en a beaucoup
qui font réfléchis vers l'objet, & l'é-
paiffeur du verre en abforbe encore
une quantité, fans compter ce qui
s'en détourne au paffage du verre dans
l'air ; de forte que, tout compté, il
y a bien des cas où l'on trouveroit
à peine ces pertes compenfées, par
la quantité de lumiére que la réfraction amene à l'œil.

Ce que l'on regarde à travers une
lentille, paroît fouvent fous une figure difforme, parce que les effets
de la réfraction ne font pas égaux,
pour tous les faifceaux de lumiére
qui viennent des différentes parties
de l'objet à l'œil : c'eft ce qui arrive
principalement, quand cet objet eft
grand, & que le verre a beaucoup
de convexité ; car alors il eft très-
rare que tous les points de la furface réfringente fe trouvent également
ment éloignés de ceux d'où procédent les rayons, ce qui fait que l'œil
rapporte ceux-ci à des diftances qui
n'ont point entr'elles la même pro-

portion qu'elles ont dans l'objet, parce que la divergence des rayons qui lui en tracent les images est diminuée pour les uns plus que pour les autres. La même cause qui altére la figure, peut faire aussi que certaines parties se voyent très-confusément, tandis que d'autres se représentent d'une maniére très-distincte ; c'est sur tout, aux extrêmités de l'image que cela s'apperçoit, quand les verres font d'un foyer court. En pareil cas, on doit encore considérer, que les réfractions qui se font vers les bords de la lentille, ne concourent pas réguliérement avec celles du milieu, ou qui avoisinent l'axe, comme je l'ai déja remarqué ci-dessus.

SEPTIEME CAS.

Si des rayons paralleles de lumiére passent d'un milieu rare dans un milieu dense, terminé par une surface concave.

VIII. EXPERIENCE.

PREPARATION.

Dans cette Expérience, comme dans les deux suivantes, on se sert

encore de la caisse qui est représentée
par la *Figure* 9. mais au lieu de faire tomber le jet cylindrique de lumiére sur le verre convexe qui termine un des petits côtés, on le dirige dans la concavité de celui qui est à l'autre bout ; de maniére qu'il marque sur un plan vertical élevé dans la caisse, un cercle lumineux dont on mesure le diamétre : après quoi on met de l'eau à l'ordinaire.

EFFETS.

Aussi-tôt qu'on a versé l'eau dans la caisse, on observe que le jet de lumiére s'est élargi, à compter depuis son entrée dans l'eau, & que le cercle lumineux qu'il marque sur le plan vertical, devient plus grand à mesure qu'on éloigne ce plan de la surface réfringente. Voyez la *Fig.* 31.

HUITIEME CAS.

Si des rayons convergens passent d'un milieu rare dans un milieu denfe, qui soit terminé par une surface concave.

IX. EXPERIENCE.

PRÉPARATION.

Après avoir seulement ôté l'eau de

la caisse, il faut y introduire par le même endroit que ci-dessus, & successivement, plusieurs jets de lumiére, tantôt plus, tantôt moins convergente, semblables à ceux de la VIe. Expérience, marquer les distances où se terminent les pointes de ces pyramides, & verser de l'eau dans la caisse.

EFFETS.

Quelque grande que soit la convergence de la lumiére qui entre dans la caisse, aussi-tôt qu'on y a mis de l'eau, la pyramide ne manque pas de s'allonger sensiblement; & l'on peut observer qu'elle prend une forme irréguliére, étant plus menue à son entrée dans l'eau, qu'elle ne le feroit, si les lignes étoient bien droites de sa base à sa pointe. *Fig.* 32. Si l'on fait la même épreuve avec des rayons d'une moindre convergence, on les voit s'écarter les uns des autres de plus en plus jusqu'au parallélisme, & même jusqu'à la divergence.

NEUVIEME CAS.

Si des rayons divergens sortent d'un milieu rare pour entrer dans un milieu plus dense, qui soit terminé par une surface concave.

X. EXPERIENCE.

PRÉPARATION.

Tout étant disposé comme dans la derniére Expérience, éloignez la caisse jusqu'à ce que la pointe de la pyramide lumineuse où les rayons se croisent, & commencent à diverger, se trouve précisément au centre de la concavité du verre : recevez la base de cette pyramide de lumiére sur un plan élevé verticalement à 7 ou 8 pouces de distance dans la caisse ; mesurez-en le diamétre, & mettez de l'eau dans la caisse.

Réitérez l'Expérience, après avoir avancé la caisse plus près du point *C*, & ensuite après l'avoir éloignée de ce même point, plus qu'elle ne l'étoit dans la premiére épreuve.

EFFETS.

Dans le premier cas, la caisse étant

remplie d'eau, le cercle lumineux ne change point de grandeur, ni la pyramide de forme.

Dans le fecond, la bafe de la pyramide devient moins large dans l'eau, qu'elle ne l'étoit dans l'air.

Dans le troifiéme, elle s'élargit davantage; & dans l'un & dans l'autre de ces deux derniers, cette pyramide fe défigure un peu, comme on le peut voir par la *Fig.* 33. en *P* & en *E*.

Il réfulte de ces trois derniéres Expériences, qu'en paffant d'un milieu rare dans un milieu denfe terminé par une furface concave, 1°. les rayons paralleles deviennent divergens.

2°. Les rayons convergens perdent une partie de leur convergence.

3°. Les rayons divergens qui ont leur point de difperfion au centre de la concavité, ne fouffrent aucune réfraction; ceux qui viennent de plus loin que le centre, deviennent plus divergens, & ceux qui divergent de plus près, perdent une partie de leur divergence.

EXPLICATION.

Dans la VIIIe. Expérience , les rayons paralleles deviennent divergens en entrant dans l'eau , parce que tombant d'un milieu rare fur la furface d'un milieu denfe, qui fe préfente obliquement à caufe de fa courbure , ils fe réfractent en s'approchant des lignes *Cf*, *Cg*, *Fig.* 34. qui font les perpendiculaires à la furface *b h e*; puifque ce font les rayons prolongés de cette concavité ; & comme la même chofe fe paffe pour tous les rayons de lumiére qui font autour de l'axe *Cb*, il réfulte de-là une figure cônique, dont la bafe eft plus large que celle du cylindre *a b d e*, que forment les rayons incidens.

Nous voyons par la IXe. Expérience, que des rayons convergens , comme *a b, d e, Fig.* 35. le deviennent moins en paffant dans l'eau : cet effet eft une conféquence néceffaire, de ce que les rayons réfractés *b i, e i,* s'approchent des perpendiculaires *Cf*, *Cg*. Et quand les rayons incidens ont moins de tendance à fe réunir, l'écartement des rayons réfractés doit être plus marqué : on comprend aisément qu'il peut aller jufqu'à les rendre paralleles, ou divergens.

On voit enfin par la Xe. Expérience, que des rayons de lumiére qui divergent du centre même de la furface concave bhe, comme Cf, Cg, *Fig. 36,* ne fe réfractent point en entrant de l'air dans l'eau ; c'eft qu'ils ne font pas dans le cas de la réfraction, leur incidence étant perpendiculaire à tous les points de la concavité dont ils fuivent les demi-diamétres Cb, Ce, &c. Mais quand ils ont leur point de difperfion plus près, ou plus loin que le centre C, comme kb, ou lb, ils fe réfractent néceffairement en s'approchant de la perpendiculaire bf : ce qui fait que dans le premier cas, les rayons réfractés deviennent moins divergens que les rayons incidens ; & que dans le fecond, c'eft tout le contraire.

APPLICATIONS.

La nature ne nous offre guéres d'exemples de la lumiére réfractée, en paffant de l'air dans un milieu plus denfe, terminé par une ou deux furfaces

faces concaves. L'eau, & les autres liqueurs transparentes, ont presque toujours des superficies planes ; & quand elles remplissent des vaisseaux, ou des bassins dont les fonds sont convexes, à moins que ces fonds eux-mêmes ne soient minces & transparens, pour donner passage à des rayons qui viendroient de plus loin, on ne doit pas s'attendre que ces masses liquides nous montrent des effets qui ayent rapport à ceux que je viens d'expliquer ; mais l'art produit des corps d'une transparence & d'une figure propres à raréfier la lumiére, & qui ont été imaginés dans l'intention de changer en certains cas les directions respectives & naturelles de ses rayons, tels sont les verres qui sont creux par un côté, & plans par l'autre, & ceux dont les deux surfaces sont concaves.

Ces sortes de verres ont trois effets remarquables : ils font voir les objets plus petits qu'ils ne le sont, plus près qu'on ne les verroit à la vûe simple, & avec moins de clarté. Pour déduire plus facilement de nos Expériences les explications de ces apparences, nous supposerons des

Tome V.   E e

verres d'une concavité fphérique, comme ils le font prefque toujours ; & cette concavité égale de part & d'autre, comme on le voit par la *Fig.* 37. qui repréfente la coupe d'un de ces verres, felon l'axe de fa fphéricité.

Toute caufe qui diminue la convergence des rayons de lumiére, qui viennent des extrêmités d'un objet à l'œil, diminue néceffairement la grandeur apparente de cet objet, puifqu'alors il eft apperçu fous un plus petit angle, voilà précifément ce que fait un verre concave ; car fuivant le réfultat de la IXe. Expérience, les rayons *Ad*, *Be*, qui concourent naturellement en *D*, deviennent moins convergens dans l'épaiffeur du verre, qu'ils ne l'étoient avant d'y entrer ; s'il arrive alors que ces rayons réfractés convergent précifément au point *F* qui eft le centre de l'autre concavité *GHI*, ils fortent du verre fans fouffrir une feconde réfraction ; mais la grandeur apparente de l'objet eft toujours diminuée : il eft apperçu fous l'angle *aFb* ; au lieu que, fans l'interpofition du verre, il l'eût été fous l'angle *AFB*, qui eft plus grand.

Dans le cas où les rayons réfractés *df*, *eg*, tendroient à fe joindre
plus loin que le point *F*, l'angle vifuel deviendroit encore plus petit ;
car en fortant du verre pour rentrer
dans l'air, ces rayons fouffriroient
une autre réfraction, qui, en les écartant des perpendiculaires *p p*, *q q*, les
rendroit encore moins convergens
qu'ils ne l'étoient avant leur fortie.

Enfin, il peut arriver que la premiére réfraction laiffe encore aux
rayons *d f*, *e g*, un dégré de convergence qui tende à les réunir plus près
du verre que le point *F* : ce qui oc-
cafionneroit une feconde réfraction
en fens contraire de la premiére ;
mais comme l'incidence des rayons
d f, *e g*, ne peut jamais être auffi oblique fur la furface de l'air *G H I*, que
celle des rayons *A d*, *B e*, le doit
être fur la furface du verre *C K E*,
pour faire naître la circonftance dont
il s'agit, la feconde réfraction fe
trouve indifpenfablement plus foible
que la premiére, & incapable, par
conféquent, de la compenfer.

Les verres concaves nous dimi-

E e ij

nuent auſſi la diſtance apparente ; parce qu'en traverſant leur épaiſſeur, les rayóns divergens qui appartiennent à chaque point viſible de l'objet, s'écartent davantage les uns des autres, comme on l'a vu par le 3ᵉ. réſultat de la Xᵉ. Expérience : de cet effet il réſulte, que le point lumineux A, *Fig.* 38. eſt rapporté en *a*.

Il eſt vrai, que ſuivant les deux premiers réſultats de la même Expérience, il peut arriver, que les rayons qui procédent d'un même point placé à certaines diſtances d'une ſurface concave & réfringente, comme l'eau, le verre, &c. conſervent leur dégré de divergence dans le milieu denſe, ou qu'ils en perdent même plutôt que d'en acquérir ; mais ces cas n'ont jamais lieu, quand la lumiére traverſe toute l'épaiſſeur d'un verre dont les deux ſurfaces ſont concaves, pour continuer de ſe mouvoir dans l'air. Car ſi le point radieux eſt placé au centre d'une des deux concavités *CE*, *Fig.* 39. & que par cette raiſon, les rayons *A b*, *A c*, paſſent directement juſqu'à l'autre ſurface *G H*, alors leur incidence ſur l'air eſt

oblique, & la réfraction qu'ils souffrent indifpenfablement, les écarte
des perpendiculaires *Fp*, *Fq* : ce qui
les fait regarder comme s'ils venoient
du point *a*, qui eft plus près que celui d'où ils font émanés.

S'ils viennent de plus près que le
point *A*, & que conformément au
2ᵉ réfultat, ils perdent, en entrant
dans le verre, une partie de leur divergence, l'incidence fur la derniére
furface eft tellement oblique, que la
feconde réfraction leur en rend plus
que la premiére ne leur en a fait perdre, comme on le peut voir par la
Fig. 40. en confidérant que les rayons
émergens *de*, *fg*, femblent venir du
point *K*, qui eft plus près du verre
que celui d'où ils font partis.

Quand le verre eft concave d'un
côté, & plan de l'autre, il produit
encore les mêmes effets par rapport
à la vifion, à la différence près du
plus au moins ; car, fi les rayons
convergens le font encore après la
premiére réfraction, comme *de, Fig.* 41.
en paffant obliquement par la furface plane *G H*, ils fe réfractent une
feconde fois, en fens contraire de la

première, mais plus foiblement, parce que l'incidence en *e* n'eſt pas ſi oblique que celle du rayon *b d*, ſur la ſurface concave *CE* ; & par conſéquent, le rayon émergent *ef*, demeure toujours moins convergent à l'axe *A F*, qu'il ne l'étoit avant de rencontrer le verre.

A l'égard des rayons divergens, quand ils partiroient du centre de la concavité, & qu'ils iroient en droite ligne juſqu'à la ſurface plane, comme *Ac*, alors ils ne pourroient manquer de ſe réfracter, à cauſe de leur incidence oblique ſur *G H*, & cette réfraction, comme on le peut voir par la Figure, augmenteroit leur divergence.

Enfin, ce ſont les mêmes effets, ſoit qu'on préſente à la lumiére la ſurface plane du verre, ou ſa ſurface concave. Si le rayon vient du point *F*, il ſe réfracte deux fois, ſçavoir, en *h* & en *g*, & s'écarte de l'axe *A F* de la quantité *Al*. S'il part du point *A*, il ne ſe réfracte qu'une fois en *c*, mais aſſez fortement, pour aller en *i* : cette ſeule réfraction équivaut aux deux autres ; & cette compenſation ſe trouve encore dans les

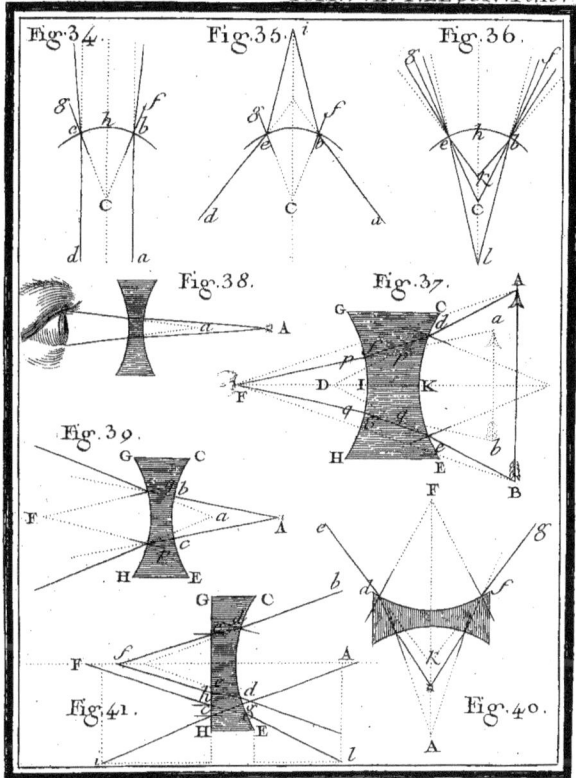

Fig. 34. Fig. 35. Fig. 36.

Fig. 38. Fig. 37.

Fig. 39.

Fig. 41. Fig. 40.

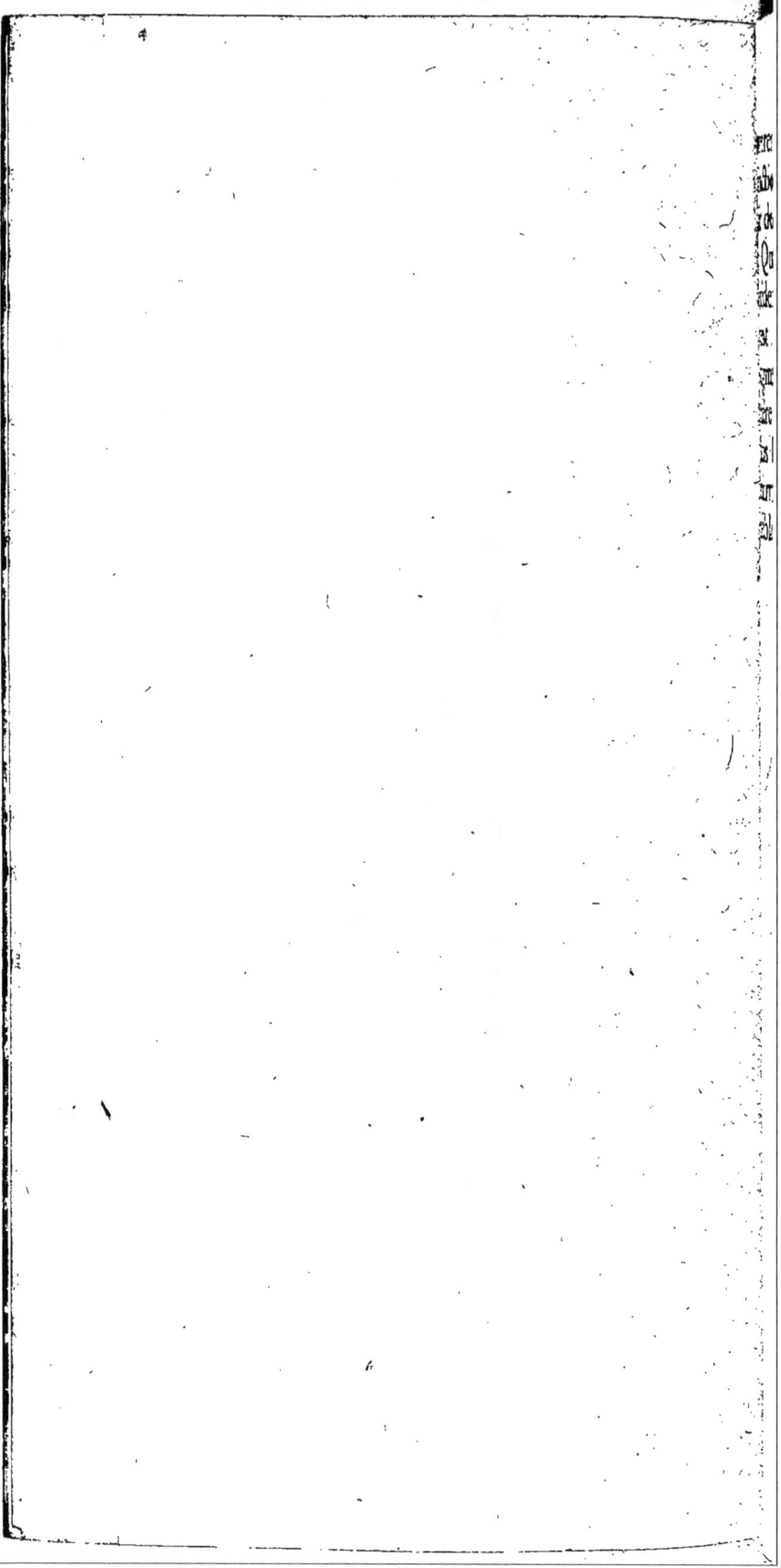

autres cas, ſoit qu'il y ait deux réfractions contre une, ſoit qu'il y en
ait deux de part & d'autre.

Quand au dégré de clarté, il eſt
évident que les verres concaves doivent la diminuer un peu ; puiſqu'ils
augmentent la divergence de la lumiére, ils empêchent qu'il n'en entre
dans la prunelle autant qu'elle en
pourroit recevoir de chaque point
viſible, ſans leur interpoſition.

XVII. LEÇON.

Suite des Propriétés de la Lumiére.

III. SECTION.

De la lumiére décomposée, ou, de la nature des Couleurs.

AVANT Newton, personne n'avoit imaginé que la lumiére pût se décomposer, ni que ses parties séparées les unes des autres se distinguassent par des propriétés constantes & des effets sensibles (*a*). Descartes, & ceux qui avoient raisonné d'après lui sur la nature de cette matiére, l'avoient considérée comme un fluïde homogêne, mais susceptible

(*a*) Vossius avoit bien dit, que les couleurs étoient toutes contenues dans la lumiére; mais Newton est le premier qui ait développé cette idée, en faisant voir séparément & distinctement les différentes parties de la lumiére décomposée.

de

de certaines modifications, à l'aide
desquelles ils croyoient pouvoir expliquer tout ce qui concerne les couleurs. On supposoit que les globules
allignés qui forment les rayons, outre l'impulsion qu'ils reçoivent du
corps lumineux, & qu'ils se transmettent en droite ligne, tournoient encore sur leur propre centre ; & que
de ces deux mouvemens combinés &
variés à l'infini, par le plus & le
moins de vîtesse & de masse, nais-
soient au fond de l'œil toutes ces
différentes impressions, ausquelles
nous avons donné les noms de *rouge*,
de *jaune*, *de bleu*, &c. avec toutes les
nuances qui leur appartiennent.

Il n'y a point d'hypothèse qui n'ait
son foible & ses difficultés : celle-ci
en a sans doute ; mais, quoi qu'on
ait pu dire contre elle, on doit convenir qu'elle est ingénieuse, simple
& naturelle. Après avoir adopté même tout ce que Newton a établi par
la voie de l'expérience, un Physicien peut encore, sans inconséquen-
ce, retenir ce qu'il y a d'essentiel dans
cette doctrine : car en reconnoissant
plusieurs espéces de lumiére, ne peut-

on pas fuppofer que ce qui conftitue leurs différences , c'eft une certaine combinaifon de mouvemens, dont tel ou tel ordre de globules eft fufceptible, à raifon de plus ou moins de maffe ou de reffort ; comme il eft vraifemblable , que dans le même volume d'air il y a des particules plus groffiéres & d'une élafticité moins vive , par lefquelles fe font entendre les tons graves , & d'autres que des qualités différentes rendent propres à tranfmettre des fons plus aigus? Newton a voulu s'en tenir à des faits , pour rendre raifon des couleurs; cela eft très-fage : mais fi l'on veut aller au-delà , & remonter aux caufes de ces faits par des conjectures, celles de Defcartes & du P. Malebranche , prifes enfemble , me paroiffent plaufibles à bien des égards ; elles ont paru telles à Newton même (a). Je les indique au Lecteur qui fera curieux de s'en inftruire ; mais l'expérience ne nous fourniffant rien qui établiffe folidement ces opinions , je m'arrête avec le Philofo-

(a) Voyez la treiziéme des queftions qui font à la fin de l'Optique de Newton.

phe Anglois aux effets fenfibles, qui
peuvent fervir à expliquer les phénoménes de la vifion qui ont rapport
aux couleurs.

Nous diftinguons les objets vifibles, non feulement par leurs grandeurs, leurs figures, leurs fituations,
leurs diftances, leurs dégrés de clarté, mais encore par une forte d'il-
lumination, qui fait que chacun d'éux
brille à nos yeux d'une façon particuliére, & qui ne dépend pas de la
quantité de lumiére qui l'éclaire : c'eft
ce dernier moyen de vifibilité, que la
nature varie avec une magificence
fans égale, & dont elle embellit toutes fes productions ; c'eft, dis-je, cette
apparence particuliére des furfaces,
que nous nommons *couleur* en général, & dont nous exprimons les efpéces par les noms de *blanc*, de *rouge*,
de *jaune*, de *bleu*, &c.

On eft naturellement porté à croire, que les couleurs & leurs nuances
appartiennent aux corps qui nous les
font fentir ; que le blanc réfide dans
la neige, le rouge dans l'étoffe teinte
en écarlate, le vert dans l'herbe des
prairies, &c, & c'eft un préjugé mal

F f ij

fondé à bien des égards : pour sçavoir ce qu'il en faut rabattre, réfléchissons un peu sur ce qui se passe à l'aspect d'un objet coloré.

La lumiére tombe sur un corps, & le rend visible. Si nous le regardons alors, les rayons qu'il transmet, ou qu'il réfléchit vers nos yeux, y peignent son image, & nous jugeons qu'il est de telle ou telle couleur. Ce jugement n'a jamais lieu, si l'objet n'est éclairé ; pendant la nuit tout est noir, rien n'est coloré : les couleurs dépendent donc de la lumiére ; sans elle nous n'en aurions aucune idée.

Elles dépendent aussi des corps; car exposés au même jour, le vin, le cinabre paroissent rouges ; tandis que la bierre & l'or sont jaunes, & que les champs sont merveilleusement émaillés de fleurs de toutes les couleurs.

Mais tout cela est hors de nous; il ne nous en viendroit aucune notion, si la lumiére transmise ou réfléchie par les objets ne touchoit l'organe de la vûe, pour rendre ces apparences sensibles, & si ces impressions ne réveilloient en nous des idées que nous avons appris à exprimer par certains termes. Un aveugle, comme l'on sçait, n'apperçoit pas les couleurs ; & s'il l'a toujours été, les noms qu'on leur donne ne lui en font pas naître l'idée. Disons donc, que les couleurs considérées en nous sont des sensations, de même que les saveurs, les sons, les odeurs, &c.

Ces réflexions nous indiquent trois points de vûe, sous lesquels nous pouvons traiter des couleurs. 1°. Nous pouvons les considérer dans la lumiére : 2°. dans les corps, en tant que colorés : 3°. par rapport à celui de nos sens qu'elles affectent particuliérement, & par lequel nous les distinguons.

ARTICLE I.

Des couleurs considérées dans la lumiére.

J'ai remarqué dans la Section précédente, en parlant des corps réfringens taillés en forme de lentilles, que la courbure sphérique ne convenoit pas, pour rassembler dans le plus petit espace possible les rayons de lumiére qui partent divergens de chaque point d'un objet ; que, dans la vûe de perfectionner les lunettes ou téléscopes de réfraction, les Mathématiciens avoient cherché & indiqué d'autres sortes de convexité plus propres à produire cette réunion parfaite ; mais que la difficulté de les faire prendre au verre, avoit empêché qu'on ne mît ces moyens en usage. Newton (*a*), après Descartes (*b*), s'occupa sérieusement de ces recherches, & du soin de procurer, s'il étoit possible, aux Artistes, des procédés sûrs pour travailler des lentilles qui rassemblassent les rayons de lumiére, mieux que ne le peuvent faire des segmens de sphéres. Mais au lieu d'arriver au but qu'il s'étoit proposé, il acquit de nouvelles connoissances qui l'en écarterent davantage ; il découvrit qu'il étoit impossible de réunir parfaitement, comme on le souhaitoit, les rayons de la lumiére, quand même le corps réfringent employé à cet effet, seroit taillé de la maniére la plus convenable

(*a*) Principes de la Philos. nat. Liv. I.
(*b*) Dioptrique, chap. 8.

pour le produire. Il reconnut par des
expériences décifives, que la lumiére
n'eft point homogéne dans fes parties,
qu'elle en a de plus réfrangibles les
unes que les autres ; d'où il arrive néceffairement qu'une lentille de verre,
quelle que puiffe être fa courbure,
lorfqu'elle reçoit un faifceau de
rayons venant d'un aftre, ou d'un autre corps lumineux, rend les uns plus
convergens que les autres, & ne
réunit dans un feul point, que ceux
qui font de nature à fe plier également : « Je m'apperçus, dit-il,
»que ce qui avoit empêché qu'on ne
»perfectionnât les télefcopes, n'étoit
»pas, comme on l'avoit cru, le dé-
»faut de la figure des verres, mais
»plutôt, le mélange hétérogêne
»des rayons différemment réfrangi-
»bles » (a).

Newton fit cette belle & importante découverte, en réfléchiffant fur
un phénoméne connu bien long-
tems auparavant, & que l'on voit toujours avec admiration, quand on fait
l'Expérience que voici.

(a) Tranfact. Philofoph. N°. 80. Ceci peut
fe rapporter à l'année 1665.

F f iv

I. EXPERIENCE.

PREPARATION.

Au volet d'une fenêtre expofée au
midi, ou à peu près, ou bien au fond
a c b de la caiffe repréfentée par la
Fig. 6. de là 15ᵉ. Leçon, Pl. 2, il faut
pratiquer un trou rond de 5 à 6 pouces de diamétre, pour recevoir la
piéce *A B, Fig.* 1. qui s'y arrête avec
des vis, ou avec deux crochets : cette piéce confifte en un tuyau long
d'un pied, ou un peu moins, ouvert
par les deux bouts, & portant à l'u-
ne de fes extrêmités une boule de
bois qu'il traverfe, par le moyen de
laquelle il fe meut en tout fens dans
une double coquille, à la maniére
d'un genou.

Ce tuyau, qui peut avoir deux pouces de diamétre, doit répondre dans
une chambre fort obfcure, & fert à
y introduire un jet de lumiére venant
immédiatement du foleil, où réfléchi dans quelqu'autre direction, par
le moyen d'un miroir plan de métal,
placé dans la caiffe, ou fur un fup-

port en dehors de la fenêtre (*a*). On retrécit l'ouverture *C*, autant qu'on le veut, avec un morceau de bois dur tourné en cul-de-lampe, évidé comme un entonnoir, & garni au bout d'une petite platine de métal percée au milieu.

Pour les Expériences qui doivent se faire dans l'obscurité, ce tuyau mobile vaut beaucoup mieux qu'un simple trou à la fenêtre, parce qu'il empêche que la lumiére réfléchie par les objets extérieurs ne se répande

(*a*) La meilleure maniére de faire les expériences dont nous avons à parler dans cet Article, c'est d'introduire le rayon solaire immédiatement, & sans le secours d'aucun miroir : c'est ainsi que Newton les a faites, & qu'il a dû les faire, pour avoir des résultats hors de tout soupçon. Mais si la fenêtre n'est pas exposée à peu près au midi, ou que la saison fasse prendre au soleil une hauteur méridienne trop grande, on est obligé de réfléchir le rayon, pour le jetter dans une direction convenable : cela se peut faire, quand il ne s'agit que de répéter des expériences connues ; & en prenant la précaution de n'employer que des miroirs bien parfaits pour la figure & pour le poli. Ceux de métal, parce qu'ils n'ont qu'une surface réfléchissante, seroient toujours préférables à ceux de glace étamée qui ont une double réflexion, s'ils ne se ternissoient pas aisément.

dans la chambre : ce qui peut affoiblir, & même faire manquer les effets qu'on cherche à voir.

Au rayon de lumiére introduit dans la chambre par le tuyau dont je viens de parler, on oppofe l'angle d'un prifme triangulaire *D*, *Fig.* 2. formé d'un morceau de verre folide, dont les faces foient bien dreffées, & polies le plus parfaitement qu'il foit poffible. Voyez la *Fig.* 3.

Pour rendre mes prifmes d'un ufage plus commode, & pour empêcher qu'ils ne fe dépoliffent, lorfqu'on les pofe fur des tables, je fais garnir les extrêmités de deux emboîtures de cuivre, au milieu defquelles font foudées des tiges *E E*, du même métal, qui font comme l'axe du prifme prolongé de part & d'autre. Elles fervent à le foutenir, & à le faire tourner entre deux fupports élevés perpendiculairement fur une regle *F F*, portée par une tige ronde qui fe hauffe & fe baiffe en gliffant dans un pied, & qui s'arrête à telle hauteur qu'on veut, par la preffion d'une vis *G*. Au haut de cette tige eft encore un mouvement de charniére, *H*, femblable à celui de la tête d'un compas, au moyen duquel le prifme s'incline autant qu'on le veut.

L'angle du prifme, par lequel on fait paffer le rayon folaire, n'a point de grandeur déterminée pour le fuccès de l'Expérience. Celui dont Newton s'eft fervi étoit prefque équilatéral : on peut très-bien réuffir avec des angles plus petits ; cependan til eft bon qu'ils ne foient pas au-deffous de 45 dégrés.

Comme le verre eft fouvent défectueux, foit par les filandres, foit par les bouillons qu'il contient dans fon épaiffeur, on doit demander aux ouvriers, des prifmes qui ayent 5 à 6 pouces de longueur, avec des faces d'un bon pouce de largeur, afin d'y pouvoir choifir plus aifément des endroits d'une homogénéité convenable.

Au défaut de prifmes de verre folide, on en peut faire avec des lames de glace mince, bien dreffées, & jointes enfemble par le moyen de quelque maftic : on les remplit d'eau bien claire, ou dé quelqu'autre liqueur limpide, dont il faut connoître le pouvoir réfractif.

Effets.

Lorsque le rayon solaire a traversé l'angle du prisme, au lieu de suivre sa première route, & d'aller former en *I* un cercle simplement lumineux, il se releve dans une situation à peu près horisontale, avec les circonstances suivantes.

1°. Ce rayon paroît dilaté en forme d'évantail, & fait sur un carton blanc *K L*, élevé verticalement à 16 ou 18 pieds de distance du prisme, une image longue (*a*, arrondie par en haut & par en bas, comprise d'un bout a l'autre entre deux lignes droites paralleles.

2°. La largeur de cette image égale le diamétre du cercle lumineux que le

(*a*) La longueur de l'image colorée dépend de la grandeur de l'angle du prisme, & de la distance que l'on met entre ce prisme & le carton sur lequel on reçoit la lumiére réfractée; à 16 pieds du prisme, mesure de France, l'image a environ 9 pouces de haut, quand l'angle réfringent est de 64 dégrés, & que le rayon incident est autant incliné à l'une des faces que le rayon émergent l'est à l'autre : ce que l'on reconnoît, lorsqu'en faisant tourner le prisme sur son axe, l'image colorée cesse de monter pour commencer à descendre.

rayon folaire marqueroit en *I*, s'il
ne rencontroit pas le prifme : d'où
l'on peut conclure, que le rayon n'eft
dilaté que dans un fens.

3°. Cette lumiére réfractée, à
compter depuis le prifme, jufqu'au
carton, paroît par bandes diverfement colorées ; & l'image *MN* qui
en eft formée, porte les mêmes couleurs dans l'ordre qui fuit de bas en
haut : rouge, orangé, jaune, vert,
bleu, indigo, violet.

EXPLICATION.

Newton ayant répété plufieurs fois,
avec beaucoup de foin, l'Expérience
que je viens de rapporter, trouva que
les réfultats en étoient très-conftans ;
& après y avoir bien réfléchi, il ef-
faya de les expliquer par les conjectures fuivantes. Il lui vint en penfée,
que la lumiére pourroit bien être un
fluide compofé de parties effentiellement différentes : premiérement, par
le dégré de réfrangibilité ; feconde-
ment, par la propriété d'exciter en
nous le fentiment de certaines couleurs.

En effet, en fuppofant ces deux

points, il eſt aiſé de rendre raiſon des effets rapportés ci-deſſus. Car 1°. ſi l'on conſidere le rayon total qui en-tre dans le priſme, comme un aſſem-blage de filets de lumiére, qui ne ſe détournent pas également de leur premiére route, en ſe réfractant, c'eſt une néceſſité, que les uns s'élevent plus que les autres au-deſſus de l'eſ-pace circulaire *I*, où ils auroient tous été ſe rendre, ſans l'interpoſition du corps réfringent ; & de-là doit réſul-ter cette dilatation de bas en haut, qui donne, comme on le voit, la forme d'éventail à la lumiére réfrac-tée.

2°. Il ſuit encore de la même ſup-poſition, que l'image *M N* doit être beaucoup plus longue que large; par-ce que le rayon n'étant dilaté que dans un ſens, la largeur compriſe en-tre les deux côtés rectilignes ne doit pas excéder le diamétre du cercle lu-mineux qui auroit paru en *I*, ſans l'interpoſition du priſme.

3°. Cette même image doit être arrondie, comme elle l'eſt en effet, par ſes deux extrêmités; car on a tout lieu de croire qu'elle eſt formée

par des images circulaires qui anticipent les unes fur les autres, en auffi
grand nombre, qu'il y a d'efpéces de
rayons différemment réfrangibles : le
grand nombre de ces images circulaires, & la contiguité de leurs centres,
font apparemment qu'on n'apperçoit
pas d'angles rentrans, & que les
côtés font fenfiblement rectilignes.

4°. Dans la fuppofition que les filets
de lumiére qui compofent le rayon
incident, foient capables de fe réfracter les uns plus que les autres, on ne
doit pas s'attendre que la lumiére
après les réfractions fe dilate, ou s'é-
parpille dans un autre fens, que celui
de bas en haut : car le prifme ayant
fes bafes égales & femblables, les
furfaces des côtés étant d'ailleurs
bien droites, la lumiére qui tombe
fur des lignes prifes fuivant la longueur du verre, pénétre des épaiffeurs comprifes entre des lignes paralleles : & alors, ou les réfractions
font nulles dans ce fens, ou la feconde rend infenfibles les effets de la
premiére.

5°. Enfin, fi les couleurs qu'on remarque dans l'image *M N* réfident

véritablement dans la lumiére, & que les rayons divisés & séparés les uns des autres, soient capables de réveiller constamment en nous les idées que nous avons attachées aux noms de rouge, orangé, jaune vert, &c. quand une fois ils se sont démêlés, en vertu de leur plus ou moins de réfrangibilité, ils doivent paroître véritablement sous ces couleurs, soit qu'on les regarde immédiatement, soit que le carton blanc qui les a reçus les réfléchisse vers nos yeux.

Sur ce pied-là, il y auroit dans la lumiére, telle qu'elle est naturellement, sept espéces de rayons capables de produire autant de couleurs.

Ces couleurs s'appelleroient simples, ou primitives, & l'on attribueroit à leurs différentes combinaisons toutes les autres, qu'on remarque dans la nature.

La lumiére sans couleur, telle qu'elle paroît en venant immédiatement du soleil, ou d'un autre astre, seroit celle qui renfermeroit toutes les couleurs simples, par un mélange parfait; & ce qu'on nomme noir, ne
seroit

feroit qu'une privation de toute lumiére fimple, ou compofée.

Voilà ce que conçut Newton, en
méditant fur l'expérience du prifme ;
mais quoique ces premiéres penfées
fe préfentaffent avec un air de vraifemblance capable de féduire ; en
Philofophe qui cherchoit fincérement
la vérité, il ne crut devoir s'y arrêter, qu'après avoir bien vérifié tout
ce qu'il s'étoit permis de fuppofer, &
qu'après avoir prouvé par des faits,
ou par des raifonnemens décififs,
l'infuffifance des explications qu'on
voudroit fubftituer aux fiennes. C'eft
ce qu'il a fait avec une force & une
fagacité digne de fon génie, dans un
excellent Traité * qui eft aujourd'hui
entre les mains de tout le monde,
& qu'il faut lire entiérement, pour
être bien inftruit fur cette matiére.
J'en ai extrait ce que j'ai cru néceffaire, pour établir folidement le fond
du fyftême ; & dans le grand nombre
d'expériences que l'Auteur a produites en preuves, j'ai choifi celles qui
m'ont paru les plus belles, les plus
concluantes, & dont le fuccès ne
tient point à des manipulations trop

*Traité
d'Optique fur
la lumière &
fur les cou-
leurs, traduit
de l'Anglois
en François,
par M. Coftes.

Tome V. G g

délicates, afin que le Lecteur curieux de les voir, puisse entreprendre de les répéter lui-même, sans craindre de les manquer.

Toute la théorie dont il s'agit ici, roule sur deux points capitaux, que voici. 1°. La lumière est composée de rayons plus réfrangibles les uns que les autres. 2°. Chaque rayon est d'une couleur déterminée, dont se teignent les objets qu'il éclaire. Examinons avec Newton, si ces deux apparences qu'on remarque dans l'expérience du prisme, sont des modifications accidentelles de la lumière, comme on le pourroit croire, ou bien des propriétés inhérentes que rien ne puisse changer.

II. EXPERIENCE.

PREPARATION.

Ayant tout disposé, comme dans la première Expérience, on reçoit la lumière réfractée, sur l'angle d'un second prisme *A B*, placé à un pied de distance du premier, ayant son axe dans une situation verticale, comme il est représenté par la *Fig.* 4.

EFFETS.

Tous les rayons qui viennent du premier prisme étant reçus sur le second, se détournent de côté, & vont former sur un carton blanc qu'on leur présente, une image semblable par ses dimensions, & par l'arrangement de ses couleurs, à celle de la première Expérience, avec cette seule différence, qu'elle n'est plus dans une situation verticale, mais inclinée.

EXPLICATION.

Les deux prismes se croisant à angles droits, les réfractions causées par le second ne peuvent manquer de faire aller de droite à gauche, ou de gauche à droite, les rayons que le premier a détourné de bas en haut : voilà pourquoi la situation de l'image, qui étoit verticale dans l'Expérience précédente, est devenue oblique dans celle-ci. Mais ce qu'il y a d'essentiel à observer ici, c'est que les couleurs sont toujours les mêmes ; que leurs positions respectives ne sont point changées, & que l'image est constam-

G g ij

ment de la même largeur : car, comme il n'eſt pas douteux, que dans la première épreuve la portion jaune du rayon de lumière s'eſt ſéparée de la rouge & de la bleue, parce quelle s'eſt réfractée moins que celle-ci, & plus que celle-là; ſi toutes les couleurs gardent conſtamment le même ordre entr'elles, dans quelque ſens qu'on les réfracte après leur ſéparation, n'a-t-on pas tout lieu de croire qu'elles ſont inaltérables, & qu'elles appartiennent inſéparablement aux rayons qui les portent ? & ſi la longueur de l'image colorée venoit d'une ſimple dilatation ou éparpillement de la lumière réfractée, comme l'ont prétendu quelques Auteurs, on ne voit pas pourquoi le ſecond priſme ne produiroit point en largeur, ce que le premier a fait en hauteur. Il devroit étendre la portion rouge, la jaune, la verte, &c. en autant de bandes auſſi longues que la première image _M N_, & le tout enſemble devroit former un quarré comme _M m_, _N n_; au lieu qu'on répond à tout, en diſant, que ces portions de lumière colorée étoient d'abord réunies & mêlées enſemble

dans l'efpace circulaire qu'on voit en
I, Fig. 3. & que les réfractions plus
fortes par dégrés n'ont fait que les
tranfporter les unes au-deffus des autres, fans amplifier les cercles qu'elles étoient capables de former : l'expérience même vient à l'appui de
cette explication. Avec un peu de
foin & d'adreffe , il eft poffible de
voir fucceffivement la plûpart des
cercles colorés, dont on fuppofe ici
que l'image totale *M N* eft formée,
en procédant de la maniére fuivante.

III. EXPERIENCE.

PREPARATION.

Répétez la premiére Expérience :
ayez dès morceaux de verre fort
épais, dont un foit rouge, un autre
vert, un troifiéme d'un bleu extrêmement foncé : afsûrez-vous que ces
verres ont des furfaces bien planes &
paralleles entr'elles, & préfentez-les
fucceffivement aux rayons réfractés à
un pied de diftance après le prifme.

EFFETS.

Chacun de ces verres ne laiffe paffer que l'efpéce de lumiére dont la

couleur est analogue à sa transparence (*a*) ; & le carton blanc sur lequel
on la reçoit, ne représente à chaque
épreuve qu'un cercle (*b*) uniformément coloré, dont le diamétre égale
celui du cercle lumineux qui paroît
en *I*, quand le rayon solaire y va en
droite ligne, & sans réfraction. De
plus, on remarque que le cercle vert
se va placer sur le carton plus haut
que le rouge, & plus bas que le bleu;
de sorte qu'on peut légitimement
conclure de cette Expérience, que
si l'on avoit autant de corps différemment colorés & transparens, qu'il y
a de différentes espéces de rayons
dans la lumiére, on auroit, les uns

(*a*) Pour faire cette Expérience avec succès,
il faut choisir des verres très-foncés en couleur :
sans quoi les rayons rouges & les jaunes qui
sont très-forts, passent en partie & font un cercle foible de leur couleur, qui couvre un peu celui qu'on a intention de voir seul.

(*b*) Quand on fait cette épreuve, on doit
avoir soin de tourner le prisme sur son axe, jusqu'à ce que l'image cesse de monter, pour commencer à descendre, sans quoi, au lieu d'un
cerle, on auroit un ovale; & avec cette précaution même, l'image circulaire dont je parle,
n'est point renfermée dans un cercle pris à la
rigueur Mathématique.

après les autres, tous les cercles dont
l'image *MN* est composée.

Les rayons conservent constamment leur dégré de réfrangibilité, &
leurs couleurs propres, non-seulement après une seconde réfraction,
comme on l'a prouvé par la seconde
Expérience, mais encore après une
troisiéme, une quatriéme, &c. « J'ai
»mis quelquefois, dit Newton, un
»troisiéme prisme après le second,
»& un quatriéme après le troisiéme,
»afin que par tous ces prismes l'i-
»mage pût être souvent rompue de
»côté ; mais les rayons qui souf-
»froient dans le premier prisme une
»plus grande réfraction que le reste,
»en souffroient une plus grande dans
»tous les autres prismes ; & cela sans
»que l'image fût aucunement dilatée
»de côté. C'est donc à juste titre, con-
»clud-il, que ces rayons constans à
»être plus rompus que les autres, sont
»réputés plus réfrangibles (*a*)» : ce qui
se peut encore prouver de la maniére
suivante.

(*a*) Traité d'Op. Liv. 1. Part. 1. Prop. 2.

IV. EXPERIENCE.

PREPARATION.

Ayant réfracté, comme dans la première Expérience, un rayon solaire de la grosseur du doigt, on éleve verticalement un peu plus loin que le prisme une planche mince, d'environ un pied de large en tout sens, percée au milieu d'un trou rond qui ait à peu près un quart de pouce de diamétre, pour recevoir & transmettre une partie de la lumiére réfractée. A 10 ou 12 pieds de-là, vers le fond de la chambre, il faut élever une pareille planche, par le moyen de laquelle on puisse encore intercepter une grande partie de la lumiére qui aura passé par l'ouverture de la première, & placer derriére, vis-à-vis du trou, l'angle d'un autre prisme, pour réfracter encore la petite portion de lumiére colorée qui sera transmise: voyez la *Fig.* 5.

Les planches dont il est fait mention ici, & dont on n'a marqué que les places & la situation, par les lignes *P Q, p q,* sont garnies par en-bas d'une tige de métal qui s'enfonce
plus

plus ou moins dans un pied, & qui s'arrête à telle hauteur que l'on veut, par la preſſion d'une vis *O*, *Fig.* 6. le trou qui eſt au milieu a près d'un pouce de diamétre, & ſe rétrécit à volonté, par le moyen d'une platine de cuivre mince, taillée en demi-cercle, ayant vers la demi-circonférence pluſieurs trous de différentes figures & grandeurs, & tournant ſur le centre du cercle dont elle fait partie, de maniére, que tous ſes trous peuvent répondre l'un après l'autre à celui de la planche.

En faiſant tourner doucement le premier priſme ſur ſon axe, on doit faire enſorte que les rayons réfractés paſſent ſucceſſivement par le trou *X* de la premiére planche, & de-là par celui de la ſeconde juſqu'au priſme *s t v*, & prendre ſoin que ces trois piéces, ſçavoir, les deux planches & le ſecond priſme, demeurent bien fixes, afin que tous les rayons qu'on veut éprouver, ayent toujours une incidence égale ſur la face *s t*.

On doit encore oppoſer à quelques pieds au-delà un carton blanc, comme *Y y*, pour recevoir les rayons qui auront été brisés par le dernier prisme, & marquer exactement la place où chacun d'eux ira se rendre.

Effets.

En procédant de cette maniére, on observe constamment, que le rayon rouge s'éleve au point Z, le jaune un peu plus haut, le bleu & le violet encore davantage.

Il paroît donc évidemment par cette Expérience, que les rayons qui se font le plus rompus en passant par le premier prisme, font aussi ceux qui souffrent les plus grandes réfractions, en passant par le second. Ajoutons encore une preuve à celles que je viens de rapporter.

V. EXPERIENCE.

Preparation.

Prenez une bande de carton de la largeur de deux doigts, & longue de 5 à 6 pouces : partagez-en la longueur en deux parties égales, par une ligne perpendiculaire aux deux côtés, comme $A B$, *Fig.* 7. Collez sur l'une de ces deux moitiés $A B C D$, un morceau de drap teint en gros bleu,

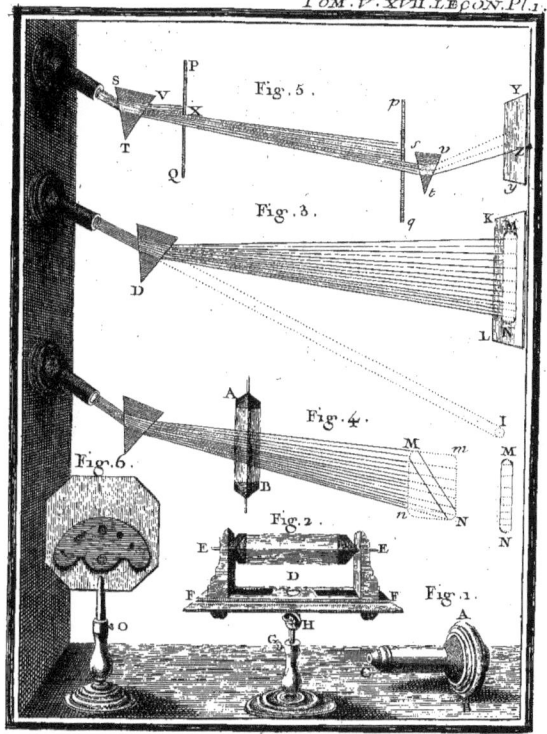

& couvrez l'autre avec du drap teint
en écarlate, ou en cramoifi. Placez
cette piéce fur le plancher d'une
chambre à 5 ou 6 pieds de la fenêtre,
de maniére que le jour tombe bien
deffus ; puis, en vous reculant huit
ou dix pieds plus loin, vers le fond
de la chambre, regardez-la à travers
l'angle d'un prifme, dont la longueur
foit parallele à celle du carton de
deux couleurs, & l'un & l'autre encore paralleles à l'horifon & à la largeur de la fenêtre. Voyez la *Fig.* 7.

E F F E T S.

Si l'angle réfringent du prifme eft
tourné en haut, commme *E*, l'image
du carton paroît élevée vers *F*, & la
partie *ab cd* qui eft bleue, l'étant davantage, femble fe féparer de l'autre.

E X P L I C A T I O N.

L'œil qui regarde par le prifme
apperçoit le carton *CDGH* par des
rayons de lumiére, qui tombant de
la fenêtre fur cette furface rouge &
bleue, font réfléchis vers lui ; mais
comme cette lumiére fe brife dans
l'angle du prifme, avant que d'arriver

H h ij

à lui, il voit l'objet dans la direction des rayons réfractés, c'eft-à-dire, plus haut que fon vrai lieu. Si ce premier effet de la réfraction étoit égal pour tous les rayons, tant bleus que rouges, chaque point de la furface *C D G H* conferveroit fa premiére pofition dans l'image, laquelle feroit par-là d'une figure tout-à-fait conforme à celle de fon objet. Mais puifque la partie *a b c d* paroît plus élevée que l'autre, c'eft une marque certaine que la réfraction a été plus forte pour la lumiére bleue que pour la rouge ; & fi l'on doutoit que ce fût là la vraie raifon de cet effet, on pourroit s'en convaincre aifément, en couvrant la partie *A B C D* fucceffivement avec des morceaux de drap vert, jaune, rouge ; car on verra, fi l'on en fait l'épreuve, la partie correfpondante *a b c d* de l'image fe rapprocher du niveau de l'autre, à mefure que la couleur indiquera une lumiére d'une réfrangibilité moins différente, ou plus analogue.

On voit donc par toutes ces preuves, que les rayons de lumiére qui fe diftinguent par des couleurs propres,

différent auſſi très-conſtamment par
leurs dégrés de réfrangibilité, & que
cette différence eſt entr'eux, non un
accident, mais une propriété qui
tient à leur nature, & que rien ne
peut faire changer. L'image oblongue
de la premiére Expérience conſerve
toujours ſes couleurs dans le même
ordre, quoique les rayons dont elle
eſt formée, ſe réfractent de nouveau,
en paſſant par un ou par pluſieurs
priſmes.

La même choſe ſe voit encore, ſi
l'on employe des miroirs de toutes les
formes imaginables, pour les réfléchir.
La figure de l'image & ſa grandeur
peuvent varier ſuivant la nature des
ſurfaces réfléchiſſantes ; le miroir
convexe l'affoiblit en l'amplifiant ;
parce qu'en général il raréfie la lumiére : le concave la reſſerre de plus
en plus, juſqu'à un certain point,
après quoi, il la renverſe, & l'aggrandit en diminuant ſon éclat, le
miroir cylindrique lui donne l'apparence d'un bel arc-en-ciel ; mais dans
tous ces changemens, les couleurs ſe
conſervent les mêmes, & gardent toujours leurs poſitions reſpectives : ce qui

H h iij

garantit aux rayons de lumiére, des dégrés de réfrangibilité inaltérables.

Newton, en éprouvant par la réflection ces différens dégrés de réfrangibilité, qu'il avoit découverts dans la lumiére, trouva de plus que les rayons les plus réfrangibles étoient en même-tems les plus reflexibles : c'est-à-dire, qu'à incidences égales, les bleus, par exemple, qui se réfractent plus que les rouges, se réfléchissent aussi plutôt qu'eux. Voici comme il s'assûra de cette nouvelle découverte.

VI. EXPÉRIENCE.

PRÉPARATION.

Ayez un prisme rectangulaire, comme I K L, *Fig.* 8. placez-le sur son support, de maniére qu'un rayon solaire un peu moins gros que le petit doigt introduit, comme il a été dit ci-dessus, dans une chambre bien fermée, tombe perpendiculairement, ou à peu près, sur un des côtés I K, & se réfracte en M, pour former une image colorée sur un carton blanc NN élevé verticalement 5 ou 6 pieds plus loin. Faites tourner ensuite doucement le prifme fur fon axe dans l'ordre des lettres *IKL*, & préparez un autre prifme, dont les deux plus grandes faces forment entr'elles un angle d'environ 55 dégrés, comme *TVX*.

EFFETS.

Lorfqu'en faifant tourner le prifme *IKL*, on fait faire au rayon folaire incident avec la bafe *IM* du prifme, un angle qui atteint à 50 dégrés, une partie des rayons qui s'étoient réfractés vers le carton *NN*, fe réfléchiffent en droite ligne du point *M* vers *O*.

Alors fi l'on oblige cette lumiére réfléchie à paffer par le fecond prifme *TVX*, elle s'y réfracte, & fe fait voir avec fes différentes couleurs fur un autre carton blanc *PP* qu'on lui oppofe, avec ces deux circonftances qu'il faut bien remarquer : 1°. Les rayons violets & les bleus arrivent les premiers, & vont fe placer vers *q*; les verds & les jaunes au-deffous, comme en *r*, & en dernier lieu les rouges qui fe placent encore plus bas en *s*. 2°. Les rayons qui paffent par réflection vers le fecond prifme, paroiffent manquer en même-tems à l'image co-

H h iv

lorée du carton *NN*; de forte que ce qui difparoît d'abord en *Q*, commence à fe faire voir en *q*, & que ce qui fe perd enfuite en *R* & en *S*, fe retrouve auffi-tôt en *r* & en *s*.

EXPLICATION.

Quand le rayon folaire incident fait un angle un peu plus grand que de 50 dégrés, avec la bafe *IM* du prifme, il tombe prefque à angles droits fur le côté *IK* : ce qui rend fa réfraction nulle ou infenfible ; c'eft pourquoi il paffe en droite ligne juf-qu'en *M*. Mais en fortant fort obliquement de la bafe *IL*, il fe réfracte à proportion ; & c'eft par cette raifon qu'il fe dilate comme dans la premiére Expérience, faifant fur le carton *NN* une image de diverfes couleurs, dont les bleus & les violets occupent la partie la plus élevée *Q* ; les jaunes & les rouges, la partie la plus baffe *S*, & les verds, la partie moyenne *R*.

Dès qu'en tournant le prifme fur fon axe, on fait faire au rayon inci-dent un angle un peu moindre que de 50 dégrés, avec la partie *MI* de la bafe du prifme, la lumiére ne paf-

se plus en totalité du verre dans l'air :
une partie se réfléchit en droite ligne du point *M* vers *O* : je dis en
droite ligne, parce que traversant
le côté *K L* à angles droits, ou à
très-peu près, elles ne se réfracte point
sensiblement, quoiqu'elle passe du
verre dans l'air.

Or, si toute la lumière du rayon
incident étoit également réflexible,
pourquoi ne se releveroit-elle pas
entiérement du premier coup ? pourquoi les parties de l'image qu'on voit
sur le carton *N N*, ne disparoîtroient-
elles que successivement, & à mesure
qu'on donne au rayon incident une
plus grande obliquité ?

Il est donc certain qu'il y a dans la
lumiére des parties plus réflexibles
les unes que les autres ; puisqu'à incidences égales, toutes celles du
rayon solaire employé dans notre Expérience, ne se réfléchissent pas ensemble.

Et puisque les rayons violets & les
bleus, qui sont reconnus pour être les
plus réfrangibles, sont aussi les premiers à se réfléchir ; que les jaunes &
les rouges qui se réfractent le moins,

ne se réfléchissent jamais qu'après les autres ; on peut dire en général avec Newton, que la lumière est composée de parties hétérogènes, dont les différences se manifestent, par des dégrés constans de réfrangibilité & de réflexibilité, & que celles-là sont de leur nature les plus réflexibles, qui sont les plus réfrangibles.

Outre ces différences qui établissent l'hétérogénéité de la lumière, & que je viens de prouver par des faits qui me paroissent décisifs, il y a encore celle des couleurs, qui n'est pas moins constante, & qui fait le principal objet de cet article. Suivons toujours le sçavant Auteur qui nous l'a fait connoître, & rappellons ici quelques-unes de ses preuves ; mais auparavant, convenons avec lui de quelques termes nécessaires pour nous faire mieux entendre.

Nous appellerons *lumière hétérogène* ou *composée*, celle qui vient immédiatement d'un astre, & qui ne fait sentir aucune couleur.

Nous nommerons *lumière homogène* ou *simple*, celle qui a été démêlée par la réfraction ou autrement, & qui pa-

roît fous une de ces fept couleurs,
rouge, orangé, jaune, verd, bleu,
indigo, violet.

Comme l'image colorée, formée
par les rayons réfractés dans la premiére Expérience, réfulte d'une fuite
de cercles de diverfes couleurs, couchés en partie les uns fur les autres,
on doit penfer, que les rayons d'un
certain ordre font mêlés avec ceux
des autres efpéces qui précédent &
qui fuivent, & qu'il n'y a tout au plus
que les deux extrêmités de cette image, qui puiffent fournir une lumiére
homogêne ou fimple : fi l'on veut
donc éprouver quelqu'une de ces efpéces féparément des autres, pour
voir fi fa couleur eft indécompofa-
ble, il faut choifir l'extrême rouge
ou l'extrême violet, ou bien trouver quelque moyen par lequel on
puiffe compter d'avoir les autres couleurs entiérement féparées : le premier parti eft le plus facile à prendre, & celui qui convient le mieux,
quand on veut fe contenter de faire
voir l'immutabilité de la couleur dans
une ou deux efpéces ; mais fi l'on
prend à cœur de faire la même chofe

pour toutes, on en peut venir à bout, en procédant de la maniére suivante.

VII. EXPERIENCE.

PREPARATION.

Introduisez dans une chambre bien obscure un rayon solaire de la grosseur d'une plume à écrire : à 10 ou 12 pieds de la fenêtre par où passe ce rayon, recevez-le sur une lentille de verre *A B*, *Fig.* 9. qui ait son foyer à 3 ou 4 pieds de distance : immédiatement après cette lentille, présentez un prisme *C D*, à travers lequel le cône de lumiére formé par la lentille soit obligé de passer, & recevez la lumiére réfractée sur un carton blanc, que vous tiendrez à une distance à-peu-près égale à celle du foyer de la lentille.

EFFETS.

Le cône de lumiére réfracté par le prisme, produit sur le carton une image oblongue & fort étroite, dont les couleurs sont plus distinctes qu'elles n'ont coutume de l'être, quand on fait la même expérience sans faire passer les rayons incidens par une lentille.

EXPLICATION.

Si le jet de lumiére qui vient par la fenêtre ne rencontroit ni lentille ni prisme, il iroit en droite ligne former le cercle lumineux *a b c d*. En passant par la lentille, cette lumiére devient convergente, & se rassemble dans un petit espace au centre de ce cercle : lorsqu'on fait passer ensuite ce cône total de lumiére par un prisme, il se réfracte & se divise en autant de cônes particuliers, qu'il y a d'espéces de rayons & de nuances dans chaque espéce. Or, comme ces espéces sont au nombre de sept, avec une infinité de nuances intermédiaires, on doit penser que l'interposition du prisme après la lentille, occasionne un nombre infini de cônes, à la pointe desquels chaque espéce de lumiére se trouve concentrée dans un très-petit espace circulaire ; & comme les centres de ces cercles demeurent aussi distans les uns des autres, dans l'image rétrécie *e f*, *Fig.* 10. que dans la plus large *E F*, produite sans lentille & par la seule interposition du prisme, il est évident, que la lumiére de chaque efpéce doit être non-feulement plus forte, étant concentrée par la lentille, mais auffi plus pure & plus dégagée des autres, puifque les petits cercles, qui expriment les efpéces entre *e f*, n'anticipent pas les uns fur les autres, comme ceux qui font compris entre *E F*.

En ufant de ce moyen pour avoir les couleurs plus féparées les unes des autres, fi l'on trouvoit l'image *e f* trop étoite, on peut la rendre plus large, en faifant paffer le rayon folaire qui entre dans la chambre, non par un trou rond, mais par une ouverture étroite & longue, ayant attention que la longueur foit parallele à celle du prifme. Alors l'image *e f* prendra la forme d'un quarré long, comme *g h i k*, *Fig.* 11. les couleurs feront par bandes, auffi vives & auffi pures qu'auparavant, & l'on pourra fûrement & commodément faire des épreuves fur toutes les couleurs, excepté peut-être l'indigo & le violet, qui font des lumiéres très-foibles d'elles-mêmes, & qui s'altérent aifément par le mêlange presqu'inévitable de celle qui se répand irrégulièrement dans la chambre.

Cet effet, dont je donne pour garans la parole de Newton (*a*) & ma propre expérience, (*b*) tient pourtant à quelques conditions qu'il est bon d'annoncer ici. Il faut que l'ouverture par laquelle passe le rayon solaire, soit aû plus d'une ligne de

(*a*) Traité d'Optique sur la lumière & sur les couleurs. Liv. 1. *Part.* 1. *Exp.* 2.

(*b*) Il y a plus de 20 ans que je répéte cette Expérience, & que je vois le résultat énoncé ci-dessus, conformément à ce qu'a dit Newton. Cependant un Auteur célébre que j'estime beaucoup, m'a cité, il n'y a pas si long-temps, comme lui ayant dit qu'elle ne me réussissoit pas. Je ne me souviens nullement ni de ce qu'il m'a demandé à cet égard, ni de ce que je lui ai répondu : mais comme je vois par la lecture de son ouvrage, qu'il a cherché dans cette Expérience un autre résultat, que celui qui est annoncé par Newton, il peut se faire que je lui aye répondu négativement, lorsqu'il m'aura demandé, sans autre explication, si j'étois jamais venu à bout de produire l'effet qu'il avoit en vue. Je suis forcé de mettre ici cette Note, parce qu'un Auteur Hollandois, qui a publié depuis quelques années *les Elémens de Philosophie*, fondé apparemment sur ce mal-entendu, me met au rang de ceux qui disent avoir tenté sans succès l'Expérience dont il s'agit, & me fait partager avec le R. P. Castel & M. Gauthier, l'honneur, auquel je ne prétends pas d'avoir pris Newton en défaut.

large ; que la lentille foit environ à 12 pieds plus loin ; que fon foyer foit un peu long, comme de 9 à 10 pieds; que l'angle réfringent du prifme ait au moins 60 dégrés. Tout cela étant obfervé, on trouve que l'image *ef* eft un peu plus de 70 fois plus longue que large, & l'on eft en droit de conclure, que chaque efpéce de lumiére y eft dans la même proportion plus fimple, que celle qui vient immédiatement du Soleil.

Pour réuffir encore avec plus de fûreté, il faut que la chambre foit bien obfcure, que le prifme & la lentille foient bien travaillés, d'un verre homogêne & bien net, & couvrir, avec du papier noir collé, toutes les parties de ces inftrumens, qui font inutiles à l'expérience, de peur que quelques portions du jet de lumiére réfractées, ou réfléchies irréguliérement, n'altérent ou n'empêchent les effets qu'on attend.

Pour fçavoir maintenant jufqu'à quel point les couleurs font fixes & inaltérables dans la lumiére, on peut les foumettre aux épreuves fuivantes.

VIII.

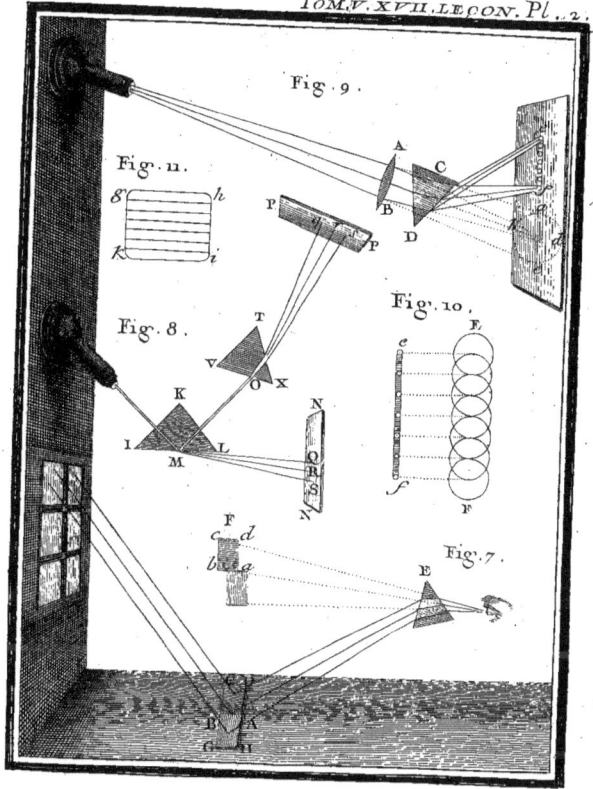

Fig. 9.

Fig. 11.

Fig. 8.

Fig. 10.

Fig. 7.

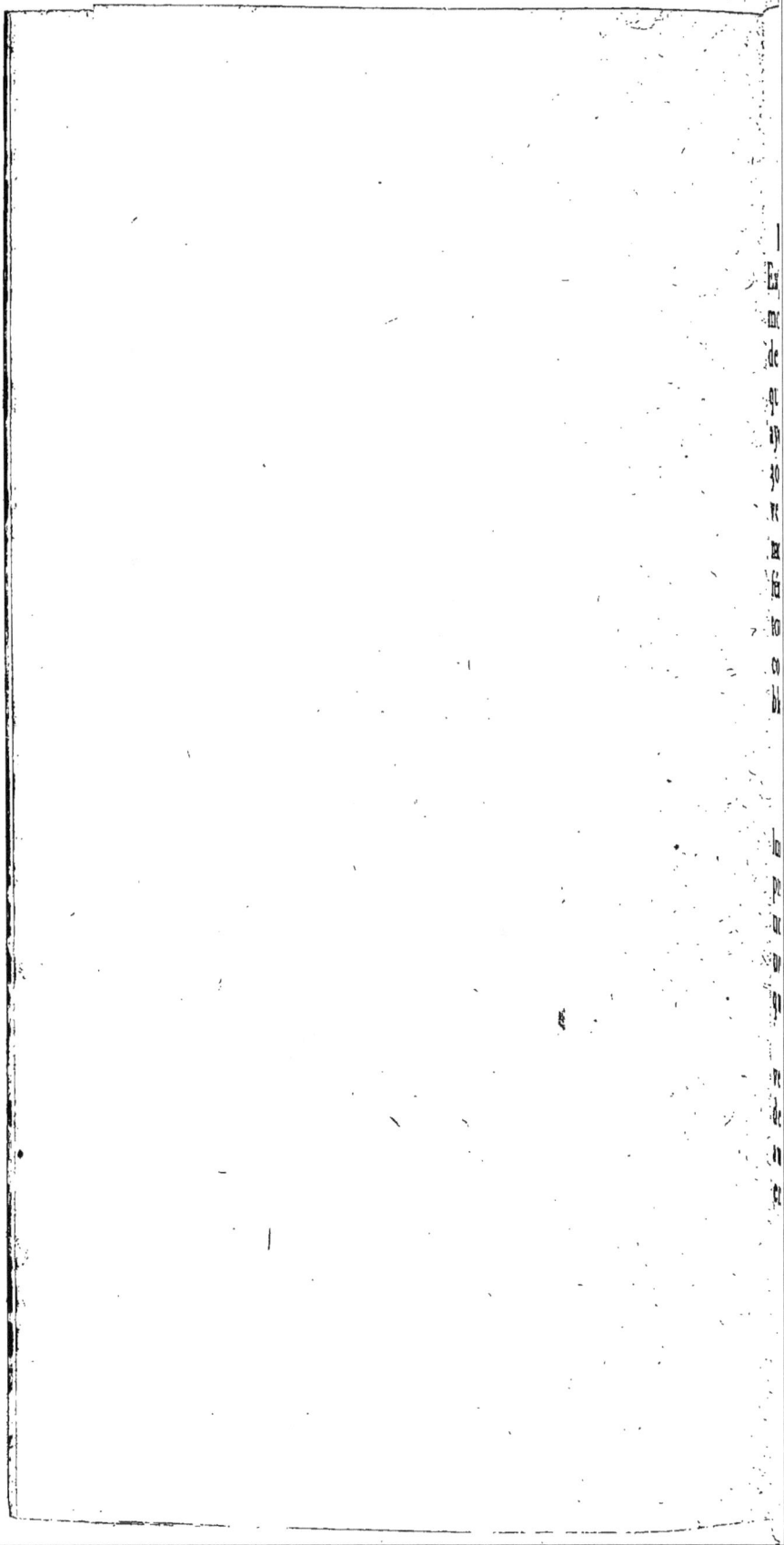

VIII. EXPERIENCE.

PRÉPARATION.

Faites paffer comme dans la IVᵉ.
Expérience un rayon de lumiére homogêne quelconque, par un trou
de 2 oú 3 lignes de diamétre, pratiqué au milieu d'une planche mince:
ayez un prifme qui ait un angle de
30 ou 40 dégrés, une lentille de
verre de 7 à 8 pouces de foyer, des
morceaux de verre fort épais de différentes couleurs, des miroirs de
toutes les efpéces, & une planche
couverte de morceaux de drap rouge,
bleu, noir, jaune, &c.

EFFETS.

1°. Si l'on fait paffer le rayon de
lumiére homogêne par l'angle du
prifme, il fe réfracte, & marque fur
un carton blanc qu'on lui oppofe,
une tache ronde, de la même couleur
qu'il a, avant de paffer par le prifme.

2°. Quand ce même rayon a traverfé la lentille de verre, il forme
deux cônes oppofés par leurs pointes
au foyer de ce verre convexe ; &
en quelqu'endroit que l'on coupe

I i

cette lumiére, avec un carton ou une feuille de papier blanc, elle a toujours la même couleur qu'elle avoit avant de paffer par la lentille. Elle eft feulement plus forte aux endroits où elle eft plus refferrée.

3°. Lorfqu'on oppofe un verre rouge au rayon bleu, ou un verre bleu au rayon rouge, ou il ne paffe aucune lumiére, ou le peu qu'il en paffe, conferve fa couleur fans altération ; la plus grande partie fe réfléchit en avant.

4°. Les miroirs de différentes formes fur lefquels on reçoit des rayons homogênes, ne font tout au plus, qu'étendre ou refferrer leur lumiére, fans rien changer à leur couleur.

5°. Ces mêmes rayons teignent de leurs propres couleurs les morceaux de drap qui font tout différemment colorés, fans en excepter les noirs.

EXPLICATION.

1°. Dans la premiére épreuve, le rayon qui a paffé par le prifme, ne fait point fur le carton blanc une image oblongue & de diverfes couleurs, comme dans la premiére expérience ; parce que toutes fes ar-

ties étant également réfrangibles,
conservent, en sortant du prisme, le
parallélisme qu'elles avoient entr'elles avant que d'y entrer ; & comme
les parties de la lumiére qui ont le
même dégré de réfrangibilité, sont
aussi de la même couleur, l'image
du rayon réfracté dans cette expérience, ne peut avoir qu'une seule
teinte.

Il faut pourtant convenir, que si
l'on ne fait point cette épreuve avec
bien de la précaution, l'image en
question, est un peu allongée, &
qu'on remarque à ses extrêmités quelque petite frange de couleurs différentes de celles du rayon : c'est ce
qui a fait que M. Mariotte & plusieurs autres personnes après lui, se
sont inscrits en faux contre l'expérience de Newton. Mais un Physicien de bonne foi, mettra le fait
hors de contestation, s'il essaye de
le vérifier dans une chambre parfaitement obscure, avec un prisme,
dont le verre soit sans bouillons &
sans filandres, & dont les côtés soient
bien droits & d'un beau poli ; prenant de plus tout le soin possible

I i ij

de fe procurer un rayon d'une lumiére homogêne & fans mêlange.

Si l'on néglige de prendre la premiére de ces trois précautions, la lumiére qui eft répandue dans le lieu
où fe fait l'expérience, paffe en partie par le trou de la planche, avec
le rayon homogêne ; & entrant encore avec lui dans le prifme, elle
s'y décompofe, & ajoute à l'image
des couleurs que l'on n'y verroit pas
fans cela.

Si le prifme eft défectueux, il pro-
duira des réfractions irréguliéres, &
ne démêlera pas, autant qu'il le faut,
les différentes efpéces de lumiére ;
de forte que le rayon qu'on fera paffer par la planche, ne fera pas homogêne comme il doit l'être.

Enfin, de quelque caufe que vienne
ce dernier défaut, foit qu'on prenne
le rayon trop gros, foit qu'on le choi-
fiffe mal, le fecond prifme ne manquera pas de le décompofer, s'il n'eft
pas bien fimple, & fa décompofition
s'annoncera par une différence de
couleur au bord de l'image.

Mais quelque mal-adroit qu'on
foit en faifant cette expérience,

quelque peu de précaution qu'on y
prenne, il eſt aiſé de reconnoître, XVII.
que l'image d'un rayon ſimple ré- Leçon.
fracté par un priſme, ne reſſemble
guéres à celle que produiroit le même priſme avec un rayon de lumiére
compoſée ; & ſi l'on apperçoit dans
la premiére quelque petit mêlange
de couleurs, c'eſt ſi peu de choſe,
en comparaiſon de ce qui ſe voit
dans l'autre, qu'un eſprit ſans prévention, aimera toujours mieux attribuer ce petit défaut à l'imperfection des inſtrumens, ou de la mani-
pulation, que d'en faire une difficulté réelle contre la Théorie de
Newton, ſi bien établie d'ailleurs.

2°. Il arrive à la lumiére ſimple,
qui paſſe au travers d'une lentille
de verre, ce qui arriveroit à un jet
de lumiére compoſée ; elle ſe con-
denſe de plus en plus, juſqu'à ce
qu'elle ſe réuniſſe dans un foyer ;
après quoi, elle devient divergente,
& ſe raréfie à meſure qu'elle s'avance plus loin ; & cela, par les raiſons que j'ai expoſées en traitant de
la Dioptrique. Mais ces différens
dégrés de condenſation & de raré-

faction, qui la font paroître tantôt plus, tantôt moins forte, ne changent rien à sa couleur : à l'endroit même où elle est le plus resserrée, au foyer de la lentille, elle conserve la même nuance avec plus d'éclat, parce que toutes les parties de cette lumière étant essentiellement semblables, ne peuvent devenir différentes entr'elles, par cela seul, qu'elles font plus ou moins rapprochées les unes des autres.

3°. Si les couleurs dans la lumière n'étoient que de simples modifications d'un fluide homogêne, quel moyen seroit plus propre à les produire, que les corps transparens, que nous appellons colorés ? Cependant on voit par le troisiéme résultat, qu'un rayon rouge, auquel on oppose un verre bleu, ou un rayon bleu auquel on oppose un verre rouge, ou se réfléchit en entier, ou que s'il y passe en partie, il conserve sa première couleur sans altération. (a) C'est que ces sortes

(a) Pour faire cette expérience avec succès, il faut des verres bien épais & d'une couleur bien foncée ; & lorsqu'on reçoit le rayon bleu

de corps diaphanes ne font pas des milieux capables de colorer la lumiére, mais des efpéces de cribles analogues par leur porofité à tel ou tel ordre de rayons. La lumiére rouge, par exemple, fe crible aifément par le verre qui refufe le paffage aux rayons bleus; & ceux-ci paffent avec liberté par un autre verre, qui réfléchit prefqu'entiérement les rayons rouges.

4°. On voit par le fecond réfultat, que la lumiére fimple ne change point de couleur, pour être plus ou moins refferrée par réfraction; foumife à la même épreuve par la réflection des miroirs, elle ne change point davantage, & c'eft toujours par la même raifon; fa couleur tient à fa nature, & non pas à fa denfité accidentelle plus ou moins grande.

5°. Enfin quand un rayon rouge, jaune, ou bleu, tombe fur une furface quelconque, ou il s'y éteint, ou il eft réfléchi, & rend vifible l'endroit fur lequel il eft tombé; dans le dernier cas, l'objet s'apperçoit fous la couleur propre de la lumiére qui

fur le verre rouge, il faut avoir foin encore que ce rayon foit bien pur & que la chambre foit bien obfcure.

l'éclaire, parce que cette couleur appartient à la lumiére, qu'elle est inaltérable & à l'épreuve des surfaces qui la réfléchissent, comme des corps diaphanes qui la transmettent.

Tout le monde sçait, que quand on mêle ensemble du rouge & du jaune clair, on produit une couleur assez semblable à celle de l'orange, ou de la fleur appellée *soucy* : on sçait encore, que le mélange du bleu & du jaune est verd, & que celui du pourpre avec le bleu, peut faire une nuance qui ressemble à la couleur de l'indigo. Cela peut porter à croire, que parmi les couleurs prismatiques, l'orangé, le verd & le premier violet, font des couleurs composées, & qu'il n'y a véritablement que les quatre autres qui soient primitives, ou simples. Cette pensée, sans doute, s'est présentée à Newton, comme à tous ceux qui l'ont conçue depuis ; mais au lieu de s'y arrêter, comme ont fait quelques Auteurs, sans se donner la peine d'approfondir la question, ou en s'appuyant sur des faits mal observés ; il a examiné avec attention ce

qu'il

qu'il en étoit, & s'eſt aſſuré par les
expériences ſuivantes, que les trois
couleurs ſur leſquelles il avoit des
doutes, étoient ſimples & primitives
comme les autres.

IX. EXPERIENCE.

PRÉPARATION.

Vers le fond d'une chambre bien
obſcure, on éleve ſur un pied qui ſe
hauſſe & ſe baiſſe à volonté, une planche mince *A B*, *Fig.* 12. plus longue
que large, percée dans une ligne
verticale vers le milieu de ſa largeur,
de deux trous ronds *C*, *D*, qui ont
chacun quatre lignes de diamétre,
& qui ſont écartés de 7 à 8 pouces
l'un de l'autre : à quelques pieds de
diſtance derriére cette planche, eſt
un carton blanc *E E*, élevé de même,
& qui peut s'approcher & ſe reculer ſuivant le beſoin.

En ſuivant le procédé de la VIIᵉ.
Expérience, on fait paſſer par le
trou *D*, un rayon rouge bien pur, qui
fait en *F* ſur le carton, une image
ronde de cette couleur. Enſuite par
le moyen d'un ſecond rayon ſolaire,
réfraćté comme le premier, mais en

fens contraire, on fait paffer par l'autre trou C de la planche, un rayon jaune citron, de maniére que fon image fe place précifément fur la première qui eft rouge.

En faifant tourner doucement les deux prifmes G, g, fur leurs axes, & en changeant un peu les diftances refpectives de la planche aux prifmes, & du carton à la planche, on fait de même coincider fucceffivement le jaune de l'un des rayons folaires avec le bleu de l'autre, & pareillement le bleu & le dernier violet.

Après avoir ainfi formé des images compofées de deux couleurs, on en fait naître de femblables avec des lumiéres fimples, en bouchant l'un des deux trous C, ou D, & faifant paffer fucceffivement fur le carton des portions de lumiére, orangée, verte & indigo, de l'un des deux prifmes.

Après cela, on compare les dernières images avec les premières, en regardant les unes & les autres au travers d'un prifme H.

Effets.

Chacune des images produites par la lumiére venant d'un seul prisme *G*, ou *g* ; soit qu'on la voye à travers le prisme *H*, soit à la vûe simple, paroît toujours ronde, & d'une couleur uniforme dans toute son étendue.

Les images composées qui paroissent de même à la vûe simple, lorsqu'on les regarde par le prisme, deviennent un peu ovales, & l'on voit l'une des deux couleurs déborder l'autre.

Explication.

Nous avons vu par les expériences précédentes, qu'une lumiére simple, dès qu'elle est séparée des autres espéces, ne se décompose plus quoiqu'on la réfracte encore plusieurs fois ; & c'est pourquoi la petite image ronde qui vient d'un seul prisme, garde constamment sa couleur uniforme & sa figure, quoiqu'on la regarde à travers le prisme *H*. Car tous les rayons de lumiére qui la rapportent à l'œil, étant d'une égale réfrangibilité, se rompent dans

K k ij

le verre fans changer de pofition
entr'eux ; & comme ils font auffi
tous de la même couleur, l'image
qu'ils peignent au fond de l'œil,
doit être de la même nuançe dans
toute fon étendue.

Par des raifons contraires, l'image
formée de deux couleurs mêlées enfemble, doit devenir ovale, & l'une
des deux couleurs doit déborder l'autre, comme on voit que cela arrive
en effet.

On a donc raifon de regarder comme couleurs fimples & primitives,
l'orangé, le verd & l'indigo, qui fe
remarquent dans l'image colorée produite par le prifme, puifque ces trois
couleurs ne fe décompofent point,
& que ces efpéces de lumiéres ont
des dégrés de réfrangibilité qui les
diftinguent conftamment des autres,

Mais dira-t-on, fi les couleurs réfident vraiment dans la lumiére du
foleil, pourquoi ne les y voit-on pas
naturellement & fans le fecours des
prifmes ?

A cela, je réponds 1°. Qu'on les
y voit en certains cas ; tout le monde fçait, par exemple, que quand on

a regardé pendant un inftant le foleil
en face, fi l'on ferme les yeux, ou
que l'on entre dans un lieu obfcur, il
refte des impreffions de rouge, de
jaune, de verd, de bleu, &c. qui ne
peuvent avoir d'autre caufe que les
rayons folaires qui ont touché l'organe. Lorfque la lumiére du foleil
introduite par un très-petit trou dans
un lieu fort fombre, ou réfléchie par
un corps poli, forme un point très-
lumineux, on y remarque des petits
filets de toutes les couleurs, qui font
comme une efpéce de houppe : on
remarque encore les mêmes chofes
dans beaucoup d'autres cas, pour
peu qu'on veuille y faire attention.

26. Il eft vrai, que pour l'ordinaire, la lumiére du jour, & même
celle qui vient immédiatement du foleil en forme de rayons, fe prefen-
te à nos yeux fans couleur ; c'eft-à-
dire que l'impreffion qu'elle fait,
ne reffemble à aucune de celles qu'on
éprouve, quand on la regarde après
l'avoir fait paffer par l'angle d'un prifme: elle ne réveille en nous, ni l'i-
dée de rouge, ni celle de jaune, ni
celle de bleu, &c. Sur cela, New-

K k iij

ton nous apprend, que la lumiére en cet état, eſt un compoſés de ſes différentes eſpéces mêlées dans une juſte proportion, & que le brillant éclat dont elle frappe nos yeux, réſulte du mêlange exact de toutes les couleurs : l'impreſſion qu'elles font toutes enſemble, n'excite en nous aucune des idées, qu'elles font naître ſéparément ; comme dans les couleurs artificielles, le verd ne nous rappelle, ni le jaune, ni le bleu, dont il eſt compoſé ; comme dans l'uſage des autres ſens, la plûpart des ſenſations mixtes, laiſſent ignorer les cauſes particuliéres qui y contribuent. Mais ce n'eſt point aſſez d'expoſer cette doctrine, il faut la prouver.

X. EXPERIENCE.

PREPARATION.

Cette expérience ſe prépare comme la premiére : il faut de plus avoir une bonne lentille de verre, qui ait 3 ou 4 pouces de diamétre, 7 à 8 pouces de foyer, & qui ſoit montée dans une chape avec un manche, pour être maniée plus commodément, *Fig.* 13.

A trois ou quatre pieds du priſme, recevez les rayons réfractés perpendiculairement fur le milieu de la lentille *I K*, & ayez un carton blanc, que vous leur oppoferez à différentes diftances de cette même lentille, quand ils en feront fortis.

EFFETS.

1°. Les rayons, en paffant par la lentille *I K*, prennent la forme de deux cônes oppofés par leurs pointes. Si l'on préfente le carton blanc depuis la lentille jufqu'au foyer *L*, l'image formée par la lumiére, va toujours en diminuant de grandeur, & demeure droite. Si l'on paffe le foyer en continuant d'éloigner le carton, l'image devient de plus en plus grande ; elle paroît renverfée : dans l'un & dans l'autre cas, elle a toutes fes couleurs.

2°. Quand on arrête le carton juftement en *L*, & qu'on tient fa furface bien perpendiculaire à l'axe du cône de lumiére, on ne voit deffus qu'un petit cercle très-brillant & fans couleur, comme on le verroit au foyer de la même lumiére, expofée immédiatement aux rayons du foleil.

3°. Ce petit cercle perd une grande partie de son éclat, & reçoit des couleurs, lorsqu'on intercepte, avec le bord d'une carte à jouer, le quart ou la moitié des rayons réfractés, soit avant, soit après la lentille.

EXPLICATION.

La forme que prennent les rayons en passant par la lentille, les décroissemens de l'image depuis ce verre jusqu'à son foyer L, ses accroissemens après, sont les effets ordinaires d'un corps réfringent, dont la figure est lenticulaire, & que j'ai expliqués ailleurs : nous avons vû précédemment aussi, que les rayons de différentes espéces, étant une fois séparés, conservent & continuent de faire voir leurs couleurs, quoiqu'on les rapproche plus ou moins les uns des autres : ainsi la convergence qu'ils acquierent en traversant l'épaisseur de la lentille, la divergence qui leur vient de leur croisement au foyer, ne doivent pas décolorer l'image, mais seulement faire varier sa grandeur & changer sa situation, en faisant paroître en haut les couleurs qui étoient en bas.

Ce qui doit principalement fixer
ici notre attention, c'est que cette
image refferrée dans un très-petit efpace circulaire, y paroît fans aucune couleur, & qu'elle reprend de
nouveau toutes celles qu'elle avoit,
lorfque les rayons qui la compofent,
commencent à fe demêler & à s'écarter l'un de l'autre, après s'être croifés. Les couleurs n'ont point été
anéanties, puifqu'elles reparoiffent
les mêmes, & dans l'ordre qu'elles
ont coutume de garder entr'elles ;
leur difparition au foyer, eft donc
l'effet d'une réunion parfaite, & d'un
mêlange juftement proportionné ;
cette derniére condition eft effen-
tielle, puifque l'on voit par le 3ᵉ. réfultat de notre expérience, que la
fuppreffion d'une partie des rayons
colorés, ne manque pas d'occafionner une teinte très-fenfible dans le
petit cercle lumineux qui eft en *L*.

Il paroît donc par les expériences
précédentes, & par bien d'autres,
que je fuis obligé de fupprimer ici,
que les couleurs font vérirablement
des propriétés de la lumiére, qu'elles y réfident au nombre de fept ;

fçavoir le rouge, l'orangé, le jaune clair, le verd, le bleu célefte, le violet indigo, & le violet pourpre, avec toutes les nuances intermédiaires; que des différentes combinaifons de ces fept efpéces, dépendent toutes les autres couleurs qu'on remarque dans la nature, & que leur mêlange complet & bien proportionné empêche qu'aucune d'elles ne foit apperçue.

Ces principes bien entendus & maniés avec intelligence, peuvent fervir à expliquer tous les effets naturels qui ont rapport aux couleurs : on en voit grand nombre d'applications très-heureufes dans l'optique de Newton ; j'en vais rapporter quelques-unes des plus intéreffantes.

APPLICATIONS.

Ce qui furprend, lorfque pour la première fois on regarde à travers un prifme quelqu'objet éclairé, c'eft cette belle variété de couleurs vives dont il paroît bordé, & quelquefois comme chamaré en différens endroits de fa furface. Voilà ce qui frappe au premier coup d'œil,

& bien des gens n'y voyent que cet
effet ; mais un obſervateur attentif,
y trouve encore d'autres remarques à
faire.

Quand l'objet eſt grand & qu'il eſt
vu de près, les couleurs ne paroiſſent qu'aux bords, au lieu que s'il eſt
petit & vu d'un peu loin, comme une
carte à jouer, par exemple, à 12 ou
13 pieds de diſtance, il eſt coloré
dans toute ſa ſurface, comme l'image produite par le priſme, dans la
première expérience.

Lorſque l'objet ne paroît coloré
que par ſes bords, les côtés oppoſés
le ſont différemment ; l'un porte du
rouge & du jaune, l'autre du verd,
du bleu & du violet : & ſi l'axe du
priſme eſt parallele à la ligne qui joint
les deux yeux, ou qu'on le tienne
verticalement en ne regardant que
d'un œil, il n'y a que deux bords colorés ; dans le premier cas, ce ſont
ceux d'en bas & d'en haut ; dans le
ſecond, ce ſont les côtés montans :
cela ſe voit tout au mieux, lorſqu'é-
tant dans une chambre, on regarde
en plein jour les carreaux de la fenêtre.

Enfin, ſi c'eſt un objet lumineux

fur un fond obfcur, les couleurs qui paroiffent aux bords, font dans un ordre oppofé à celui dans lequel on les voit, quand l'objet eft obfcur fur un fond clair : fuppofez que dans le premier cas, le rouge & le jaune foient en haut, le bleu & les violets en bas ; dans le fecond c'eft tout le contraire, quoique l'angle du prifme par lequel on regarde, demeure toujours tourné du même fens.

On fe rendra raifon de ces effets, fi l'on fait attention, que la lumiére réfléchie de deffus les objets, comme celle qui vient immédiatement des corps lumineux, fe réfracte & fe décompofe également, en paffant par l'angle d'un prifme : car dès que les rayons qui apportent à l'œil du fpectateur l'image d'un morceau de papier blanc ou de tout autre corps éclairé, fe plient dans le verre les uns plus que les autres, c'eft une néceffité que cette image s'aggrandiffe dans un fens, & qu'elle montre diftinctement toutes les couleurs de ces rayons démêlés.

Si l'objet peut être compris dans l'angle que forment les rayons les

moins réfrangibles avec ceux qui le
font le plus, je veux dire les rouges
avec les violets, alors toutes les couleurs demeurent contiguës les unes
aux autres fans interruption; mais s'il
excede cet angle, les bords opposés
paroissent seuls colorés, l'un en rouge & en jaune, l'autre en verd, bleu,
& violet : l'espace qui est entre deux,
se voit comme à la vûe simple, parce qu'il s'y trouve des rayons de toutes les espéces, & dans une proportion assez grande, pour ne laisser sentir aucune décomposition de lumiére,
pourvu néanmoins que la surface de
l'objet soit uniformément illuminée;
car autrement les parties les plus claires, font comme autant d'objets particuliers, de chacun desquels on peut
dire tout ce que nous disons d'un
objet en général.

Pour mieux comprendre tout ce-
ci, jettez les yeux sur la *Fig.* 14. Soit
A B, une des dimensions de l'objet,
sa hauteur, par exemple ; sans l'interposition du prisme *D*, l'œil placé
en *C* apperçevroit l'objet en question, par tous les rayons directs compris entre *A C* & *B C*. Dès qu'on fera

passer cette pyramide de lumiére composée par l'angle du prisme, chaque espéce de rayon va se réfracter suivant que sa nature l'exige ; de sorte que si l'on en supprimoit cinq, & qu'il ne restât que les rouges, par exemple, & les violets, il se feroit deux pointes E, F, de ces mêmes couleurs, & l'œil qui se placeroit à portée de les recevoir, verroit l'objet grand comme *b c*, d'un rouge pur depuis *b* jusqu'en *d*, & d'un violet également homogêne, depuis *a* jusqu'en *c*. Mais la différence de réfrangibilité de ces deux lumiéres, n'étant pas assez grande pour porter l'image *d c* tout-à-fait au-dessus de l'autre *a b*, il est évident que l'espace *a d* paroîtroit sous les deux couleurs, rouge & violet, ce qui le rendroit pourpre.

Ne supprimons plus maintenant les cinq autres espéces, faisons-les passer avec celles-ci par l'angle du prisme *D* ; au lieu de deux pointes *E*, *F*, il y en aura sept dans les mêmes limites, & l'œil rapportera les images qu'elles lui feront sentir, entre *b c* ; mais dans des bornes plus étroites, de sorte que l'espace *a d* par-

ticipera de toutes les couleurs : or,
ce mélange récompose la lumiére,
& lorsqu'elle est en cet état, les couleurs disparoissent de l'endroit qu'elle
illumine. Il n'y a donc que les extrêmités *b d* & *a c*, qui demeurent colorées, parce qu'il n'y a que là, où les
espéces soient assez démêlées, pour
conserver leurs couleurs.

En regardant un carreau de vitre
ou quelqu'autre objet semblable, si
l'on tient le prisme horizontalement,
on ne voit des couleurs qu'aux bords
d'en haut & d'en bas, parce que les
réfractions ne se font que dans ce sens;
c'est-à-dire, que les rayons s'abais-
sent vers l'œil en sortant du prisme,
si l'angle réfringent est tourné en
haut, & que s'il est en bas, c'est tout
le contraire. Par la même raison, on
ne voit des couleurs qu'aux deux côtés montans, quand la longueur du
prisme est dans une situation verticale. Dans l'une & dans l'autre position, les bords colorés demeurent
sensiblement droits; cependant si c'é-
toit un grand objet, quoique sa longueur fût parallele à celle du prisme,
il paroîtroit courbé en forme d'arc,

parce que les rayons qui viendroient de ses extrêmités, tomberoient fort obliquement à l'axe du prisme, & ne feroient plus voir ces parties dans le même alignement avec celles du milieu, à cause de la réfraction latérale qu'ils souffriroient. On peut s'assurer de ce fait, en regardant avec le prisme, d'un lieu un peu élevé, la riviere, ou un canal bien éclairé & bien découvert, on aura le plaisir de voir un *arc en terre* tout-à-fait semblable à celui que nous admirons au ciel en certaines circonstances.

L'objet obscur sur un fond clair, fait voir à ses bords des couleurs, dont les situations ne sont pas telles qu'on les doit attendre de la réfraction respective des rayons ; les rouges & les jaunes se placent en haut, les bleus & les violets en bas, lorsque par la position du prisme, on a lieu de compter sur un arrangement tout opposé. Supposons, par exemple, que *GHIK*, *Fig.* 15. soit un grand carton blanc attaché contre un mur, & qu'au milieu on ait collé un morceau de drap brun ou quelque chose d'équivalent : si l'on regarde ce dernier objet avec un

prifme, dont la longueur foit parallele à GH, & l'angle réfringent tourné en haut; puifque les rayons rouges & les jaunes font moins réfrangibles que les autres, ces deux couleurs devroient s'appercevoir au bord
inférieur du morceau de drap, & le
bord d'en haut devroit être bleu &
violet. Il arrive cependant tout le
contraire, parce que ces lumiéres réfractées & colorées, qui bordent l'objet qu'on a en vue, ne lui appartiennent pas, elles viennent du fond clair
fur lequel il eft attaché. Il faut confidérer l'objet brun, comme placé
entre deux objets blancs, & qui lui
font contigus; ces deux objets font
la partie fupérieure GH, gh du carton
blanc, & fa partie inférieure ik, IK.
Le rouge & le jaune qu'on voit en
gh avec le bleu & le violet qui bordent GH, colorent le premier felon
des régles; le bleu & le violet en ik,
avec le rouge & le jaune en IK, font
la même chofe pour le fecond. Aucune de ces couleurs ne doivent donc
être attribuées au morceau de drap;
& c'eft de cette maniére qu'on doit
expliquer tous ces renverfemens de

couleurs qu'on croit voir, quand on regarde avec le prifme les différentes parties d'un vafte champ, les endroits plus ou moins éclairés d'une grande furface, des arbres, ou l'horifon terminé par un ciel bien lumineux.

Un rayon du foleil tombant obliquement fur la furface de l'eau qui remplit un verre à boire pofé fur le bord d'une table, fait voir les couleurs prifmatiques à quelques pieds de diftance au-delà, ce qui n'arrive pas ordinairement ou d'une maniére bien fenfible, quand la lumiére qui a traverfé le vafe, ne s'étend pas un peu loin après fon émerfion.

La maffe d'eau que traverfe le rayon folaire en pareil cas, eft un véritable prifme, dont l'angle réfringent eft vers le bord du vaiffeau, il doit donc produire des effets femblables à ceux d'un morceau de verre folide qui auroit cette forme ; mais comme les différens dégrés de réfrangibilité des rayons ne les écartent les uns des autres que fous des angles très-aigus, ce n'eft qu'à une diftance un peu grande du corps réfringent, qu'ils font affez démêlés pour paroître avec leurs

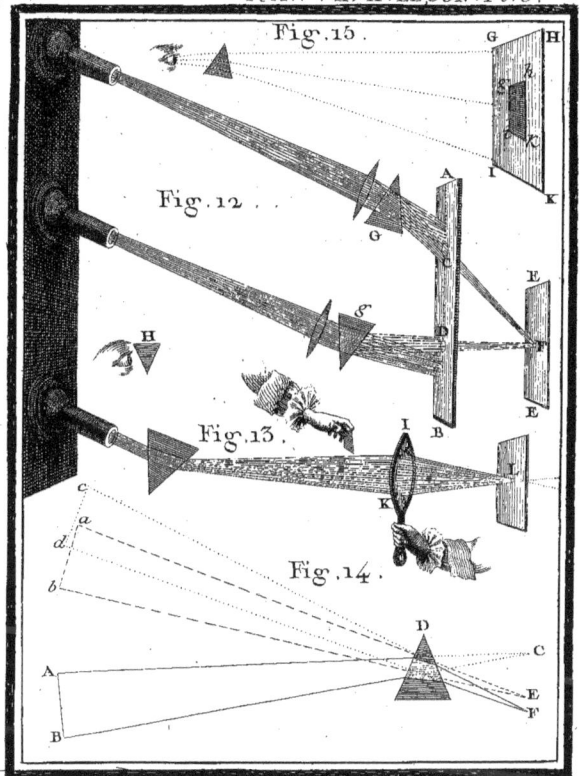

couleurs propres ; plus près du vafe, il n'y a tout au plus que les bords de la lumiére émergente qui foient un peu colorés.

Les diamans & fur-tout ceux qui font *brillantés*, lorfqu'on les plonge dans un rayon folaire, produifent une infinité de petites images colorées, comme celle du prifme, & d'une vivacité admirable : cela vient du grand nombre de leurs facettes, qui forment entr'elles autant de petits prifmes : la lumiére incidente fe partage en plufieurs petits jets, qui fe fub-divifent encore fur toutes les faces diverfement inclinées du fond, & qui fe réfléchiffant de-là, ne manquent pas de fe décompofer en fortant, s'ils ne l'ont pas été en entrant. Les couleurs font plus vives avec le diamant qu'avec le verre, parce qu'elles font mieux féparées, le premier de ces deux corps étant plus réfringent que l'autre, & parce que fa tranfparence eft auffi plus parfaite. La lumiére des bougies produit les mêmes effets, quoiqu'avec moins d'éclat que celle du foleil ; voilà pourquoi les affemblées de nuit font fi favorables aux parures dans lesquelles on fait entrer des pierreries ; des jets de lumiére directe, multipliés dans un lieu où la clarté est toujours moindre que celle du jour, rendent les effets dont nous parlons, & plus sensibles & plus fréquens.

J'ai dit au commencement de cet article, que Newton, dans le temps qu'il cherchoit à perfectionner les télescopes composés de verre, en substituant à la convexité sphérique une autre courbure plus propre qu'elle à rassembler tous les rayons qui partent de chaque point de l'objet, avoit fait une nouvelle découverte, en conséquence de laquelle il étoit impossible, avec quelque sorte de verre que ce fût, de parvenir à cette parfaite réunion. Cette découverte est, que les rayons qui composent la lumiére, sont inégalement réfrangibles, à incidences égales & dans le même milieu, comme je l'ai prouvé d'après ce Philosophe. En effet, comme les verres ne réunissent les rayons qu'en les réfractant ; les bleus & les violets se pliant plus que les autres en passant par une lentille, se joindront &

se croiseront nécessairement plus près du verre, que les rouges & les jaunes, & l'on doit comprendre qu'il y aura toujours autant de foyers à la suite les uns des autres, qu'il y a d'espéces de rayons différemment réfrangibles ; ainsi, lorsque pour construire un instrument de dioptrique, on a besoin de déterminer le foyer d'une lentille, on ne le peut faire que pour une espéce de rayons à la fois, & ce point de réunion n'est certainement pas celui de toute la lumiére qui passe par le verre.

Newton ayant cherché & déterminé par le calcul la distance du premier de ces foyers au dernier (a),

(a) Le sinus d'incidence de chaque rayon homogêne, est en raison donnée à son sinus de réfraction. La réfraction des rayons les moins réfrangibles, est à celle des plus réfrangibles, à-peu-près comme 27 à 28. Le plus petit espace circulaire où les verres d'un télescope puissent rassembler toutes sortes de rayons paralleles, est la 55 partie de toute l'ouverture de ce verre.

Si les rayons de toutes les espéces venant d'un point lumineux quelconque dans l'axe d'une lentille convexe, sont réunis par la réfraction en des points qui ne soient pas trop éloignés de la lentille, le foyer des rayons les plus réfrangibles sera plus près de la lentille, que celui

prouva par l'expérience même, que le défaut qui en résultoit, étoit sensible dans la pratique. Ayant pris un morceau de carton peint moitié en rouge & moitié en gros bleu, comme celui de notre V^e. Expérience, il l'enveloppa plusieurs fois suivant sa longueur, avec un gros fil noir, qui formoit comme de grosses lignes sur les deux parties diversement colorées. Il appliqua ce carton contre un mur, de maniére que sa longueur étoit horisontale ; il l'éclaira fortement pendant la nuit, en mettant un peu devant une grosse chandelle allumée. A six pieds de distance de-là, il éleva verticalement une lentille de verre, large de quatre pouces, & capable de rassembler les rayons réfléchis par les différens points du carton coloré, & de les faire converger vers autant d'autres points, à la

des rayons les moins réfrangibles ; & la distance de l'un à l'autre est à la 27 $\frac{1}{2}$ partie de la distance entre le foyer des rayons de moyenne réfrangibilité & la lentille, comme la distance entre le foyer & le point lumineux d'où procédent les rayons, est à la distance entre ce point lumineux & la lentille, à peu de chose près, *Opt. de Nevvton*, p. 108 & 109.

même diftance de fix pieds de l'autre côté, & peindre ainfi l'image de cet objet fur un papier blanc qu'il préfentoit, en l'avançant tantôt plus, tantôt moins, & en obfervant quelle partie du carton coloré fe peignoit diftinctement. En procédant ainfi, il remarqua que pour avoir une image diftincte & bien terminée de la partie rouge traverfée de lignes noires, il falloit porter le papier un pouce & demi plus loin de la lentille, que lorfque la partie bleue fe peignoit de même ; ce qui montre inconteftablement que les rayons bleus ont leur foyer plus près que les rouges, en paffant par la même lentille, & que l'objectif d'une lunette ne peut raffembler dans un même endroit, qu'une partie de la lumiére qu'il reçoit, à moins que l'objet ne foit d'une des couleurs prifmatiques, rouge, jaune, verd, ou bleu, &c.

Comme la plus vive & la plus lumineufe des couleurs, eft le jaune mêlé avec l'orangé ; c'eft principalement du foyer de cette efpéce de lumiére, dont il faut fe mettre en peine, quand il s'agit de former des images ; c'eſt par la réfraction de ces rayons (dont les ſinus d'incidence & de réfraction dans le verre, ſont comme 17 à 11) qu'il faut meſurer le pouvoir réfractif du verre & du cryſtal pour les uſages d'optique. En ſe réglant ainſi ſur les rayons les plus forts, on apperçoit les objets aſſez diſtinctement, mais non pas auſſi bien qu'on les verroit, ſi toutes les eſpéces de lumiére ſe réuniſſoient dans le même point. C'eſt ce qui fit abandonner à Newton le deſſein qu'il avoit formé, de perfectionner les téleſcopes compoſés de verres, & ce qui le détermina à porter ſes vues ſur la catoptrique, & à chercher dans l'uſage des miroirs, ce qu'il déſeſpéroit de pouvoir faire avec des lentilles tranſparentes : en effet, l'expérience lui ayant fait voir, que toute eſpéce de rayons fait ſon angle de réflection toujours égal à celui de ſon incidence, il crut avec raiſon, que les ſurfaces réfléchiſſantes feroient plus propres que tout autre moyen, à raſſembler la lumiére & à former des foyers tels qu'il les déſiroit : il conſtruiſit donc cet inſtrument, que l'on connoît aujourd'hui

d'hui sous le nom de *Télescope New-*
tonien, & que je ferai connoître plus
particuliérement, en parlant des instrumens d'optique.

De tous les phénoménes qui ont
rapport aux couleurs de la lumiére,
il n'en est pas de plus beau, ni qui
mérite plus notre curiosité & notre
admiration, que ce grand arc qu'on
voit briller au ciel, lorsqu'ayant le
dos tourné au Soleil, on regarde une
nuée qui fond en pluie, & qui est
éclairée par cet astre, élevé à une certaine hauteur sur l'horison (*a*). De
tout tems on en a eu une haute
idée ; les hommes sauvés du déluge
universel, l'ont reçu & regardé comme
un signe de paix de la part de Dieu : le
Paganisme en a fait une divinité sous
le nom d'*Iris* : les Poëtes l'ont célé-
bré de toutes les maniéres (*b*) ; &

(*a*) Le soleil ne produit l'arc-en-ciel que
quand il est moins élevé que de 42 dégrés sur
l'horison.

(*b*) Dans presque toutes les Poësies galan-
tes, on trouve le nom d'*Iris* pour désigner une
beauté rare & touchante. Le P. Noceti, Jésuite
du Collége Romain, a fait sur l'arc-en-ciel un
poëme Latin très-élégant, que le P. Boscò-
wich son confrere a enrichi de Notes très-ins-
tructives.

Tome V. M m

les Philosophes de tous les siécles, se sont efforcés d'en connoître & d'en expliquer les causes Physiques.

Antoine *de Dominis*, Archevêque de Spalato, qui écrivoit vers la fin du XVI. siécle, a raisonné sur *l'arc-en-ciel*, mieux que tous ceux qui l'a-voient précédé, en attribuant sa for-me & ses couleurs, aux rayons du Soleil réfractés & réfléchis par les gouttes de pluie vers l'œil du spetta-teur. Descartes (*a*) enchériffant sur les explications de ce sçavant Ita-lien, éclaircit encore la matiére ; mais il étoit réservé à Newton de la mettre dans son plus grand jour, en appliquant à ce phénoméne, sa dé-couverte de la décomposition de la lumiére, & de la réfrangibilité pro-pre à chaque espéce de rayon : c'est son ouvrage même qu'il faut lire & étudier, si l'on cherche des raisons complettes & exactes de toutes les circonstances ; je ne veux exposer ici que ce que tout le monde peut en-tendre ; & pour cela, je suivrai la marche des deux premiers Physiciens que j'ai cités d'abord, en imitant,

(*a*) *De Meteoris.*

comme eux, les principales apparences de l'arc-en-ciel, par une expérience que voici.

XI. EXPERIENCE.

PREPARATION.

Il faut avoir une boule de verre creuse & mince, remplie d'eau claire, à-peu-près semblable à celles qu'on met au bas des luftres de criftal artificiel : on la fufpend par deux fils attachés à fes poles, vers le fond d'une chambre, mais à telle diftance de la fenêtre, & à telle hauteur, que les rayons du foleil puiffent tomber deffus ; afin qu'on puiffe l'élever plus ou moins, on fait paffer les deux fils fur deux poulies fixées au plancher, & l'on en fait pendre les bouts à portée de la main, comme on le voit par la *Fig.* 16. Enfin il faut fe placer entre la fenêtre & la boule, à telle diftance & à telle hauteur, que les rayons qui reviennent de la boule à l'œil, puiffent faire avec ceux qui vont du foleil à la boule, des angles, tantôt plus petits que de 40 dégrés, tantôt un peu plus grands que de 50 $\frac{1}{2}$.

Effets.

Si l'angle *SFO*, *Fig.* 17. dont je viens de parler, eſt de 42 dégrés 2 minutes, l'œil du ſpectateur placé en *O*, apperçoit un rouge fort vif dans la direction *O r*.

Si l'œil s'éleve davantage, ou que la boule s'abaiſſe tout doucement, pour faire l'angle en queſtion de plus en plus petit, juſqu'à ce qu'il n'ait plus que 40 dégrés 17 minutes, comme *SFB*, on apperçoit ſucceſſivement toutes les autres couleurs priſmatiques, le jaune, le verd, le bleu, &c. dans les directions *Ji*, *Bb*, &c.

Enfin ſi l'on fait ce même angle de 50 dégrés 57 minutes, la boule étant plus élevée, comme dans la *Fig.* 16. on voit le rouge dans la direction *O r;* & ſi l'on continue d'élever peu à peu la boule, juſqu'à ce que l'angle ſoit de 54 dégrés 4 minutes, on voit ſuccéder toutes les autres couleurs dans cet ordre, le jaune, le verd, le bleu, &c.

Explication.

Dans le premier cas, *Fig.* 17. le

trait de lumiére folaire $S s$, venant
frapper la boule obliquement, fe ré-
fra&te vers la perpendiculaire $p C$, &

va heurter la furface intérieure du
verre en t; une partie de cette lumiére, qui ne pénétre pas dans l'épaiffeur du verre, eft renvoyée vers f,
l'angle de fa réflection devenant égal
à celui de fon incidence en t. Mais au
lieu d'aller en droite ligne en f, elle fe
réfra&te encore une fois, en s'écartant
de $p C$, parce qu'elle paffe obliquement de l'eau dans l'air; & comme ce
trait de lumiére, quelque mince qu'il
foit, eft un affemblage ou un faifceau de rayons différemment réfrangibles, le rouge qui l'eft le moins de
tous, fe rend au point O, le jaune en
J, le bleu en B, &c. ainfi pour appercevoir fucceffivement toutes ces
couleurs, il faut de deux chofes l'u-
ne, ou que l'œil s'éleve d'O en B, ou
que la boule d'eau s'abaiffe d'autant;
& alors, l'angle formé par le rayon
incident $S s$ & le rayon émergent $v B$,
eft d'un dégré 47 minutes plus petit
que $S F O$.

Si l'on conduit de même un jet de
lumiére folaire $S s$, *Fig.* 16. à la par-

tie inférieure de la boule, que je suppose être plus élevée que dans le cas
précédent, & qu'on examine la route qu'il doit tenir, en conféquence des
loix de la réfraction & de la réflection que nous avons établies ailleurs, on verra qu'il fe réfracte d'a-
bord pour aller en *d*, d'où fe réfléchiffant vers *e* & de-là vers *g*, il eft
obligé de fe réfracter une feconde
fois, en fortant de la boule pour rentrer dans l'air. Alors, comme dans le
premier cas, il fe décompofe & fe divife, le rouge moins réfracté que les
autres fe rend en *O*, les jaunes, les
bleus, &c. en *J*, en *B*, &c. voilà pourquoi il faut ou abaiffer l'œil, ou élever la boule, pour voir fucceffivement toutes ces couleurs. Et fi l'on
compare l'angle *S F B*, à *S F O*, on
trouve qu'il eft de 3 dégrés 7 minutes plus grand.

Pour tirer de cette expérience une
explication très-plaufible de l'arc-en-
ciel, il n'y a qu'à comparer les gouttes d'eau qui tombent de la nuée, à la
boule dont nous venons de parler;
car les gouttes de pluie font d'une figure fphérique ou à-peu-près, & la

grandeur n'eſt ici d'aucune conſidération. Puiſque cette boule en deſcen-
dant de *D* vers *E*, *Fig.* 17, & en montant
de *G* vers *H*, *Fig.* 16, fait voir ſucceſſivement les couleurs priſmatiques dans
cet ordre, rouge, jaune, verd, bleu,
violet, il eſt évident que ſi les deux eſpaces *E D*, *G H*, étoient remplis par
deux ſuites de petites boules d'eau
permanentes, on verroit à la fois
deux rangs de couleurs, ſçavoir de
D en *E*, du rouge, du jaune, du verd,
du bleu, du violet, & de même en
montant de *G* en *H*. Et ſi l'on imagine de pareilles ſuites dans les cir-
conférences de deux demi - cercles,
dont l'œil du ſpectateur occupe le
centre, on aura deux bandes ſemi-
circulaires, diverſément colorées,
dont les largeurs ſeront égales à *E D*,
& à *G H*, c'eſt-à-dire, proportionnées à la différence qu'il y a entre
les rayons les plus réfrangibles &
ceux qui le ſont le moins, & dont
les couleurs ſeront dans des ſituations oppoſées.

Tout cela quadre, on ne peut pas
mieux, avec ce que l'on obſerve dans
l'arc-en-ciel : pour l'ordinaire il eſt

M m iv

double, celui d'en bas dont les couleurs font les plus vives, eft rouge
en fa partie fupérieure. Le jaune, le
verd, le bleu, &c. le fuivent en def-
cendant : dans l'autre, au contraire,
c'eft le rouge qui borde l'intérieur,
& les autres couleurs s'étendent en
montant, *Fig.* 18. Celui-ci eft moins
brillant que le premier, parce que fa
lumiére ayant fouffert une réflection
de plus, s'eft affoibli davantage.

On voit dans les *Figures* 16 & 17,
les couleurs fe préfenter à l'œil dans
un ordre tout différent de celui dont
je viens de parler, & qu'on obferve
aux deux arcs-en-ciel ; mais il faut
faire attention que c'eft au ciel où
nous voyons ces couleurs, & que
nous les y rapportons par des directions qui fe croifent aux points d'é-
mergence *g*, *f* : ainfi nous voyons le
rouge en *r*, le jaune en *i*, le bleu en *b* ;
de-là il arrive que le rouge paroît
border extérieurement l'arc d'en bas,
& intérieurement celui d'en haut.

Quant à la largeur des arcs, elle
eft plus grande dans l'un & dans l'autre, que ne la donnent les limites qui
renferment tous les dégrés de réfran-

gibilité des rayons hétérogênes ; il
faut avoir égard au diamétre du Soleil, qui eft d'un demi-dégré à-peu-
près ; Newton détermine la largeur
de l'Iris intérieure de 2 dégrés 15
minutes, celle de l'arc extérieur, de
3 dégrés 40 minutes, leur diftance réciproque, de 8 dégrés 25 minutes.

C'eft par des raifons femblables à
celles que je viens d'employer, qu'on
doir chercher à expliquer les couleurs qu'on apperçoit autour d'un jet
d'eau que le vent agite & divife en
pluie, lorfqu'il eft éclairé du Soleil,
& qu'on le regarde ayant le dos tourné à cet aftre ; car on n'apperçoit pas
cet effet dans toutes fortes de pofitions, & fi l'on examine attentive-
ment celle qui eft néceffaire, on verra que les angles formés par les rayons
qui vont du Soleil au jet d'eau, & par
ceux qui reviennent de-là à l'œil du
fpectateur, font affujettis aux conditions qu'exige l'arc-en-ciel.

On a vu quelquefois des cercles de
lumiére colorée, par portions ou en
entier, fur une prairie qu'on regardoit d'un lieu un peu haut, quelque
tems après le lever du Soleil. Ce

font encore des effets de la lumiére réfractée & réfléchie par les gouttes de rofée qui reftent attachées à l'herbe pendant un certain tems. Pour connoître particuliérement la marche des rayons en pareil cas, il n'y a qu'à faire attention à la hauteur de l'aftre fur l'horifon, à la pofition de l'œil, aux pouvoirs réfractif & réflectif d'une goutte d'eau fuppofée à l'endroit où paroît le phénoméne, & aux différens dégrés de réfrangibilité des rayons qui compofent la lumiére folaire. Enfin c'eft encore aux réfractions que fouffre la lumiére en paffant par des gouttes d'eau, qu'on doit attribuer ces cercles colorés qu'on obferve quelquefois autour du Soleil & de la Lune, puifqu'on les imite en quelque façon, lorfqu'on place la flamme d'un flambeau ou d'une bougie derriére une vapeur d'eau un peu épaiffe.

ARTICLE II.

Des couleurs confidérées dans les objets & dans le fens de la vûe.

On ne peut pas nier que les corps ne contribuent en quelque façon aux

couleurs dont ils nous paroiſſent revê-
tus : il ne ſuffit pas qu'un objet ſoit
éclairé pour que nous le voyons blanc,
jaune, ou verd ; quoiqu'il y ait dans
la lumiére qu'il reçoit, tout ce qu'il
faut pour le faire paroître tel à nos
yeux, comme on l'a prouvé dans l'article précédent. Il faut encore qu'il y
ait en lui quelque qualité ou diſpoſition qui le rende propre à réfléchir ou
à tranſmettre certaines parties de cette lumiére, à l'excluſion des autres.

Je dis à réfléchir ou à tranſmettre
certaines eſpéces de rayons ; car les
corps que nous nommons colorés
ſont, ou opaques ou tranſparens ; &
la diſpoſition dont je parle, que peut-
elle être, ſinon dans les premiers, une
contexture particuliére de leurs ſurfaces, un certain arrangement de leurs
parties ſuperficielles, & dans les derniers, une poroſité qui ſoit analogue,
ou par la grandeur ou par la figure,
à telle ou telle eſpéce de lumiére ?

Cette idée toute ſimple, peut ſuffire dans l'opinion de ceux qui attribuent à la lumiére un mouvement de
tranſlation, qui tranſporte réellement
les globules du corps lumineux aux

objets visibles , & de ces objets jusques à nos yeux : en comptant sur
une propagation de cette espéce, on
peut dire que les surfaces réfléchissantes sont des assemblages de parties
solides qui font rejaillir en avant la
lumiére qui vient les heurter , & que
les corps transparens sont des espéces de cribles qui en laissent passer
la plus grande partie ; & pour rendre raison des couleurs, on peut ajouter qu'en conséquence d'une certaine
proportion ou analogie, dans la superficie des uns & dans la porosité des autres , certains rayons plutôt , ou en
plus grande quantité que les autres,
font repoussés ou transmis. La lumiére
rouge , par exemple , de préférence se
tamisera à travers le rubis , & rejaillira
de dessus le cinabre ; la topaze & l'or
feront la même chose à l'égard des
rayons jaunes ; l'émeraude & l'herbe
des prairies à l'égard des verds , &c.

Mais si l'on demeure attaché au
sentiment de Descartes, & qu'on n'ad-
mette dans les rayons de lumiére qu'un
mouvement de vibration communiqué de proche en proche aux globules qui les composent, sans aucun dé-

placement de leur part ; si l'on pense aussi, comme nous, que la lumiére
ou plutôt son action, n'est pas réfléchie par les parties propres des surfaces, mais par celles de son espéce qui
en remplissent les pores & qui se présentent à leur embouchure, il faudra
ajouter à l'idée que je viens d'exposer,
pour expliquer les apparences des couleurs ; car à quoi serviroit de concevoir les corps transparens comme des
cribles à lumiére, si ce fluide subtile
n'avoit point de mouvement qui pût lui
faire traverser l'épaisseur de ces corps ?

Ajoutons donc cette hypothése,
que non-seulement les surfaces réfléchissantes ont leurs pores remplis
de lumiére, pour réfléchir celle qui
tombe dessus ; mais que cette lumiére, dans les surfaces colorées, est de
telle ou telle espéce, & capable par-
là de receyoir & de rendre à des globules semblables, le mouvement qui
leur est propre. Ainsi la cochenille
teint en rouge, non par elle-même,
mais parce que ses particules divisées
& logées dans les pores de la laine,
font comme autant de petites épon-
ges abreuvées de lumiére rubrifique,

propre à réagir contre une pareille lumiére, & fur lefquels les rayons d'une nature différente s'amortiffent & s'éteignent, par le défaut d'une réaction convenable.

Concevons de plus les corps tranf-parens qui ont des couleurs, non comme de fimples cribles, mais com-me des raifeaux dont les mailles con-tiennent quelque efpéce particuliére de lumiére, capable de recevoir & de tranfmettre au-delà le mouvement qui lui eft communiqué par des rayons d'une même nature : les pores alli-gnés d'une maffe de vin, renferment donc des fuites de globules rubrifi-ques, qui frappés par une lumiére compofée, ne reçoivent & ne tranf-mettent que le mouvement qui appar-tient aux rayons de cette couleur.

Les furfaces parfaitement réfléchif-fantes, celles que nous nommons *mi-roirs*, & qui renvoyent toutes les ef-péces de lumiéres, féparément ou toutes enfemble, contiennent dans leurs pores, ainfi que les corps *lym-pides*, comme le verre, l'eau, &c. des globules de tous les ordres & dans une proportion femblable à celle que la nature a obſervée dans la compo-

ſition de la lumiére ſolaire : de-là
vient, que ces corps ſont toujours
prêts à repouſſer ou à tranſmettre
l'action des rayons homogênes, ſéparés ou réunis.

Les ſurfaces blanches & les corps
qui n'ont qu'une tranſparence imparfaite & ſans couleur, ne différent de
ces derniers que du plus au moins;
c'eſt-à-dire, que la lumiére incidente
s'y réfléchit, ou paſſe à travers avec
déchet & irrégularité, ſoit par défaut
d'alignement dans les pores, ſoit par
une figure, une grandeur, un arrangement peu favorable des parties
propres de ces corps,

Enfin, ce que nous nommons ſombre, obſcur & noir, n'eſt qu'une privation plus ou moins grande de la
lumiére tranſmiſe ou réfléchie : ce
qui vient de ce que les corps éclairés, qui nous paroiſſent tels, abſorbent ou éteignent l'action de la lumiére : cet effet, ſuivant l'opinion
que j'expoſe ici, doit être attribué à
ce que la lumiére qui remplit les pores, ſe trouve trop engagée parmi
les parties propres des matiéres qui

la contiennent, & incapable par-là de recevoir & de communiquer une grande partie du choc qui lui vient des rayons incidens.

Puisqu'on n'est pas d'accord sur la nature du mouvement dont la lumiére s'anime, & que bien des gens tiennent encore aujourd'hui pour la translation ou émission réelle des globules, je ne prétens donner tout ce que je viens de dire en dernier lieu, que comme une hypothése ; mais qu'on l'embrasse ou qu'on la rejette par rapport à l'inhérence prétendue de la lumiére dans les corps, & à la maniére dont je suppose que l'action des rayons incidens se transmet par les milieux diaphanes, ou se réfléchit par les surfaces opaques, je ne crois pas qu'on puisse se dispenser d'en admettre la partie essentielle qui n'intéresse aucun sistême, ou plutôt qui s'accommode à tous, je veux dire ce que j'ai avancé d'abord, que la couleur des corps naturels consiste principalement dans un certain arrangement, dans la figure particuliére & dans la ténuité plus ou moins grande de leurs parties, entant que cela

cela les rend propres à réfléchir ou à
réfracter plus ou moins la lumiére,
& à les rendre vifibles, fous telle ou
telle efpéce de rayons.

Newton, qu'on ne peut fe difpenfer de citer à tout inftant dans cette
matiére, après un grand nombre d'expériences & d'obfervations maniées
& examinées, avec une exactitude &
une fagacité fans exemple, s'en eft
tenu, pour expliquer les couleurs des
corps naturels, à la feule épaiffeur
plus ou moins grande des petites lames ou particules qui les compofent;
il a porté fur cela fa théorie & fes
calculs fi loin, que des commençans
auroient peine à le fuivre; il ne prétend pas moins que déterminer les
dégrés de ténuité que doivent avoir
les parties conftituantes des furfaces
ou des épaiffeurs, pour réfléchir ou
réfracter telle ou telle efpéce de lumiére, pour faire qu'un corps vu par
réflection ou par tranfparence, nous
femble rouge, jaune, ou bleu. D'où
il fuit qu'on pourroit auffi juger de la
grandeur de ces êtres (que les meilleurs microfcopes font encore bien
éloignés de nous faire diftinguer) par

Tome V.   N n

la couleur feule de leur affemblage.

Pour moi, en adoptant pour caufe principale des couleurs dans les corps naturels, les différens dégrés d'aminciffement ou de ténuité de leurs parties, je n'en exclus, ni la figure de chacune d'elles, ni la contexture de leur affemblage, & je compte beaucoup fur les variétés qui naiffent de-là dans leur porofité. Voici, dans l'Expérience fuivante, une des principales preuves de Newton, qui peut m'en fervir également.

I. EXPERIENCE.

PREPARATION.

Prenez un verre de lunette qui ait une de fes furfaces plane, & un autre verre qui foit très-peu convexe, tel que pourroit être l'objectif d'un télefcope de trente pieds ou davantage; appliquez la convexité de celui-ci fur le plan du premier, & ferrez-les fortement l'un fur l'autre avec les deux mains, mais de maniére que vous puiffiez voir ce qui fe paffe entre les deux (a). Voyez la *Fig.* 19.

(a) Au défaut d'objectifs de long foyer, on peut faire cette expérience en appuyant les

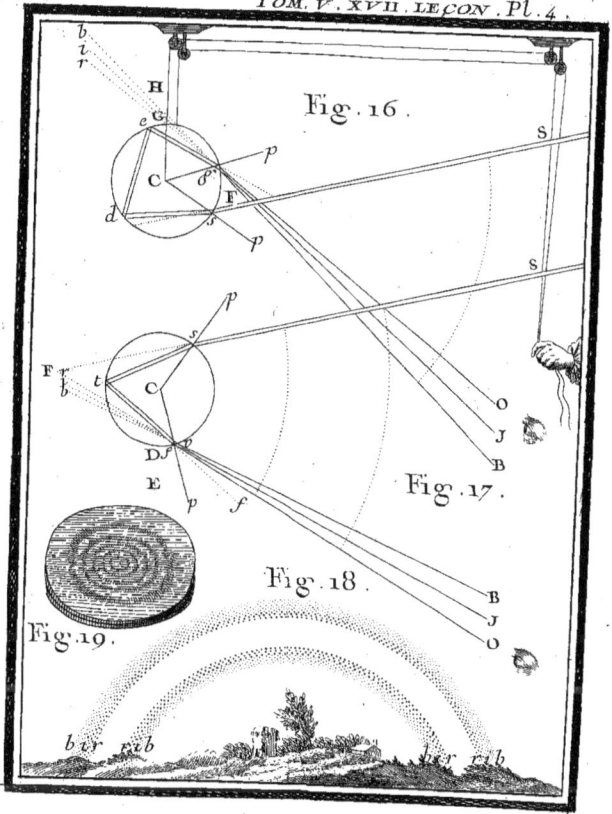

Fig. 16.

Fig. 17.

Fig. 18.

Fig. 19.

EFFETS.

Ces deux verres ainſi joints, étant poſés ſur quelque choſe d'obſcur, afin qu'il ne revienne aucune lumiére de deſſous, mais ſeulement celle qui peut être réfléchie, vous appercevrez au milieu, c'eſt-à-dire, à l'endroit où ils ſe touchent & ſe preſſent naturellement, une tache noire entourée de pluſieurs anneaux diverſement colorés & un peu ſéparés les uns des autres, par des intervalles d'un blanc ſimplement lumineux : voici l'ordre de ces couleurs, en commençant par le cercle le plus près de la tache ſombre qui occupe le centre : bleu, blanc, jaune, rouge, violet, bleu, verd, jaune, rouge, pourpre, bleu, verd, jaune, rouge, verd, rouge. Quelquefois on en apperçoit encore d'autres, mais qui s'affoiblifſent tellement en approchant de la circonférence des verres, qu'ils ſont preſque imperceptibles.

côtés de deux priſmes l'un ſur l'autre : car comme il eſt très-rare que leurs ſurfaces ſoient rigoureuſement planes, on peut compter qu'elles commenceront à ſe toucher par un point ou par un très-petit eſpace, comme les verres un peu convexes.

Si vous tenez ces verres ainsi preffés, de façon que vous puiffiez recevoir dans l'œil la lumiére qui les traverfe, au lieu d'une tache noire ou
obfcure au centre, vous appercevrez
un petit efpace circulaire d'une clarté femblable à celle que produit la
lumiére du jour, en paffant par un fimple verre : & les efpaces qui féparoient
les cercles colorés dont je viens de
faire mention, vous paroîtront eux-
mêmes des cercles colorés dans l'ordre qui fuit : rouge, jaune, noir, violet, bleu, blanc, jaune, rouge, bleu,
rouge, verd tirant fur le bleu, &c.

EXPLICATION.

Entre les deux verres de notre expérience, il refte une petite lame d'air
circulaire, qui va toujours en s'amin-
ciffant de la circonférence vers le centre, & qui manque entiérement à l'endroit du contact : quand on regarde
les verres par deffus, le milieu paroît
comme une tache noire ou obfcure,
parce que la lumiére paffe en cet endroit, comme à travers d'un milieu
homogène, les deux verres n'en faifant qu'un, à caufe de leur jonction

immédiate, & parce que cette lumiére rencontre au-deſſous un fond brun
ou obſcur qui ne la renvoie pas. Ce
qui prouve que cela eſt ainſi, c'eſt que
ce même endroit des verres paroît
clair & lumineux à quiconque regarde le jour à travers.

A compter de cet eſpace circulaire juſqu'à la circonférence des verres, la lame d'air qui eſt entre deux,
augmente d'épaiſſeur imperceptible-
ment ; & puiſque les couleurs des cercles qu'on apperçoit, tant par réflection que par tranſparence, changent
avec ces différens dégrés de ténuité ;
il y a tout lieu de croire, que c'eſt de-
là principalement que dépend dans
les corps le pouvoir qu'ils ont de réfléchir ou de tranſmettre telle ou telle
eſpéce de lumiére.

Si cela n'arrivoit qu'avec des lames d'air amincies de cette maniére,
on pourroit attribuer à quelque qualité particuliére de ce fluide, la variété des couleurs dont il eſt ici queſtion ; mais les émailleurs en ſoufflant
du verre extrêmement mince, nous
donnent occaſion d'appercevoir les
mêmes effets dans les fragmens qui

se trouvent presque toujours d'une épaisseur inégale ; & qui est-ce qui ne les a point vus & admirés dans ces boules légéres que forment les enfants avec un chalumeau de paille & de l'eau chargée de savon ?

Ce qu'on doit remarquer encore dans l'expérience des deux verres, c'est qu'en les serrant de plus en plus l'un sur l'autre, on amincit à proportion les bords intérieurs de la lame d'air, & en même-tems on voit les cercles de couleurs s'éloigner du centre : on observe aussi de pareils changemens aux boules d'eau de savon, aussi-tôt après qu'on les a formées, parce que la pesanteur entraînant la liqueur du haut en bas, amincit peu à peu les boules dans leur épaisseur à tout instant. Tout cela prouve de plus en plus, que les couleurs ne tiennent point à la nature des corps, puisque la même matiére les prend & les quitte successivement, mais plutôt aux dégrés d'amincissement des parties, puisqu'avec cette condition on fait prendre les mêmes couleurs à différens corps.

II. EXPERIENCE.

PREPARATION.

Ayez 1°. un peu d'efprit de vin dans lequel on ait fait infufer à froid & pendant quelques momens, des feuilles de rofes, de façon que la liqueur n'en ait pas contracté une couleur fenfible.

2°. Du firop de violettes étendu dans de l'eau claire à parties égales.

3°. De l'eau commune légérement chargée de vitriol bleu, de forte qu'elle n'ait qu'une couleur d'aigue-marine.

4°. Un peu de fublimé corrofif fondu dans de l'eau bien nette, & qu'il faut clarifier enfuite, foit en la laiffant repofer, foit en la filtrant par le papier gris.

5°. De la teinture de tournefol.

6°. De l'eau-forte ou de l'efprit de nitre.

7°. De l'huile de tartre par défaillance.

8°. De l'efprit volatil de fel armoniac.

9°. Cinq ou fix petits verres à boire

unis, d'une figure conique & bien
tranſparens.

EFFETS.

Si dans la premiére de ces liqueurs
vous faites tomber une goutte ou deux
d'eau-forte ou d'eſprit de nitre, elle
devient tout-d'un-coup d'un beau
rouge couleur de roſes.

En jettant de même un peu d'eau-
forte dans l'infuſion de tourneſol, on
change ſubitement ſa couleur bleue
en un rouge couleur de feu.

Le ſirop de violettes devient verd,
par l'addition de l'huile de tartre.

Ce même ſirop devient rouge, quand
on y mêle de l'eau-forte.

Dans la ſolution de vitriol bleu,
verſez un peu d'eſprit volatil de ſel
armoniac ; vous aurez une liqueur
d'un très-beau bleu.

Ajoutez-y peu à peu de l'eau-forte, le bleu diſparoîtra, & vous verrez
renaître la premiére couleur d'aigue-
marine.

L'eau chargée de ſublimé corroſif,
perd ſa limpidité & devient d'un rouge opaque de rouille de fer, par l'addition de l'huile de tartre.

Ce

Ce mélange paſſe de la couleur rouge au blanc de lait, quand on y ajoûte de l'eſprit volatil de ſel ammoniac.

Enfin on lui rend ſa premiére limpidité, & l'on fait diſparoître toute couleur, en y verſant de l'eau-forte.

Il n'eſt pas néceſſaire que j'indique ici des doſes préciſes, pour tous ces mélanges ; ils ſe feront toujours avec ſuccès, ſi les liqueurs ſont bien préparées : il ſuffit de verſer doucement les unes ſur les autres, juſqu'à ce qu'on voye paroître l'effet qu'on attend.

Il eſt bon d'avertir auſſi, qu'il faut recueillir avec ſoin toutes ces liqueurs dans une jatte ou dans une cuvette après chaque expérience, pour les jetter dans un endroit où les animaux ni aucune perſonne ne puiſſent en être incommodés. L'eau-forte & ſur-tout le ſublimé corroſif, ſont des drogues dangereuſes.

EXPLICATION.

Toutes ces Expériences & une infinité d'autres ſemblables, qu'on trouve dans tous les livres de Phyſique & de

Tome V.   O o

Chymie (*a*), peuvent se réduire à ces quatre effets principaux.

Le premier : on voit naître une couleur bien décidée, par le mêlange de deux liqueurs qui n'en ont point, séparément l'une de l'autre.

Le second : une couleur se change en une autre très-différente, par l'addition d'une liqueur qui n'est nullement colorée.

Le troisiéme : une liqueur limpide & sans couleur, devient opaque & colorée, en se mêlant avec une autre liqueur limpide comme elle.

Le quatriéme : un mêlange qui a de la couleur & de l'opacité, perd l'une & l'autre, par l'addition d'une liqueur, laquelle, à en juger par sa limpidité & par la petite quantité qu'on en emploie à cet effet, paroîtroit propre à partager simplement les qualités qu'elle détruit.

Tout cela me semble s'expliquer assez bien, par les principes que nous

(*a*) Quiconque sera curieux de voir un plus grand nombre de ces expériences, pourra consulter les Commentaires de M. Muschembroek, sur les expériences de l'Académie del Cimento, qu'il a traduites en Latin : *Tentamina Florentina* in-4°.

avons établis ou adoptés ci-deſſus.
Si les liqueurs n'ont point de couleur
avant que d'être mêlées enſemble,
d'où peut leur venir celle qu'elles ont
après le mêlange, ſinon d'un changement de poroſité, qui les rend pro-
près à tranſmettre une eſpéce particuliére de lumiére, au lieu de toutes
ſortes de rayons qu'elles admettoient
auparavant, & auſquels elles don-
noient un paſſage libre? Et ſi l'on demande quelle eſt la cauſe de cette
nouvelle poroſité, on peut répondre
avec Newton, qu'elle vient de ce qu'u-
ne des deux liqueurs atténue les parties de l'autre & les rend plus minces, ou de ce qu'elle fait tout le contraire, en leur uniſſant les ſiennes; il
eſt probable, par exemple, que l'eſprit de nitre, en qualité d'acide, diviſe
les molécules du ſirop de violettes, &
ouvre des pores tels qu'il les faut pour
le paſſage des rayons rouges, tandis
que l'huile de tartre faiſant un effet
tout oppoſé, ne laiſſe des routes ouvertes que pour une lumiére plus foible de ſa nature, telle que celle dont
les rayons ſont verds.

L'on peut apporter les mêmes rai-

XVII.
Leçon.

sons pour le second effet, & même pour le troisiéme ; car si la limpidité consiste dans l'alignemènt bien parfait des pores en tous sens, & que cette disposition dépende, comme on n'en peut pas douter, de la figure & de la ténuité des parties solides, il ne suffit pas, pour faire un mêlange transparent, que les liqueurs composantes soient limpides séparément ; il peut arriver que dans leur union, les molécules deviennent plus grossiéres, & s'arrangent tout autrement qu'auparavant, & en voilà assez pour produire l'opacité : c'est ce qui arrive apparemment, quand on mêle avec la solution de sublimé, l'huile de tartre ou l'esprit volatil de sel ammoniac.

Et si la limpidité renaît dans le mêlange, par l'addition de l'eau-forte, c'est que cette liqueur acide désunit les parties qui s'étoient liées ensemble, leur rend leur premiére ténuité, & l'arrangement régulier qui est nécessaire pour composer une masse transparente & sans couleur.

APPLICATIONS.

Nous avons tous les jours sous les

yeux des productions, des changemens, des extinctions de couleurs,
que nous ne pouvons attribuer rai-
sonnablement à d'autres causes, qu'à
la nouvelle contexture des surfaces,
ou à quelque mouvement intestin qui
change la porosité de la masse. Parcourons quelques-uns de ces effets,
& choisissons de préférence ceux qui
sont les plus connus.

Le papier teint en bleu ou en violet, devient d'abord d'un beau rouge qui pâlit peu de tems après, lorsqu'on passe dessus un peu d'eau-forte
affoiblie avec de l'eau commune; l'on
voit à-peu-près la même chose, quand
on le touche avec quelqu'autre acide, comme le jus de citron, le vi-
naigre, l'esprit de vitriol, la simple
dissolution de nitre, &c. Après les expériences rapportées ci-dessus, il est
aisé de comprendre, que les parties
colorantes qui tiennent à la surface
du papier, étant livrées à l'action
d'un acide, changent de grandeur &
probablement de figure, & que par-
là elles deviennent propres à réfléchir des rayons rouges plutôt que des
bleus & des violets; & comme cette

action dure un certain tems, avant que d'avoir tout son effet, le rouge qui paroît d'abord très foncé & très-vif, arrive par plufieurs nuances fuccefſives, à une couleur plus pâle & plus languiſſante.

C'eſt ainſi que certaines matiéres tachent les étoffes, en déſuniſſant les parties compoſantes de leur teinture; les endroits qui en ſont atteints paroiſſent ſous d'autres couleurs, & cela eſt ordinairement ſans reméde : un moyen de prévenir ces effets en tout ou en partie, c'eſt, lorſqu'on en a le tems, de noyer dans beaucoup d'eau bien nette, la matiére qui doit les produire, encore faut-il que la teinture qu'on veut conſerver, ne ſoit pas de nature elle-même à céder à l'eau dont on veut laver l'étoffe.

L'attouchement du grand air, la lumiére du jour, les rayons du Soleil, l'action du feu, ſuffiſent pour altérer en peu de tems certaines couleurs tendres, comme la couleur de roſe, de citron, & quantité d'autres, qu'on nomme de *petits teints* à cauſe de leur peu de ſolidité. Il y a grande apparence que ces altérations viennent

pour la plûpart, de ce que les drogues qu'on a aſſociées pour compo-
ſer ces teintures, ſe déſuniſſent aiſément par toutes ces cauſes, ou que
les parties colorantes, ſans ſe décom-
poſer, ſe détachent des ſurfaces qui
s'en étoient chargées. Mais de l'une
ou de l'autre façon, l'étoffe devient
par-là hors d'état de réfléchir la même eſpéce de lumiére qu'auparavant.

  Parmi les effets de cette ſorte produits par l'action du feu, il n'en eſt
guere de plus ſingulier ni de plus remarquable, que ce qui arrive aux
écreviſſes, aux crabes, & à quantité
d'autres poiſſons cruſtacés : à quoi
peut-on attribuer ce beau rouge dont
ils ſe teignent en cuiſant, ſinon à quelque changement de contexture ſu-
perficielle ? changement ſi délicat,
& tellement imperceptible, que l'œil
le plus fin, armé du meilleur microſcope, ne peut découvrir en quoi il
conſiſte.

  L'action de l'air à cet égard a auſſi
des effets bien dignes d'attention ; ſans
elle il y a tout lieu de croire que nous
ſerions privés de ce beau verd qui
nous flatte la vûe d'une maniére ſi dé-

licieufe dans nos campagnes & dans nos jardins, puifqu'il ne vient point aux plantes qu'on tient couvertes, & puifqu'on le fait perdre en peu de jours à celles qui l'ont, en les enveloppant feulement avec de la paille ou avec de la terre ; car c'eft ainfi qu'on fait blanchir le céleri, la chicorée, les cardons, &c. dans les potagers ; & l'herbe qui commence à croître dans quelqu'endroit refferré & couvert, comme fous un banc, fous une pierre, ou une tuille un peu foulevée, &c. ne montre que des jets blancs qui tirent fur le jaune.

Mais l'air ne contribue pas feulement à la couleur verte, il femble qu'il ait auffi grande part à toutes les autres, fi l'on en juge par les obfervations fuivantes.

On trouve fur les bords de la mer, & fpécialement fur les côtes d'Aunis, quand la marée eft baffe, un petit limaçon qui a fur le col une groffe veine d'un blanc tirant fur le jaune, & l'on voit auffi autour de ce coquillage des petits corps oblongs de la même couleur, & de la groffeur à-peu-près d'un grain de froment ; fi l'on ou-

vre ou la veine ou ces espéces d'œufs
dont je parle, il en sort une liqueur
épaisse un peu visqueuse, & qui ressemble par sa couleur à une eau sale
& épaissie ; mais dès qu'elle a été exposée quelques momens au grand air,
elle devient d'un très-beau pourpre,
& le linge qui en est taché ne se dé-
teint point au blanchissage ordinaire :
voyez sur cela un Mémoire très-cu-
rieux de M. de Reaumur, dans le
volume de l'Académie des Sciences
pour l'année 1711.

L'eau teinte avec l'orseille (a) perd
en très-peu de tems sa belle couleur
rouge, si elle est renfermée dans un
vaisseau, & privée du contact de l'air
libre ; je dis de l'air libre, car il suffit pour cet effet, que la bouteille
qui la contient, ait un orifice bien
étroit, sans être bouché, pourvu qu'on
ne l'agite point. L'eau qui se déco-

(a) L'orseille est une espéce de lichen ou de
mousse qui croît sur les rochers. On la tire des
Canaries, & en la préparant avec l'urine & l'eau
de chaux, on en fait une pâte qui délayée dans
de l'eau, sert à teindre les étoffes communes
de laine, comme les draps des troupes, les ser-
ges dont les gens de la campagne s'habillent,
&c.

lore ainfi, demeure claire & fans aucun dépôt apparent, mais elle eft un
peu jaunâtre. Ce qu'il y a de plus
remarquable, c'eft qu'elle reprend fa
premiére couleur, auffi-tôt qu'on y
introduit de nouvel air, & ces al-
ternatives peuvent fe répéter autant
qu'on le veut. Je fis cette petite découverte, en caffant par accident un
de mes thermométres conftruits fuivant les principes de M. de Reaumur ; on fçait que la liqueur de ces
inftrumens eft un mêlange d'efprit
de vin & d'eau commune teinte avec
l'orfeille ; celui que je caffai avoit
perdu toute fa couleur, & je fus très-
furpris de la voir reparoître, lorfque
la liqueur fut répandue : j'appris par
ce petit malheur, pourquoi nos thermométres font fujets à fe décolorer,
& ce qu'on peut faire pour empêcher
que cela n'arrive fitôt, ou pour y
remédier, quand cela eft arrivé. Je ne
purge point d'air la liqueur, comme
je le faifois auparavant ; j'en laiffe
même un peu dans le haut du tube ;
& quand, malgré cette précaution, la
couleur a difparu, je la fais revivre,
en defcellant le tube pour quelques

momens ; je lui donne ainſi de nouvel air, & je le referme enſuite à la
maniére ordinaire.

Je remarquerai ici par occaſion, que
parmi les productions de la nature,
il y en a pluſieurs qui paſſent immédiatement de cette couleur blanche
qui eſt un peu jaune, à ce beau rouge
cramoiſy ou pourpre dont je viens de
parler. Je n'en veux citer que quelques exemples, laiſſant au lecteur le
ſoin d'en obſerver un plus grand nombre ; le ſang & le chyle des animaux
différent entr'eux par la couleur,
à-peu-près comme la liqueur du limaçon, dont j'ai parlé plus haut, dif-
féré d'elle-même, après qu'elle a pris
l'air. Les fruits qui rougiſſent en mu-
riſſant, ſoit en partie comme la pê-
che, le brugnon, &c. ſoit en entier
comme la ceriſe, la groſeille, &c.
nous montrent encore un paſſage immédiat de l'une de ces deux couleurs
à l'autre, &c.

Après le verd & le rouge, je trouve encore que l'impreſſion de l'air
contribue au bleu : je ſçavois que
l'eſprit volatil de ſel ammoniac tiroit du cuivre cette belle couleur ;

& j'étois un jour fort surpris de voir qu'elle ne parût pas dans un petit tube de verre bien fermé que j'avois rempli de cette liqueur, & au fond duquel il y avoit plusieurs petits morceaux de rosette (a). Après avoir attendu inutilement pendant plusieurs jours, je ne fis que verser le tout dans un petit vase ouvert que j'agitai un peu, & la teinture se fit parfaitement.

La cuve de pastel, dans laquelle on trempe les étoffes de laine pour les teindre en bleu, ne contient qu'une liqueur verte; cette couleur disparoît ensuite au grand air, & fait place à celle qu'on a eu intention de faire prendre à la piéce de drap.

En y réfléchissant un peu, on trouvera quantité d'autres couleurs qui sembleront dépendre de l'action de l'air: mais dans tous ces effets, est-ce ce fluide qui agit par lui-même, ou sert-il seulement de véhicule à quelque matiére invisible, qui soit la cause efficiente des changemens que nous voyons? C'est ce que je n'ai pu décider clairement par rapport à la

(a) On appelle ainsi le cuivre rouge le plus pur.

teinture d'orfeille après avoir fait
bien des épreuves (a) , & c'eft ce qu'il
nous importe peu de fçavoir ici ; il
fuffit que nous apprenions par les
exemples que je viens de citer, que
l'air, en touchant les parties propres
de certaines matiéres, y caufe des
changemens qui ne peuvent concer-
ner que la figure, la grandeur, la fituation refpective des ces parties, ou
la porofité de la maffe , & que de-là
il réfulte des réflections & des tranf-
parences , qui ne conviennent qu'à
certaines efpéces de lumiére.

La fermentation, par de femblables
effets, change auffi la couleur des liquides; avec le même raifin, on fait
du vin qui eft blanc ou rouge, fuivant la façon qu'on lui donne : l'un
ou l'autre devient jaune, foit en vieil-
liffant, foit en s'éventant, fi le vaiffeau qui le contient n'eft pas bien
bouché.

On peut dire en général , que les
mixtes dont les principes ne font pas
bien fixes , font plus fujets à changer
de couleur que les matiéres fimples ,

(a) Voyez les Mém. de l'Acad. des Sc. 1742.
p. 216 & fuiv.

s'il y en a, ou que les corps d'une composition plus solide. Car si l'on conçoit, par exemple, une surface qui paroisse verte, parce qu'elle renvoie une certaine quantité de rayons jaunes, & autant ou plus de rayons bleus, & que par évaporation ou autrement, elle perde peu-à-peu celles de ses parties qui réfléchissent la premiére espéce de lumiére, elle deviendra bleue, à mesure que le nombre des rayons de cette derniére espéce augmentera, à proportion des autres. C'est ainsi que se font des taches bleues sur une étoffe verte, quand on répand dessus quelque matiére capable d'enlever le jaune qui est entré dans la composition de la teinture verte.

C'est par cette raison que les habiles Peintres composent leurs couleurs avec des poudres la plûpart tirées des minéraux, & les moins susceptibles de céder aux impressions de l'air, afin que la nuance qui résulte de leur assemblage tienne plus long-tems; ceux qui, par ignorance ou par une mauvaise œconomie, en usent autrement, ont le désagrément

de voir dépérir leurs ouvrages en pèu
d'années, parce que quelques-unes
des parties qui contribuent au ton de
la couleur, ne font pas de nature à
réfifter comme les autres.

De ce qu'un corps tranfmet une
efpéce de lumiére, préférablement à
une autre, il fuit qu'on le peut appercevoir par réflection, fous une couleur
différente de celle avec laquelle on
le voit par tranfparence ; & c'eft auffi
ce que nous montre l'Expérience.
L'or qui eft d'un beau jaune par des
rayons réfléchis de deffus fa furface,
paroît verd, lorfqu'on l'amincit affez
pour voir la lumiére à travers. L'infufion de tournefol eft bleue, quand
on la regarde de la premiére façon :
de la feconde, on la voit rouge.

Bien fouvent les corps apperçus de
l'une ou de l'autre maniére, paroiffent
de la même couleur, comme nous le
prouve l'infpection des rideaux de
taffetas rouges ou bleus, qui font toujours tels à nos yeux, foit que nous
les regardions du dehors, ou du dedans de la chambre ; c'eft que le corps
le plus diaphane ne tranfmet jamais
toute la lumiére, même homogène,

qui se présente à lui ; il en renvoye fort souvent une partie, qui rend sa surface visible.

Mais quand un corps est de nature à réfléchir des rayons d'une certaine espéce, qu'arrivera-t il, s'il n'est éclairé qu'avec une lumiére d'une autre espéce ?

Ou il l'éteindra, n'étant pas du tout propre à lui conserver son action, ou il en réfléchira une partie, sans rien changer à sa couleur ; & c'est ce qui arrive le plus souvent. Voilà pourquoi tous les objets d'un appartement se colorent en rouge, quand les rideaux des fenêtres sont de cette couleur, & fortement illuminés : c'est pour la même raison, qu'ils rendent les visages pâles & semblables à ceux des mourans, s'ils sont de taffetas verd.

Aprés avoir expliqué, en quoi consiste la couleur des corps naturels, comment ils sont propres à réfléchir ou à transmettre les lumiéres homogênes, il est à propos d'ajoûter ici quelques mots touchant la transparence & l'opacité en général.

Puisque l'or, qui est de toutes les matiéres connues la plus dense, devient

vient tranſparent, lorſqu'il eſt aminci
juſqu'à un certain point, il eſt raiſonnable de penſer qu'il n'y a pas de
corps, qui de ſa nature ſoit d'une
opacité abſolue ; & comme nous
voyons les corps les plus diaphanes
tranſmettre d'autant moins de lumiére, que leur épaiſſeur augmente
davantage, il ſemble qu'on peut dire auſſi, qu'il n'y a point de milieu
parfaitement tranſparent, & qui ne
puiſſe devenir opaque : il ne s'agit
donc ici que d'une opacité & d'une
tranſparence relatives & comparées;
il s'agit de ſçavoir, comment un corps
eſt plus opaque qu'un autre, ou pourquoi il eſt plus diaphane.

Je penſe d'après Newton, c'eſt-à-
dire, en conſidération des raiſonnemens & des obſervations ſur leſquels ce grand homme appuie ſon
opinion, que, toutes choſes égales
d'ailleurs, un corps eſt d'autant plus
propre à tranſmettre la lumiére, que
ſes parties ſont d'une denſité plus
égale; & je le prouve par l'Expérience ſuivante, & par les obſervations que j'y ajoûterai.

Tome V.   P p

III. EXPERIENCE.

PRÉPARATION.

Prenez une fiole de verre mince & bien transparent, d'une figure cylindrique, ou à peu-près, d'environ un pouce de diamétre, & de 7 à 8 pouces de longueur. Emplissez-la jusqu'à moitié avec de l'eau bien claire, & versez par-dessus autant d'esprit de térébenthine : après quoi, sans la remuer, vous la boucherez avec du liege, ou autrement.

EFFETS.

Tant qu'on n'agite point la fiole, les deux liqueurs demeurent l'une sur l'autre sans se mêler, & chacune d'elles conserve toute sa transparence.

Si l'on secoue pendant quelques instans la bouteille, les deux liqueurs se mêlent, de maniére que l'eau se trouve interrompue par une infinité de petits globules d'esprit de térébenthine, & tant que cela dure, le mélange est opaque, & paroît d'un blanc matte.

EXPLICATION.

L'esprit de térébenthine étant plus léger que l'eau, se tient au-dessus quand on le verse doucement, & qu'on n'agite point le vaisseau ; & les deux liqueurs ainsi séparées, jouissent des qualités qui leur sont propres, & par conséquent, de leur transparence naturelle. Mais lorsque par l'agitation de la bouteille, la moins dense des deux se divise en petits globules, qui interrompent la continuité de l'eau, cela forme un mélange dont les parties sont hétérogènes, quant à la densité pour le moins, & alors la lumière se perd en grande partie, par les réflections & réfractions irrégulières qu'elle souffre dans cette masse ; & le reste repoussé & rebroussant chemin, fait voir le mélange sous une couleur blanche.

APPLICATION.

A l'appui de l'Expérience que je viens de rapporter en preuve, je pourrois citer grand nombre d'effets, qui viennent visiblement de la même cause. Pourquoi, par exemple, l'eau

P p ij

qui eſt battue par ſa propre chûte, par la roue d'un moulin, ou autrement ; pourquoi le blanc d'œuf fouetté, & en général, tous les mucilages, ſont-ils opaques & d'une couleur blanche? N'eſt-ce point, parce que l'air qui s'y introduit en petits globules, & qui ſe trouve mêlé avec des matiéres bien plus denſes que lui, compoſe avec elles des maſſes, dont les parties ſont fort différentes entr'elles par la denſité?

Au contraire, pourquoi le verre pilé, fêlé, ou dépoli, qui a perdu ſa tranſparence, la reprend-il ainſi qu'u-ne infinité d'autres matiéres, quand on le mouille ſeulement avec de l'eau? Pourquoi le papier fait-il en quelque façon l'office de vître, quand il eſt huilé? c'eſt, ſelon toute appa-rence, parce qu'on ſubſtitue à l'air qui eſt mêlé avec ces matiéres, ou qui en remplit les pores & les iné-galités, une liqueur dont la denſité approche plus de la leur.

Quand il fait froid, les glaces le-vées d'un carroſſe dans lequel on eſt, ſe terniſſent fort promptement, & empêchent qu'on ne diſtingue les

objets extérieurs. Cela vient de la
transpiration du corps, qui s'attache en forme de petites gouttes à la surface du verre : ces parcelles d'eau avec les cloisons d'air qui les séparent, composent une couche de matiére fort hétérogêne, quant à la densité, & par-là très-peu propre à laisser passer la lumiére en droite ligne. Ce qui prouve bien que la glace ne perd sa transparence que par cette cause, c'est que si l'on réunit les petites gouttes qui sont dessus, avec la main, ou en y passant légérement un mouchoir, tout-aussi-tôt la glace mouillée d'une maniére continue reprend sa premiére transparence : c'est même un moyen d'empêcher qu'elle ne se ternisse davantage ; car l'humidité qui vient ensuite, ne fait que se joindre à celle qui est étendue, & ne prend plus la forme de gouttes.

Les brouillards qui troublent l'atmosphére, & qui en diminuent considérablement la transparence, sont des vapeurs grossiéres, dont les molécules sont beaucoup plus denses que celles de l'air : aussi-tôt qu'elles se fondent, qu'elles se divisent ou

qu'elles s'amincissent, la clarté renaît dans le fluide qui les contient.
On voit quelque chose de semblable
dans les dissolutions chymiques : elles
ne sont censées parfaites, que quand
elles sont parfaitement claires ; jus-
ques-là les gens de l'art pensent
avec raison, que la matiére dissolu-
ble n'est point encore autant divisée
qu'elle doit l'être.

IV. EXPERIENCE.

PREPARATION.

Cassez en petits morceaux une
noix de galle blanche, & mettez-
la infuser à froid dans de l'eau bien
nette : faites filtrer cette infusion
au travers d'un papier gris, & tenez-
la dans une bouteille.

Faites dissoudre un peu de vitriol
de Mars dans de l'eau froide, & laiffez repofer cette dissolution pendant
24 heures dans un petit vase de verre
de figure cilindrique. Lorsqu'elle sera
bien claire, versez-la doucement
dans quelque vaisseau bien net, en
inclinant peu à-peu le verre qui la
contient.

Ayez de plus, de l'eau-forte, &
un petit verre uni, femblable à ceux
de la IIᵉ. Expérience.

EFFETS.

Quand on mêle enfemble parties
égales, d'infufion de noix de galle
& de diffolution de vitriol de Mars,
ces deux liqueurs, qui font naturellement claires & fans couleur, forment
un mêlange noir & opaque, comme
de l'encre.

Si l'on y ajoûte un peu d'eau-forte,
la tranfparence revient telle qu'elle
étoit avant le mêlange.

EXPLICATION.

Le vitriol de Mars eft un minéral
qui contient les parties ferrugineufes :
tant qu'elles nagent feules dans de
l'eau claire, elles ne nuifent pas
beaucoup à fa tranfparence ; apparemment, parce qu'elles font d'une
ténuité, d'une figure & d'un arrangement propres à donner le paffage
à toutes fortes de lumiére : mais
quand elles viennent à s'unir aux
parties gommeufes de la noix de galle, elles forment avec elles des mo-

lécules plus grossiéres configurées différemment, & qui ne s'arrangent plus de même ; la masse liquide qui en résulte, n'a plus les pores alignés, ni peut-être proportionnés, comme il faut qu'ils le soient, pour transmettre aucune sorte de rayons, ceux qui la pénétrent, s'y perdent & s'y éteignent : voilà pourquoi elle est noire, de quelque façon qu'on la regarde.

L'eau-forte qu'on ajoûte au mélange, fait renaître la transparence, parce qu'elle s'empare des parties du vitriol, & qu'en les séparant de celles de la noix de galle, elle fait cesser un effet dont leur union étoit la cause.

APPLICATIONS.

L'encre commune dont on se sert pour écrire, n'est autre chose essentiellement qu'une teinture de vitriol & de noix de galle, semblable à celle de notre Expérience, excepté qu'on la fait bouillir, & qu'on y ajoûte un peu de gomme d'Arabie, ou quelque chose d'équivalent, pour l'épaissir un peu, & empêcher qu'elle ne s'étende trop, ou qu'elle ne perce le papier.

papier. Toutes les fois que ces dro=
gues fe trouvent mêlées enfemble
avec de l'eau, elles produifent le
même effet: ainfi, en les broyant dans
un mortier, on peut avoir une poudre
avec laquelle, en quelque endroit
que ce foit, on fera de l'encre fur le
champ, en y mêlant un peu d'eau :
cela peut avoir fon utilité.

Mais puifque l'eau-forte a rendu la
tranfparence au mêlange de nos deux
liqueurs, nous devons nous attendre
qu'elle effacera l'écriture faite avec
une encre de cette efpéce ; & en effet, c'eft ainfi que certaines gens
exercent leur mauvaife foi, en effa-
çant fur des actes authentiques certains mots, & des dates qu'ils ont intérêt de fupprimer ; & afin qu'on s'apperçoive moins de leur infidélité, ils
n'employent que de l'eau-forte affoiblie avec de l'eau commune : ce
qui ménage le papier, & leur donne
lieu de fubftituer d'autres mots à ceux
qu'ils ont fait difparoître.

Les corps noirs, tant folides que
liquides, font ordinairement les plus
propres à intercepter la lumiére :
c'eft pour cela que les Aftronomes

enfument les verres à travers lesquels ils regardent le Soleil ; afin que l'œil ne soit pas blessé par le trop grand éclat des rayons. L'astre alors paroît d'un jaune tirant sur le rouge, parce que, de toutes les espéces de lumiére qui en émanent, celles de ces deux couleurs sont les plus fortes ; elles percent des épaisseurs & des dégrés d'opacité, dans lesquelles les autres s'arrêtent & s'éteignent.

C'est par la même raison, qu'en certains tems de brouillards, le Soleil nous paroît d'un rouge de sang, & que nous le regardons en face, sans que la vûe en soit offensée. La pleine Lune à son lever paroît presque toujours ainsi, à cause de la grande quantité de vapeurs qui regnent ordinairement près de la surface de la terre, & qui arrêtant les rayons les plus foibles de la lumiére, je veux dire, les violets, les bleus, les verts, & une partie même des jaunes, ne nous laissent appercevoir la planéte, que par les rouges qui sont les plus forts, mêlés d'une petite quantité des autres. Quand le Soleil se couche derriére des nua-

ges qui ne font pas trop épais, ou,
dans des vapeurs groffiéres, ceux de
ces rayons qui ont la force de les
percer, nous les teignent en rouge,
& c'eft toujours par la même caufe.

Un moyen fûr d'intercepter toute
lumiére avec des corps tranfparens,
c'eft de lui en oppofer deux, dont chacun ait une des couleurs primitives,
fort différente de l'autre: par exemple,
un verre rouge & un bleu pofés l'un fur
l'autre ; car puifque le premier, à l'ex-
ception des rayons rouges, arrête toute efpéce de lumiére, même la bleue,
& que le fecond, qui ne pourroit laiffer paffer que des rayons bleus, intercepte tous les autres, fans en excepter les rouges, c'eft une néceffité, que
l'un & l'autre unis enfemble produifent l'opacité la plus parfaite : & voilà pourquoi quantité de liqueurs colorées, quoique très-claires & très-
tranfparentes, perdent cette qualité,
dès qu'on vient à les mêler.

Ne feroit-ce pas pour quelque raifon femblable, que les draps font
d'un noir plus beau & plus folide,
quand ils ont été teints d'abord en
bleu ? car, fi la laine eft blanche fous

le noir, elle peut renvoyer des rayons de toutes les espéces, & les plus forts perçant la teinture noire de plus en plus, à mesure qu'elle s'affoiblira, lui donneront un ton rougeâtre ; au lieu que si cette laine est bleue, il n'en peut revenir que des rayons foibles, qui auront beaucoup plus de peine à percer au travers du noir, & qui, s'ils perçoient, ne marqueroient pas comme les rouges.

Ayant considéré les couleurs dans la lumiére, & ensuite dans les corps naturels, l'ordre des matiéres demanderoit, que nous les examinassions maintenant dans le sens de la vûe, par lequel nous en acquérons les idées ; mais comme j'aurois peine à me faire entendre, avant que d'avoir fait connoître l'organe qui est le siége de ce sens, je crois qu'il est à propos de terminer ici la III.e Section, en différant ce qu'il me reste à dire sur les couleurs, jusqu'à ce que j'aie parlé des différentes parties de l'œil, & de leurs fonctions.

IV. SECTION.

*Sur la vision, & sur les instrumens
d'Optique.*

LA vision des objets est l'idée que
nous concevons d'eux, en conséquence des impressions qu'ils font sur
nous, par le moyen de la lumière.
Une certaine partie du corps animé,
qu'on nomme l'*œil*, est l'organe particuliérement destiné à recevoir ces
impressions ; tant qu'il est sain, &
dans son état naturel, l'usage que
nous en faisons peut suffire à nos besoins ordinaires ; s'il est malade, ou
que notre curiosité exige de lui ce
qu'il ne peut faire, l'art vient à son
secours, & lui offre des instrumens,
par le moyen desquels il atteint à
des objets que la nature sembloit
avoir mis hors de sa portée.

Ce court exposé annonce deux sortes de vision : sçavoir, 1°. celle qui
se fait par le moyen des yeux seuls, &
que j'appellerai *vision naturelle* ; 2°.
celle qui est aidée ou augmentée par

Q q iij

les inſtrumens d'optique, tels que ſont les lunettes, les microſcopes, &c. & qu'on peut nommer *viſion artificielle*.

ARTICLE I.

De la viſion naturelle.

En parlant des différens mouvemens de la lumiére, dans la ſeconde Section, j'ai repréſenté les rayons qui viennent à nous de tous les points de l'objet, comme autant de pinceaux ou de pyramides lumineuſes, qui ont pour baſe commune cette partie circulaire de l'œil, qu'on nomme la *prunelle*. Je me ſuis contenté de les ſuivre juſqu'à cette ouverture, ou, ſi j'ai parlé de leur prolongement au-delà, je n'ai eu égard qu'à leurs axes, que j'ai conſidérés comme de ſimples lignes. Si ces pyramides portoient leurs baſes juſqu'au fond de l'œil, elles y feroient de larges & foibles impreſſions, qui ne manqueroient pas de ſe confondre les unes avec les autres : différens points de l'objet viſible ſe feroient ſentir enſemble ſur une même partie de l'organe, la vision seroit par-là très-confuse. L'Auteur de la nature a pris des précautions très-sages, pour empêcher ce mauvais effet : chacune des pyramides dont il s'agit n'est pas plutôt arrivée à l'œil, qu'elle s'y convertit en une autre pyramide opposée par sa base à la premiére, & dont la pointe va toucher le fond de l'œil : par ce moyen la vision devient claire, pour deux raisons. Premiérement, parce que chaque impression est plus forte, étant produite par tous les rayons de la pyramide réunis sur un très-petit espace ; secondement, parce que toutes les impressions se font sur différentes parties de l'organe, ce qui fait sentir séparément tous les points de l'objet.

Mais comment la lumiére qui entre dans la prunelle, reçoit-elle cette nouvelle modification qui la rend convergente, de divergente qu'elle étoit ? c'est ce merveilleux méchanisme que je dois expliquer maintenant. Avant que de l'entreprendre, il est nécessaire que je fasse connoître les différentes parties de l'œil, puisque c'est de leurs fonctions que dépendent les effets dont j'ai à parler.

L'homme, & la plûpart des animaux, (*a*) ont deux yeux placés à la partie antérieure de la tête : chacun de ces organes est une espéce de globe, renfermé en partie dans une cavité osseuse, qu'on nomme *orbite*, où il se meut en toutes sortes de sens, par le moyen de six muscles.

Ce globe est composé extérieurement de plusieurs membranes, les unes sur les autres, qui tirent leur origine d'un nerf qui vient du cerveau, & qui porte le nom de *nerf optique* : le dedans est rempli par trois humeurs de différentes consistances, dont je parlerai ci-après.

Le nerf optique, ainsi que les autres, a trois parties principales, sçavoir, la *dure-mere* qui l'enveloppe extérieurement : la *pie-mere*, qui est comme une seconde enveloppe au-dessous, & la moëlle, qui est une substance

(*a*) Je n'ai aucun égard ici aux différences qui se trouvent dans les yeux des animaux, quant à la conformation, à la position, ni au nombre ; je n'ai en vue que les yeux des animaux les plus grands & les plus connus, & principalement ceux de l'homme.

plus molle : ces trois parties fe dilatent pour former le globe de l'œil,
& portent différens noms.

La premiére, qui eſt une expan-
ſion de la dure-mere, ſe nomme *ſclérotique* : ſa partie antérieure eſt tranſparente, comme la corne dont on
garnit les lanternes, & ſaille un peu,
comme une portion de ſphére plus
petite que celle de l'œil, on l'appelle
auſſi *cornée* ; & alors, pour diſtinguer
ſes deux parties, on nomme la derniére *cornée tranſparente*, & l'autre
cornée opaque.

La pie-mere, en s'épanouiſſant
fous là ſclérotique, forme la ſeconde enveloppe, qui porte le nom de *choroïde*, & qui ſe diviſe en deux lames, dont l'une parfaitement conti-
gue à la ſclérotique, ſe confond avec
elle, près de la cornée tranſparente.

» La ſeconde lame de la pie-mere,
»dit M. le Cat, dans ſon Traité
»des Sens, p. 373. fait proprement
»ce qu'on appelle *la choroïde*, ou
»*l'uvée* ; mais cette lame n'eſt qu'un
»tiſſu des vaiſſeaux nerveux & liquo-
»reux, qui ſortent de la ſurface in-
»terne de la premiére lame. Ces vaiſ-

»feaux portent une encre qui donne
»la couleur noire ou brune à cette
»feconde lame. Une partie de ces
»vaiffeaux & de ces nerfs s'ouvre à
»la face interne de cette lame, &
»y forme un tiffu velouté, ou ma-
»millaire, chargé de l'encre dont je
»viens de parler. Ruifch a fait une
»tunique particuliére de ce velouté,
»& on la nomme la feconde tunique
»de la choroïde : ce feroit, felon
»nous, la troifiéme que la pie-mere
»donneroit à l'œil ; fçavoir, une
»vraîment membraneufe unie à la
»fclérotique, ou cornée opaque, une
»vafculaire appellée choroïde, &
»une veloutée appellée *tunique de*
»*Ruifch.* »

Vers le bord de la cornée tranfparente, la choroïde fe dédouble : fa
partie antérieure forme l'*Iris*, & fa
partie poftérieure eft ce qu'on nomme la *couronne ciliaire*.

L'iris eft ce cercle coloré qu'on apperçoit fous la cornée tranfparente,
& au milieu duquel il y a un trou
rond, qu'on nomme la *prunelle*, ou
la *pupille*. Cette partie, dont la couleur change, fuivant les différens in-

dividus, a des fibres musculaires, dont les unes forment des cercles concentriques, & les autres sont comme des rayons qui tendent au centre de la prunelle. Les yeux bleus, sur-tout aux enfans, ont quelquefois ces dernières fibres si apparentes, que le vulgaire croit y voir des cadrans, & les regarde comme une merveille.

La couronne ciliaire embrasse, & tient suspendu vis-à-vis la prunelle, un corps transparent d'une figure lenticulaire, plus convexe vers le fond de l'œil, que par-devant, & que l'on nomme le *cristallin*.

La partie médullaire du nerf optique s'épanouit aussi, & produit sous la choroïde une troisième membrane très-fine, baveuse, qui tapisse tout l'intérieur de l'œil, en se terminant à la couronne ciliaire : c'est ce qu'on nomme la *retine*.

Toutes les parties que je viens de décrire, partagent l'intérieur du globe de l'œil en trois *chambres* : la première est comprise entre la cornée transparente & l'Iris : la seconde entre l'Iris & le cristallin, qui forme avec la couronne ciliaire une efpéce de cloifon. Ces deux premiéres chambres communiquent enfemble par la prunelle, & renferment une liqueur claire comme de l'eau, & qu'on nomme pour cela *l'humeur aqueufe*. La troifiéme chambre beaucoup plus grande que les précédentes, eft comprife entre le criftallin & le fond de l'œil: elle contient une fubftance très-lympide, qui eft d'une confiftance affez femblable à celle de la gelée de viande : on l'appelle *l'humeur vitrée*.

On doit donc concevoir, que le criftallin enchâffé dans la couronne ciliaire, fe trouve fufpendu vis-à-vis de la prunelle, entre l'humeur aqueufe & l'humeur vitrée ; & que toutes ces petites fibres, qui tiennent ainfi à fa circonférence, font des productions de la choroïde, laquelle appartient elle-même à la pie-mere, feconde enveloppe du nerf optique.

Le globe dont je viens de faire la defcription fe meut, comme je l'ai déja dit, dans l'orbite ; & pour fe conferver, il a par-devant deux efpéces de rideaux, qu'on nomme *paupieres*, que l'animal peut ouvrir & fer-

mer à son gré, & qui sont bordés d'u-
ne frange de poils, pour en écarter
les petits corps étrangers, ou les insectes qui voltigent dans l'air, & qui
pourroient nuire à cet organe si pré-
cieux & si délicat.

Ce que je viens d'exposer ici touchant les parties de l'œil, me suffit
pour faire entendre ce que j'ai à dire
sur le méchanisme de la vision. Si
l'on en veut sçavoir davantage, on
peut consulter les Auteurs Anatomis-
tes, qui ont traité cette matiére dans
toute son étendue : il y en a un
grand nombre ; mais sur les organes
des sens, l'ouvrage de M. le Cat que
j'ai cité ci-dessus, me paroît un des
meilleurs, par sa netteté & son exactitude.

La nature & la construction de
l'œil étant connues, voici en gros
comment on peut concevoir, que les
objets extérieurs font impression sur
cet organe, & de quelle maniére
leurs différentes parties se font sentir, quand elles font à une distance
convenable & suffisamment illumi-
nées.

Le cristallin étant par sa figure &

par sa transparence tout-à-fait semblable à une lentille de verre, & se trouvant placé entre des milieux d'une densité moindre que la sienne, doit avoir des effets semblables à ceux d'un verre lenticulaire placé dans l'air, ou dans l'eau : or, la Dioptrique nous apprend, qu'un tel verre, dans ces circonstances, rassemble dans un foyer les rayons parallèles ou peu divergens qu'il reçoit : d'où je conclus qu'une pyramide de lumière, qui, partant d'un point lumineux *A*, *Fig.* 1. placé à une certaine distance, viendroit tomber sur le cristallin *C*, pourroit, après s'y être réfractée, tant en entrant, qu'en sortant, se rassembler en *a* au fond de l'œil, & faire dans ce petit endroit, toute l'impression qui se feroit distribuée sur un bien plus grand espace, si les rayons qui composent cette pyramide, n'avoient pas été réfractés par le cristallin.

Je conçois encore, que si deux pyramides semblables à la précédente, viennent des extrémités & du milieu d'un même objet, appuyer leurs bases sur la surface du cristallin,

comme *A C*, *B C*, *D C*, *Fig.* 2. non-
feulement chacune d'elle fe raffem-
blera dans un point *a*, *b*, ou *d*; mais,
que ces points de réunion feront féparés & diftinets l'un de l'autre, &
qu'ils fe rangeront au fond de l'œil,
dans un ordre oppofé à celui des
parties de l'objet, d'où viennent les
rayons. Ce qui m'apprend 1°. pourquoi les impreffions faites fur l'organe, par la lumiére qui procéde des
différens points de l'objet vifible,
ne fe confondent pas les unes avec
les autres : 2°. comment l'image de
l'objet, qui réfulte de ces impreffions,
fe trouve renverfée dans l'œil.

Voilà ce que nous devons penfer
des fonctions de l'œil, en raifonnant
fuivant les principes qui ont été établis dans le premier & le troifiéme
article de la feconde Section. Ces
principes font fi certains, que quand
nous n'aurions pas d'autres garants,
on pourroit compter en toute fûreté fur ce que je viens d'expofer;
mais joignons l'expérience à la théorie, & faifons voir par une imita-
tion de l'œil, que les effets de la lumiére y font tels que je les ai conçus.

I. EXPERIENCE.

PREPARATION.

L'inftrument repréfenté par la *Fig.* 3. eft une boîte de bois ronde & groffe à peu-près comme celles dans lefquelles on renferme les favonettes: elle eft portée fur un pied, pour être maniée & pofée plus commodément.

Cette boîte eft percée de deux trous ronds, diamétralement oppofés, dont l'un qui a un pouce & demi de diamétre, eft recouvert avec un papier huilé, & l'autre reçoit un petit tuyau de bois d'un pouce de diamétre & cylindrique extérieurement, qui n'a qu'un pouce au plus de longueur.

Ce tuyau a intérieurement la forme d'un cône tronqué, & porte à fon extrêmité la plus étroite un petit verre lenticulaire, dont le foyer eft à peu-près à la diftance du papier huilé; de forte qu'on peut l'y faire arriver juftement, en faifant avancer un peu ou reculer le petit tuyau.

Si

Effets.

« Si placé dans un lieu un peu obſcur, on tient l'inſtrument de maniére, que le verre ſoit tourné vers quelque objet bien éclairé, & qui ne ſoit éloigné que de 30 ou 40 pas, on voit cet objet peint avec toutes ſes couleurs très-diſtinctement ſur le papier huilé, & dans une ſituation renverſée.

Explication.

Ces effets étant parfaitement conformes à ce que nous avons ſuppoſé qui arrive dans l'œil, en raiſonnant d'après la théorie, & l'inſtrument employé dans notre expérience imitant l'organe de la viſion dans ſa partie eſſentielle, on peut regarder ce que j'ai expoſé plus haut, à l'aide des Figures 1. & 2. comme une explication anticipée des réſultats qu'on vient de voir, & ces réſultats comme des preuves completes, de ce que la théorie nous avoit fait prévoir ; mais comme l'œil artificiel dont nous avons fait uſage, ne peut imiter que fort imparfaitement l'organe de la

Tome V. R r

vûe, il nous reste encore des remarques importantes à faire sur la vision, dont on trouvera le détail ci-après.

APPLICATIONS.

La cornée avec l'humeur aqueuse qu'elle recouvre, forme un corps transparent d'une surface convexe, & d'une densité plus grande que celle de l'air : de-là résultent des effets avantageux ; cette partie de l'œil, à cause de sa figure, & du pouvoir réfringent qu'elle a, fait entrer dans la prunelle des rayons qui n'y entreroient point sans cela : une partie de ceux qui tomberoient sur l'Iris, deviennent, ou moins divergens, ou paralleles, en se réfractant vers p, *Fig.* 1. & par cette raison, ils entrent en plus grande quantité dans la prunelle, & font voir l'objet plus clairement. De plus, cette même partie de l'œil, à cause de la saillie qu'elle a, procure à la vue une plus grande étendue. Il est aisé de comprendre, que si la cornée étoit plane, & à fleur de l'orbite, l'animal ne verroit que les objets qui seroient directement placés devant lui ; il

faudroit qu'il tournât la tête à tout
inftant pour appercevoir les autres ;
au lieu qu'étant arrondie & faillan-
te, elle fait voir diftinctement ce qui
eft devant l'œil, & appercevoir au
moins confufément, ce qui eft fur
les côtés, jufqu'à une certaine diftance.

L'humeur aqueufe, s'il eft vrai,
comme on le dit, que fon dégré de
réfringence foit égal, ou à peu-près,
à celui de l'eau, eût été fans effet
pour les poiffons; la refraction de la
lumiére n'auroit commencé qu'au
criftallin; & s'il eût été reculé comme dans les autres animaux, leur
vûe n'auroit pas eu cette étendue
latérale dont je viens de parler. La
nature leur a procuré cet avantage,
en leur donnant un criftallin d'une
figure fphérique, d'une confiftance
plus grande, faillant comme notre
cornée, & une prunelle très-ouver-
te. Son intention n'a point été, comme on le croit communément, de
fuppléer, par la fphéricité du criftallin, à la quantité de réfraction qui
manque, par la fuppreffion de l'humeur aqueufe : il eft démontré qu'une

lentille formée de deux fegmens, raffemble les rayons plus près du point de leur incidence, que ne le peut faire la fphére entiére, dont elle fait partie.

La lumiére n'a pas toujours le même dégré d'intenfité : elle eft tantôt plus forte, tantôt plus foible, fuivant la nature des corps qui nous l'envoyent, & la quantité des obftacles qu'elle rencontre fur fa route : d'ailleurs, il y a des yeux plus fenfibles les uns que les autres à fes impreffions ; il étoit donc néceffaire, pour ménager l'organe, que nous puffions mefurer à notre gré la quantité des rayons qui pénétrent dans l'œil ; & c'eft ce que nous faifons fans nous en appercevoir, en étréciffant ou en dilatant la prunelle. Ces mouvemens fe font par l'action de ces petits mufcles, dont nous avons dit que l'Iris eft compofée : le premier, par la contraction des fibres circulaires ; le fecond, par celle des fibres droites qui tendent à un centre commun ; & quand cela ne fe fait point affez promptement, nous en reffentons quelques incom modités, comme lorſque nous paſſons ſubitement d'un lieu fort obſcur dans un autre très-éclairé, ou tout au contraire. Dans le premier cas, le grand jour nous éblouit & nous fait mal aux yeux ; dans le ſecond, nous ſommes quelque tems ſans voir les objets, nous ne commençons à les diſtinguer, que quand la prunelle s'ouvre davantage.

On conçoit facilement, par tout ce que nous avons dit dans la Dioptrique, touchant les effets des lentilles diaphanes, que le criſtallin eſt capable de raſſembler, comme dans un point, ſur le fond de l'œil, tous les rayons qui partant d'un même point de l'objet, arrivent à ſa ſurface antérieure ; mais on ſçait auſſi par les mêmes principes, que ce point de réunion doit être plus ou moins éloigné de la lentille, que les rayons incidens ſont plus ou moins divergens entr'eux ; & comme cette divergence, diminue à meſure qu'on augmente la diſtance entre l'objet & l'œil, on demande, comment il ſe peut faire que la viſion ſoit diſtincte, quand on regarde de plus près & de plus loin.

Cette difficulté eft réelle & bien fondée. Il eft sûr que fi des rayons divergens comme *A b*, *A d*, *Fig.* 4. en paffant par les humeurs de l'œil, s'y réfractent précifément autant qu'il le faut pour fe réunir à la diftance *D D*, où l'on fuppofe le fond de l'œil; d'autres rayons plus divergens, comme *B b*, *B d*, fi rien ne change dans cet œil, doivent fe réunir plus loin, en *e*, par exemple; & au contraire, ceux qui feroient moins divergens que les premiers, comme *C b*, *C d*, fe croiferoient avant que d'arriver à la diftance *D D*, comme on le voit en *f*. Dans ces deux derniers cas, la vifion feroit confufe, parce que l'impreffion de la lumiére, au lieu de fe faire fur des points de l'organe, fe feroit dans des cercles d'une étendue fenfible, qui anticiperoient les uns fur les autres. Comme il y a des limites affez grandes entre lefquelles cela n'arrive pas (*a*) : les Opticiens s'y

(a) M. Jurin qui a publié une excellente differtation fur la vifion diftincte, prétend que le commun des hommes, dans le moyen âge, voit diftinctement les petits objets qui ne font pas plus près que 6 ou 8 pouces de l'œil, ni plus éloignés que 14 pieds : *Effay on diftinct*

font pris de différentes maniéres, pour en rendre raifon.

Les uns prétendent que le globe de l'œil, par l'action des mufcles extérieurs, change de figure au befoin ; qu'il s'allonge, pour voir diftinctement les objets qui font trop près de lui ; qu'il fe racourcit au contraire, pour ceux qui font trop éloignés. Si cela eft, il ne faut pas chercher d'autres raifons : il eft certain, que fi le fond de l'œil *D D* peut fe reculer jufqu'en *e*, & fe rapprocher jufqu'en *f*, les trois fortes de rayons incidens, que nous avons fuppofés plus haut, pourront s'y réunir auffi parfaitement qu'il eft poffible. Mais en confidérant d'une part, les limites de la vifion diftincte, & les différens dégrés de divergence qu'elles permettent aux rayons incidens ; & de l'autre, en fommant les effets que peuvent avoir fur la lumiére les humeurs de l'œil, en

---

and indiftinct vifion. Le Docteur Porterfield, dans les effais de Médecine d'Edimbourg, t. IV. détermine ces limites entre 6 pouces & 17 pouces : Il doit y avoir fur cela bien des variations, fuivant la différence des yeux, &c.

vertu de leurs pouvoirs réfractifs (a),
on trouve qu'il n'eſt pas vraiſembla-
ble, ni même poſſible, que le globe
s'allonge & ſe raccourciſſe autant
qu'il faut le ſuppoſer, pour ſatisfaire
entiérement à la queſtion dont il
s'agit (b).

Les autres penſent que le criſtallin
peut s'avancer ou ſe reculer, par l'action des ligamens ciliaires, que l'on
regarde auſſi comme des petits muſcles : cela ſeul fourniroit encore
une explication ſatisfaiſante, ſi les
mouvemens qu'on ſuppoſe au criſtallin, pouvoient faire varier la diſtance qu'il y a entre lui & le fond de
l'œil, autant que l'exige la différence de celles avec leſquelles les objets ſe voyent diſtinctement ; mais il

(a) Selon M. Jurin, le ſinus de réfraction,
pour la lumiére qui paſſe de l'air dans l'humeur
aqueuſe, eſt au ſinus d'incidence, comme 4 à
3 ; pour celle qui paſſe de l'humeur aqueuſe
dans le criſtallin, comme 13 à 12 ; & pour
celle qui paſſe du criſtallin dans l'humeur vitrée, comme 12 à 13. *Eſſay on diſtinct and
indiſtinct viſion.*

(b) Si l'on admet les limites de la viſion
diſtincte établies par M. Jurin, il faudroit que
l'axe de l'œil devînt d'un dixiéme plus long
que dans l'état naturel.

eſt

Fig. 1.
A
P
C
a
P
Fig. 2.
A
b
d
a
C
D
B
Fig. 4.
C
A
B
C
b
d
D
e
D
H
I
K
A
L
B
E
F
D
C
Fig. 5.
Fig. 3.

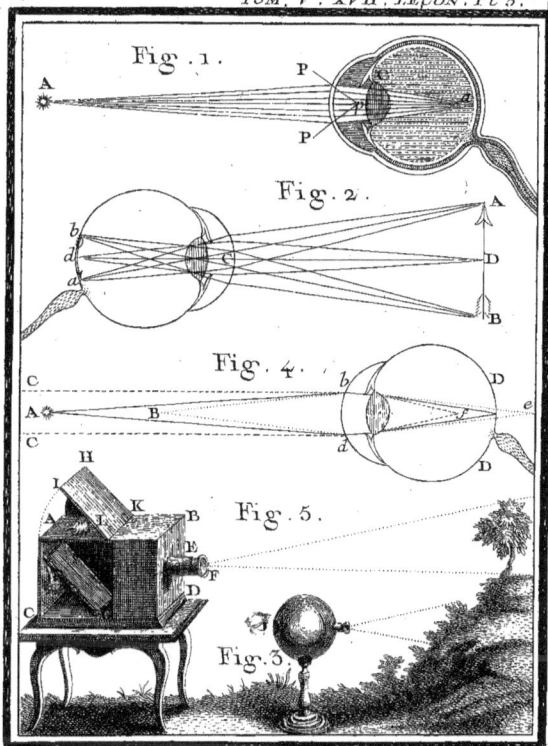

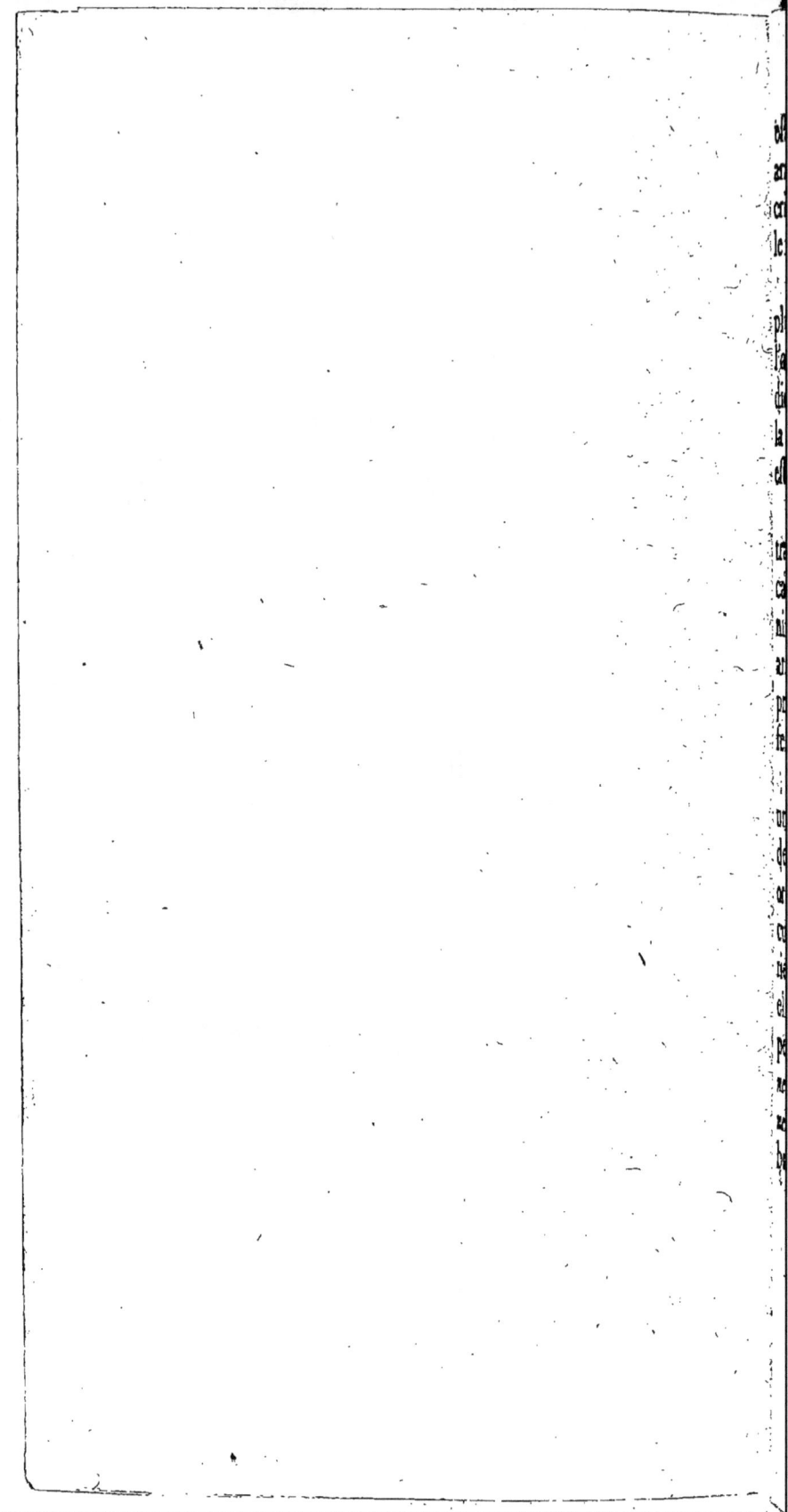

est encore moins possible que cela
arrive par le jeu qu'on suppose au cristallin, que par l'allongement & le raccourcissement du globe de l'œil.

Enfin, M. Jurin que j'ai déja cité plusieurs fois, a cru trouver dans l'anatomie de l'œil, plus approfondie qu'elle ne l'avoit été jusqu'à lui, la vraie cause du phénoméne dont il est ici question.

Il observe d'abord, que la cornée transparente est flexible & élastique, capable, par conséquent, de devenir plus convexe, si elle est tirée en arriére par sa circonférence, & de reprendre son premier état, dès qu'on fera cesser l'action qui la resserre.

Il remarque ensuite, que l'uvée est une membrane musculeuse, capable de se resserrer, & qu'elle prend son origine dans une protubérance circulaire qui régne le long de l'intérieur de la cornée, à l'endroit où elle se joint à la sclérotique ; il appelle cette protubérance *le grand anneau musculeux*, & il nomme *petit anneau musculeux* celui de la même membrane, qui est du côté de la prunelle.

On sçait d'ailleurs que le cristallin

eſt renfermé dans une capſule membraneuſe, avec un peu d'eau entre deux ; que la partie poſtérieure de cette capſule eſt adhérente à la membrane déliée qui contient l'humeur vitrée, & que les ligamens ciliaires qui ſont des petits muſcles, tiennent d'une part au bord de cette capſule, & de l'autre, à l'endroit où la cornée tranſparente ſe joint avec la ſclérotique (*a*).

A l'aide de ces obſervations, M. Jurin raiſonne ainſi : Lorſque l'œil eſt parfaitement en repos, & qu'il ne fait aucun effort, il eſt en état de voir très-diſtinctement les petits objets à une diſtance donnée, qui eſt pour le commun des hommes de 15 à 16 pouces. » Lorſque nous re-»gardons ces objets de plus près, »je crois, continue-t-il, que le »grand anneau muſculeux de l'uvée »ſe reſſerre ; ce qui rend la cornée »plus convexe, & la première ré-»fraction des rayons plus grande : »cet effet compenſe la trop grande »divergence, qui vient de la proxi-

(*a*) Voyez un Mém. de M. Petit, dans le vol. de l'Acad. des Sc. pour l'année 1730.

»mité de l'objet. Si nous regardons
»à une diftance plus grande que de
»15 ou 16 pouces, les ligamens ci-
»liaires, en fe contractant, tirent
»les bords de la capfule, & font
»remonter vers eux l'eau qui fe
»trouve entre cette enveloppe & le
»corps du criftallin, qui par-là de-
»vient moins épais du milieu : fa
»convexité ainfi diminuée, compenfe
»le dégré de divergence qui man-
»que aux rayons qui viennent de
»trop loin ».

L'ingénieux Auteur de cette explication ne s'eft pas contenté de la voir
en gros, il l'a foumife au calcul &
aux mefures les plus exactes : il eft vrai
que dans quelques points elle n'en
foutient pas toute la rigueur ; mais
pourquoi ne lui affocieroit-on pas
l'opinion de ceux qui fuppofent une
variation de figure dans le globe de
l'œil, du moins pour les efpéces
d'animaux qui ont cet organe entiérement flexible ? ces deux caufes
étant également probables, je ne
vois pas pourquoi l'on s'obftineroit
à n'admettre que l'une des deux,
lorfqu'elle ne fatisfait pas à toutes
les difficultés.   S s ij

XVII.
LEÇON.

S'il eſt vrai que pour le commun des hommes, la diſtance de 15 à 16 pouces, ſoit celle où l'œil voit ſans contrainte & diſtinctement les petits objets, il n'eſt pas moins certain qu'il y en a pour qui elle eſt beaucoup trop grande, & d'autres, pour qui elle eſt trop petite. Les premiers s'appellent *myopes*, parce qu'ils diſtinguent très-bien tout ce qu'il y a de plus petit, en le regardant à la diſtance qui leur convient : on nomme les autres *presbytes*, parce que le défaut de leur vûe eſt fort commun parmi les perſonnes âgées.

Les myopes ont les humeurs de l'œil trop convexes, pour la diſtance qu'il y a du criſtallin à la rétine : les rayons qui viennent d'un objet placé à 15 ou 16 pouces, ſont trop peu divergens pour la ſomme des réfractions qu'ils ont à ſouffrir, ils ſe croiſent avant que d'arriver au fond de l'œil. Ceux qui ont ce défaut ne manquent pas ſans doute de faire tout ce que font les vûes communes, à l'aſpect d'un objet trop éloigné ; mais comme cela ne leur ſuffit pas pour voir d'une maniére diſtincte, à

15 ou 16 pouces, ils regardent de beaucoup plus près, & par ce moyen ils reçoivent dans leurs yeux, des rayons qui ont une grande divergence. Par quelque moyen que ce soit, quand cet excès de divergence se trouve dans un rapport convenable avec la trop grande convexité des humeurs réfringentes, les myopes ont la vision distincte, & ils voyent avec plus de clarté que les autres, parce qu'ils reçoivent plus de lumiére de chaque point visible.

Dans l'œil d'un presbyte les humeurs sont moins réfringentes qu'elles ne le sont communément dans les autres yeux, soit par défaut de convexité, soit que quelque maladie ou la vieillesse ait altéré leur pouvoir réfractif : elles ne peuvent pas plier assez les rayons de lumiére pour les rassembler sur la rétine, à moins que leur divergence ne soit moindre qu'elle ne l'est, quand ils viennent d'une distance de 15 ou 16 pouces. Voilà pourquoi ces sortes de vûes aiment à regarder de fort loin, & que pour voir distinctement de plus prés, il faut que l'œil fasse un effort, ou pour se raccourcir, ou pour rendre la cornée transparente plus convexe qu'elle ne l'est ordinairement.

Ces sortes de vûes, trop courtes ou trop longues, ont encore une ressource pour voir distinctement, c'est de rétrécir beaucoup la prunelle ; cela diminue la grosseur des pyramides, ou pinceaux de lumiére qui entrent dans l'œil : par ce moyen, les rayons qui les composent, quoiqu'imparfaitement réunis, ne font point une large impression au fond de l'organe. C'est ce qu'on peut éprouver aisément, en mettant tout près de son œil une carte percée d'un trou d'épingle ; on voit par-là distinctement tout objet qui seroit trop près pour être vu à l'œil nud, parce qu'alors il n'y a, pour ainsi dire, que les axes des pyramides qui contribuent à former l'image.

Lorsque ces défauts de la vûe sont augmentés à un tel point, qu'on n'y peut pas remédier, soit en changeant la distance de l'objet, soit par les efforts de l'organe, ou que l'on veut se dispenser d'avoir recours à cés moyens, l'art en fournit d'autres

dont je ferai mention dans l'Article
suivant.

Après tout ce que je viens de dire
touchant les limites de la vision,
tant pour les vûes ordinaires, que
pour celles des presbytes & des myopes, il reste encore à sçavoir, pourquoi
nous distinguons des objets éloignés,
au point de les reconnoître à une
lieue de distance, & bien davantage.
Pour répondre à cette question, j'ob-
serverai qu'il y a deux sortes de vi-
sions, l'une qui est distincte, plus
parfaite, & qui n'est nécessaire que
dans certaines occasions ; l'autre qui
est imparfaite, moins distincte, & qui
suffit ordinairement. Nous désirons
la première pour les petits objets,
& pour tout ce que nous regardons
à une petite distance : nous nous
contentons de la seconde, pour ce
qui est grand & fort éloigné. Si je lis
une lettre, si j'examine un bijou, j'ai
besoin d'en distinguer toutes les parties : tous les points visibles étant
contigus les uns aux autres, ne peuvent être vus distinctement, qu'autant
qu'ils se font sentir séparément sur
l'organe ; & cela exige que les fais-

S f iv

ceaux de rayons qu'ils envoyent à l'œil, faſſent bien la pointe ſur la rétine. Pour ce dernier effet, la diſtance plus ou moins grande de l'objet tire à conſéquence : il n'en eſt pas de même, ſi je regarde un édifice qui eſt à une lieue de moi ; peu m'importe de compter les tuiles ou les ardoiſes de la couverture ; je ſuis content de diſtinguer le corps du bâtiment, les aîles, les pavillons, les portes, les fenêtres, les cheminées, &c ; & tout cela ſe peut aiſément, parce que ces parties, qui ſont grandes & ſéparées les unes des autres, ſe peignent auſſi ſéparément au fond de l'œil : ce qui ſuffit pour les rendre ſenſibles, ſans confuſion.

Juſqu'ici j'ai parlé de la rétine, comme de la partie de l'œil, ſur laquelle ſe font les impreſſions de la lumiére qui ſervent à la viſion ; & en effet, c'eſt le ſentiment le plus ancien & le plus commun : mais je ne dois point taire que de très-habiles Opticiens attribuent cette fonction à la choroïde, & rapportent, en faveur de leur opinion, des faits & des raiſonnemens qui ont beaucoup de poids. J'en fupprime le détail, renvoyant le lecteur aux Œuvres de M. Mariotte (a), à qui l'on doit cette découverte, fi c'en eſt une ; & au traité des Sens de M. le Cat (b), qui la croit très-réelle, & qui en prend la défenſe ; mais je ne puis me diſpenſer de rapporter une Expérience très-curieuſe qui a donné lieu à cette queſtion, & qui a déterminé M. Mariotte à croire que la choroïde eſt véritablement, l'organe immédiat de la vûe.

Cet Académicien ſçachant que la partie médullaire du nerf optique où la rétine prend ſon origine, n'eſt point au milieu du fond de l'œil, où ſe fait la peinture de l'objet qu'on regarde directement ; mais un peu plus haut, & à côté, en tirant vers le nez, (au moins dans l'homme) voulut voir, ſi l'image qui tomberoit ſur cet endroit ſeroit ſenſible. Pour cet effet, il attacha contre une mu-

(a) Recueil des Oeuvres de M. Mariotte, Lettre à M. Piquet.

(b) P. 385. non ſeulement M. le Cat adopte le ſentiment de M. Mariotte ſur l'organe immédiat de la vûe; mais il l'appuie par pluſieurs Expériences de ſa façon, & par des obſervations qui paroiſſent décider la queſtion.

raille de couleur fombre, un petit cercle de papier blanc pour fixer fa vûe ; & puis à la diftance d'environ deux pieds fur la droite, il en attacha un autre un peu plus large, & un peu plus bas que le premier : enfuite tenant l'œil gauche fermé, & fixant le droit fur le premier morceau de papier, il appercevoit en même-tems le fecond qui étoit à côté ; mais lorfqu'en reculant peu-à-peu, il fut éloigné à la diftance de 9 pieds de la muraille, il perdit de vûe celui-ci ; & cet effet ne venoit pas de ce que ce papier étoit trop écarté de celui qui fervoit de point de vûe fixe : car les objets qui étoient encore plus loin fur la droite, s'appercevoient très-bien. Cette Expérience réitérée & retournée de toutes les maniéres eut toujours le même réfultat ; & cela prouve inconteftablement, que les images qui tombent précifément fur la partie médullaire du nerf optique, ne font point fenfibles ; d'où M. Mariotte conclut, que la rétine, qui eft une extenfion de cette partie médullaire, eft infenfible comme lui, & qu'elle ne fert qu'à modérer l'ac-

tion de la lumiére qui pénétre son
tiſſu lâche & tranſparent, avant que de toucher la choroïde, où il prétend que s'accomplit la viſion.

La clarté de la viſion dépend de deux choſes : premiérement, de la quantité de rayons qui ſe raſſemblent au fond de l'œil, pour faire ſentir chaque point viſible de l'objet ; & en ſecond lieu, de la place plus ou moins grande qu'occupe ſur la rétine, ou ſur la choroïde, l'image d'un objet donné. Car plus cette image s'étend, plus les impreſſions ſe partagent à différentes parties de l'organe, & moins chacune d'elles en eſt ébranlée. Voilà pourquoi nous ouvrons la prunelle autant que nous le pouvons, pour lire l'écriture, quand le jour baiſſe, ou que nous ſommes dans un lieu ſombre ; & en tel cas, nous regardons auſſi de plus près que ne le demande la portée ordinaire de notre vûe. Par ces deux moyens, la prunelle embraſſe plus de lumiére ; mais le dernier exige de la part de l'œil un effort, pour remédier à la trop grande divergence des rayons ; & cet effort, quand il dure, ne manque pas de fatiguer l'organe.

Quant au dégré de clarté qui dépend de l'étendue de l'image, il ne feroit d'aucune confidération, fi la lumiére qui vient de loin ne souffroit beaucoup de déchet, en paffant au travers de l'air, ou des autres corps diaphanes; car fi les faifceaux de lumiére qui viennent d'un objet éloigné contiennent moins de rayons, à caufe de leur divergence qui les raréfie de plus en plus; d'un autre côté, l'image qu'ils forment au fond de l'œil diminue de grandeur à proportion; les impreffions fe condenfent, pour ainfi dire, à mefure que la lumiére qui les produit fe raréfie.

Lorfqu'étant dans une chambre, nous regardons les paffans à travers les vîtres, nous les voyons bien mieux qu'ils ne nous voyent: ce qui caufe cette différence, c'eft que la lumiére qui vient d'eux à nous, eft plus vive que celle avec laquelle ils nous apperçoivent; de plus leurs yeux affectés du grand jour où ils font, ne peuvent fentir cette lumiére foible, autant que les nôtres, qui font plus repofés, en peuvent fentir une

plus forte : les effets font tout différens, lorſqu'il fait nuit au dehors,
& que nous ſommes dans un lieu
bien illuminé.

Quand un objet ſe meut trés-rapide-
ment devant nos yeux, nous lui at-
tribuons ſouvent une grandeur &
une figure qu'il n'a point. Un po-
lyhédre qui tourne ſur ſon axe nous
ſemble être une ſphére ; de même
qu'un cercle qu'on fait tourner ſur
un de ſes diamétres : les petits mou-
lins à vent dont les enfans s'amuſent,
ont la forme d'un plan circulaire :
les cordes qui font en vibration, ſe
voyent ſous la figure d'un lozange fort
allongé. Le charbon ardent qu'on
fait tourner, repréſente un cercle lumineux : la fuſée qui s'éleve, paroît
être une traînée de feu, &c. Tous
ces effets dépendent d'une même
cauſe que voici. L'objet qui ſe meut,
ſe peint ſucceſſivement ſur différens
endroits au fond de l'œil : lorſque
cette image paſſe rapidement de l'un
à l'autre, l'impreſſion qu'elle a faite
ſur le premier, ſubſiſte encore, quand
elle commence à ſe faire ſentir ſur le
ſecond, ſur le troiſiéme, &c. Il ar-

rive de-là, que les apparences succeſ-
ſives de l'objet, en différens lieux,
nous paroiſſent comme liées enſemble : ainſi celui qui ſe verroit comme
un point, s'il étoit en repos, ſe voit
comme une ligne, quand il paſſe d'un
lieu dans un autre avec une certaine
vîteſſe ; celui qui n'a de viſible que
ſa longueur repréſente un plan, & le
demi-cercle qui fait des révolutions
autour de ſon diamétre, préſente à
l'œil une ſphére ſolide ; ainſi l'on a
tout lieu de croire, que ces traînées
de lumiére qu'on voit pendant la nuit
dans l'atmoſphére, & que le vulgaire
appelle *étoiles qui changent*, ou *qui tom-*
bent, ne ſont autre choſe que des globes de vapeurs enflammées, qui paſſent rapidement d'un lieu dans un autre, ou l'inflammation ſucceſſive,
mais rapide, de pareille matiére, étendue ſuivant une certaine direction.

En rapprochant les paupiéres l'une
de l'autre, comme pour fermer l'œil,
(ce qui s'appelle communément *cli-*
gner,) ſi vous regardez directement
une chandelle allumée, pendant la
nuit, vous appercevrez aux parties ſu-
périeures & inférieures de la flamme,

de longs rayons de lumiére, semblables à ceux par lesquels on repréfente
la gloire autour des images des faints;
& fi vous abaiffez doucement quelque
obftacle, comme le doigt ou la main
devant l'œil, vous intercepterez les
rayons d'en bas : ceux d'en haut dif-
paroîtront de même, fi vous faites
monter l'obftacle de bas en haut.

Ce fait a mérité l'attention des
Phyficiens. M. de la Hire croit que
cela vient, de ce que les rayons de
lumiére qui viennent de la flamme,
fe réfractent de haut en bas, & de
bas en haut, en traverfant une eau
glaireufe qui s'amaffe au bord des
paupiéres, à l'endroit où elles touchent la cornée tranfparente. M.
Briggs, célébre Médecin Anglois,
dans fon Ophtalmographie a penfé à
peu-près de même. Mais M. Shmith,
confidérant, que les rayons dont il
s'agit ne fe préfentent point fous diverfes couleurs, comme il doit arriver à une lumiére réfractée, ne goûte
point cette explication : il penfe que
le fait dont il s'agit, doit être plutôt attribué aux inflections que fouffrent les rayons, en paffant près des

bords de la paupiére, tant d'en haut que d'en bas.

Nous avons deux yeux, & dans l'ufage ordinaire que nous en faifons, nous ne voyons pas l'objet double, quoiqu'il foit bien vrai, que fon image fe peint en même-tems dans l'un & dans l'autre. Eft-ce, comme l'ont dit plufieurs Auteurs célébres, que nous n'en faifons agir qu'un à la fois, & que de ces deux organes, il y en a toujours un qui fe repofe ; ou bien l'ame ne fait-elle attention qu'à l'une des deux images ? Je crois bien qu'on peut me citer des cas où cela arrive ; mais, comme il s'agit ici de ce qui fe paffe ordinairement dans la vifion des objets, ce n'eft point fur quelques exemples particuliers que je dois me régler. Or, à juger de la vûe des autres par la mienne, & par celle d'un grand nombre de perfonnes que j'ai confultées, il eft certain qu'on voit des deux yeux le même objet, & que les deux images influent fur la vifion, & contribuent à la fenfation ; car, on voit mieux, & plus fortement des deux yeux, qu'avec un feul ; on fe fatigue moins la

vûe,

vûe, & l'on juge plus promptement ;
plus sûrement, de ce que l'on regarde.
Quand bien même il y auroit des
hommes, qui dans les cas ordinaires
n'employeroient qu'un œil, ne fau-
droit-il pas toujours expliquer, pourquoi ces fortes de borgnes ne voyent
pas double dans les occasions où ils
en employent deux ? Voici comment
le plus grand nombre des Opticiens
répondent à cette question :

La membrane qui tapisse le fond
de l'œil, & sur laquelle se peint l'objet, (que ce soit la rétine ou la choroïde, peu nous importe ici,), cette
membrane, dis-je, est un tissu de fibres qui appartiennent au nerf optique ; & nous avons lieu de croire,
au moins peut-on le supposer avec
beaucoup de vraisemblance, que dans
les deux yeux d'un même individu,
ces membranes, pour l'ordinaire, se
ressemblent par le nombre, l'arrangement, & peut-être, par le dégré
de ressort des filets nerveux qui les
composent. Cela étant ainsi, dès que
les deux yeux se dirigent vers un même objet, les images tombent dans
l'un & dans l'autre, sur des parties

semblables & correspondantes du tissu dont je viens de parler, & les deux sensations qui en résultent étant, pour ainsi dire, à l'unisson l'une de l'autre, ne font naître dans l'ame qu'une seule & même idée, plus forte & mieux décidée, que par une seule image, mais toujours identique, à peu-près, comme le son qui frappe les deux oreilles, ou l'odeur qu'on reçoit dans les deux narines.

Il suit de-là, qu'on doit voir l'objet double, quand les deux images tombent au fond des yeux, sur des parties qui ne font pas analogues ou correspondantes ; & c'est en effet, ce qui arrive, quand ces parties semblables ne se trouvent pas tournées du côté du même objet, comme on peut l'éprouver soi-même, en pressant un peu de côté l'un des deux yeux, pour le détourner.

La direction des deux *axes optiques* (*a*), vers un même objet, nous est utile, non-seulement parce qu'elle

_____

(*a*) On appelle *axe optique* la ligne qui venant du milieu du fond de l'œil, passe par les centres du cristallin & de la cornée transparente, & se prolonge jusqu'à l'objet.

nous empêche de le voir double ;
mais elle nous fert encore à bien juger de fa diftance, quand il n'eft pas
fort éloigné. Sans ce fecours, nous
nous y trompons fort aifément, &
ce n'eft que par une grande habitude qu'on apprend à s'en paffer. Un
homme qui ferme un œil, ou qui eft
nouvellement borgne, ne porte point
à coup sûr le bout du doigt, fur une
petite piéce de monnoie placée à
quelques pieds de lui, comme le fait
un autre homme qui laiffe agir fes
deux yeux ; parce que celui-ci eft
guidé par le croifement des axes
optiques. Si le chaffeur avoit befoin
de juger de la diftance, autant que de
la direction de la perdrix qu'il a en
vûe, il auroit tort de fermer un œil
pour tirer plus jufte.

Un homme paffe pour avoir la *vûe
droite*, quand il dirige naturellement,
& fans effort, les axes de fes deux
yeux vers l'objet qu'il regarde : &
l'on dit qu'il eft *ftrabite*, ou qu'il a la
vûe louche, quand l'un de fes yeux fe
tourne directement à fon objet, &
que l'autre s'en écarte pour fe diriger ailleurs.

T t ij

M. de la Hire qui s'eſt appliqué particuliérement à examiner les défauts & les accidens de la vûe, dit, pour rendre raiſon du *ſtrabiſme*, que l'image de l'objet ne ſe peint bien diſtinctement que ſur une certaine portion de la rétine, qu'il ſuppoſe être la plus ſenſible, & au milieu de laquelle répond l'extrêmité de l'axe optique, dans un œil bien conformé; mais que dans les yeux louches cette partie eſt plus d'un côté que de l'autre; de ſorte que pour y faire tomber les images, il faut que l'axe optique ſe dirige différemment, que celui d'un œil qui a le regard droit.

M. Jurin allégue contre cette explication une expérience facile à faire, & qui paroît ſans replique; c'eſt que l'œil louche qui ſe détourne de l'objet quand l'autre agit, ne manque pas de ſe retourner directement vers lui, quand on ferme le bon œil. S'il s'étoit d'abord tourné de travers, pour préſenter la partie ſenſible de la rétine qu'on ſuppoſe être mal placée, comment peut-il voir l'objet quand il ſe redreſſe, ou plutôt, pourquoi ſe redreſſe-t-il pour le voir ?

M. de Buffon, qui a traité cette matiére (a) depuis M. Jurin, pense comme lui, que les ſtrabites ne regardent jamais que d'un œil, & il en tire la raiſon d'un fait qui eſt aſſez connu ; c'eſt que dans la plupart des hommes, les deux yeux n'ont pas la viſion diſtincte dans les mêmes limites : l'œil droit, par exemple, verra fort bien les plus petits objets, depuis 8 pouces de diſtance juſqu'à 20, & pour l'œil gauche, ce ſera peut-être, depuis 12 juſqu'à 24. Or, dit M. de Buffon, quand cette inégalité eſt grande à un certain point, les deux yeux ne peuvent pas voir enſemble le même objet diſtinctement ; l'image confuſe dans l'un des deux, empêche que l'impreſſion qui ſe fait plus correctement dans l'autre, ne ſoit auſſi-bien ſentie qu'elle le ſeroit, ſi elle étoit la ſeule ; & comme on cherche naturellement à voir auſſi-bien qu'il eſt poſſible, la perſonne qui a ce défaut, contracte l'habitude de détourner l'œil hors de la portée duquel l'objet ſe trouve, pour ne laiſſer agir que celui qui peut le diſtinguer nettement.

(a) Mém. de l'Acad. des Sc. 1743. p. 231.

Cette explication eſt tout-à-fait ingénieuſe ; elle n'eſt cependant pas au-deſſus de toute difficulté. M. de Buffon en a prévu pluſieurs qu'on pouvoit lui faire, & auſquelles il répond par des expériences & par des raiſonnemens plauſibles : il ajoute de plus, que le ſtrabiſme pourroit bien avoir d'autres cauſes, que celle qu'il a indiquée ; mais il croit que celle-là eſt la principale & la plus commune.

Pour moi, après avoir long-tems réfléchi ſur le ſtrabiſme, après avoir obſervé & queſtionné un grand nombre de perſonnes de tout ſexe & de tout âge, qui avoient ce défaut, je ſuis porté à croire qu'il y a deux ſortes de louches : que les uns le ſont néceſſairement & toujours, par une mauvaiſe conformation de l'organe, & les autres ſeulement par habitude ou par diſtraction : que les premiers voyent des deux yeux le même objet & le voyent ſimple ; que les derniers, ou ne voyent que d'un œil à la fois, ou voyent double ce qu'ils regardent ; que ceux-ci par attention ſur eux-mêmes, peuvent ſe corriger avec le tems ; mais qu'il eſt preſqu'impoſſible

que la vûe des autres se redresse,
sur-tout s'ils sont nés avec ce défaut,
ou qu'ils l'ayent contracté depuis
long-tems.

L'œil est sujet à plusieurs maladies :
une des plus fâcheuses, c'est lorsque
le cristallin devient opaque, en tout,
ou en partie ; c'est ce que l'on appelle *cataracte*. Quand cette opacité
est bien décidée, le seul reméde qu'on
y puisse apporter, est de retrancher
cette partie de l'œil, & d'y suppléer
par l'usage d'une lunette appropriée à
ce defaut. Il y a deux maniéres d'ô-
ter le cristallin : la plus ancienne, &
celle qu'on pratique encore le plus
souvent, c'est de faire un petit trou
dans la cornée opaque, pour y introduire une espéce d'aiguille, avec
laquelle on détache le cristallin des
ligamens ciliaires, pour le faire tomber dans la partie inférieure du globe
de l'œil, & au-dessous de la prunelle.
La seconde façon qui est plus nouvelle, & que j'ai vu pratiquer avec
beaucoup d'adresse & de succès à
M. Daviel, qui s'est rendu célébre
par cette opération, c'est de couper
avec des ciseaux la cornée transpa-

rente, dans les deux tiers de sa circonférence, & d'emporter hors de l'œil le criſtallin tout entier : les bords de la cornée ſe rejoignent enſuite à la ſclérotique, & l'humeur aqueuſe ſe répare : c'eſt l'affaire de 8 ou 10 jours. De quelque maniére qu'on ſupprime le criſtallin devenu opaque, la vûe revient à celui qui l'avoit perdue par cet accident : le globe de l'œil étant totalement rempli par les deux humeurs aqueuſe & vitrée, les rayons de lumiére qui ne trouvent plus d'obſtacle, ſe raſſemblent ſur la rétine, mais imparfaitement, parce qu'il leur manque le dégré de réfraction qu'ils reçoivent ordinairement dans le criſtallin ; on y ſupplée par l'uſage d'un verre convexe qu'on tient devant l'œil, comme je le dirai plus particuliérement, en parlant des lunettes propres aux preſbytes.

Un autre accident de la vûe, c'eſt lorſque la bile vient à ſe mêler abondamment avec l'humeur aqueuſe : alors tous les objets paroiſſent jaunes, parce que la lumiére qu'ils envoyent vers les yeux qui ont cette maladie, ſe décompoſe, comme ſi
elle

elle paſſoit par un verre jaune, &
qu'il n'y a preſque plus que les rayons
de cette couleur, qui tracent les images au fond de l'organe. Il s'eſt trouvé des gens, qui à la ſuite d'une maladie, ou de quelque grand accident,
voyoient rouge, verd, ou bleu, tout
ce qui s'offroit à leur vûe : il y a lieu
de croire, que les humeurs de leurs
yeux avoient reçu quelque teinte de
ces couleurs.

Pendant la nuit, ſi l'on ſe frotte les
yeux d'une certaine maniére, ou ſi
l'on y reçoit un coup un peu rude, il
arrive ſouvent qu'on croit voir des
traits de lumiére ou de groſſes étincelles : d'où peuvent venir ces apparences dans l'obſcurité, & même lorſque nous avons les yeux bien fermés ? Nous ne pouvons les attribuer
qu'à l'ébranlement de l'organe, ſoit
que cela ſe faſſe immédiatement, par
le choc du corps étranger qui frotte
ou heurte extérieurement, ſoit que la
commotion extérieure, en ſe commu-
niquant, anime la matiére de la lumiére qui réſide dans les moindres
parties de l'organe, comme par-tout
ailleurs ; & que par ce moyen, les

fibres nerveuses soient mises en jeu, comme elles le seroient, par l'action d'une lumiére qui viendroit du dehors.

Nos sensations naissent des impressions qui se font sur certaines parties de nos corps. Si telle ou telle impression peut se faire par différens moyens, la même sensation peut avoir lieu par plusieurs causes : nous en avons des exemples dans les autres sens. Ce tintement que nous sentons quelquefois dans l'oreille, ne ressemble-t-il pas à certains sons qui nous viennent ordinairement du dehors? Et pourquoi comparons-nous les douleurs aiguës causées par une colique, à celles que fait sentir une pointe ou un tranchant, sinon, parce que les unes & les autres nous paroissent tout-à-fait semblables? Les bluettes que nous voyons dans l'obscurité, nous donnent donc tout lieu de croire, que le fond de l'œil est alors affecté, comme il le seroit par une lumiére qui viendroit du dehors.

Après avoir parlé de effets de la lumiére en général, par rapport à la vision, il me reste un mot à dire, tou-

chant la maniére dont nous appercevons la couleur de chaque objet.

Les couleurs confidérées dans le
fens de la vûe, ne font autre chofe que
les idées particuliéres qui naiffent ou
qui fe réveillent en nous, à l'occafion
des impreffions qui fe font fur l'organe, par les différentes efpéces de lumiére que j'ai fait connoitre, dans le
premier Article de la 3ᵉ Section, foit
qu'elles agiffent féparément les unes
des autres, foit qu'elles fe combinent
plufieurs enfemble.

On peut légitimement fuppofer,
que chacune de ces lumiéres différe
des autres, par la grandeur, la figure,
le reffort de fes parties, ou par l'efpéce de mouvement qui les anime:
comme nous éprouvons par l'ufage
de nos autres fens, (tels que le goût,
l'odorat, &c.) que ces qualités fervent, non-feulement à nous faire fentir les objets qui en font doués, mais
encore à nous les faire diftinguer les
uns des autres ; nous devons croire,
que les rayons qui nous viennent d'u-
ne furface enduite de vermillon, par
exemple, touchent le fond de l'œil
d'une certaine façon, qui fe répéte

toujours dans les mêmes circonstances ; & nous exprimons ce que cette surface nous fait sentir, en disant qu'elle est *rouge* : expression arbitraire dans son principe, mais fixée par l'usage & par convention. Il en est de même de toutes les autres couleurs simples : je dis que la teinture de saffran est *jaune*, que l'herbe est *verte*, que le ciel est *bleu*, &c. parce que la lumière homogène, par laquelle j'apperçois chacun de ces objets, excite toujours en moi le même sentiment, & que dès ma plus tendre enfance, j'ai appris des autres hommes à l'exprimer par un de ces termes.

Mais si chaque espèce de lumière a la propriété de faire naître une sensation particulière, on doit s'attendre que plusieurs agissant ensemble sur le même organe, y produiront une sensation mixte, pour laquelle il faudra une nouvelle expression, comme il arrive aux saveurs & aux odeurs, qui varient à l'infini, par la combinaison des objets qui appartiennent à chacun de ces deux sens. De-là sont venus ces noms *gris*, *brun*, *céladon*, *tanné*, &c. pour exprimer ce que l'on

fent, quand un objet fe fait voir par
un mêlange de lumiéres de différentes efpéces.

Ces idées de couleurs, qui s'exci-
tent en nous par des lumiéres fimples ou compofées qui nous viennent
des objets extérieurs, fe réveillent
ou fubfiftent également & indépendamment de ces caufes ; pourvû que
l'organe reçoive ou conferve par quelque moyen que ce puiffe être, une impreffion femblable à celle qui les fait
naître ordinairement : voilà pourquoi ; lorfqu'on a fixé la vûe pendant
un certain tems fur quelque couleur
bien éclatante, il eft affez ordinaire
de continuer de la voir, quoiqu'on
ferme les yeux.

Suppofons maintenant, qu'on ait
regardé un objet dont la couleur
foit compofée, & que les différentes
efpéces de lumiére, qui entrent dans
cette compofition, produifent fur le
fond de l'œil des impreffions plus du-
rables les unes que les autres ; non-
feulement on doit continuer de voir
l'objet, après qu'on a fermé les yeux,
mais l'image qui en refte, doit paroître
fucceffivement fous différentes cou-

V u iij

leurs. C'eſt à-peu-près ce qu'on éprou-ve, quand on ferme les yeux, ou qu'on entre dans un lieu fort obſ-cur, auſſi-tôt après avoir regardé en face le Soleil couchant : on voit ſuc-ceſſivement ſur le diſque du Soleil, qui demeure empreint dans l'imagina-tion, du blanc, du jaune, du rouge, du verd, du bleu, ou du violet, & enfin du noir ; à-peu-près dans l'ordre des couleurs priſmatiques, quelque-fois auſſi ſans ordre, & à diverſes re-priſes, ſelon que les ébranlemens du nerf optique s'affoibliſſent plus ou moins promptement.

Ces couleurs, & toutes celles qui naiſſent, qui ſe conſervent, ou qui varient ainſi, ſans la préſence des corps colorés, ſe nomment *accidentel-les*. Parmi les Auteurs qui en ont fait mention, perſonne que je ſçache, ne les a mieux étudiées que M. de Buffon. (*a*) Il a remarqué dans ces couleurs, une certaine correſpondance ſyſté-matique avec celles qu'on nomme *réelles*, & dont les idées ſont réveil-lées en nous par les objets extérieurs.

(*a*) Mém. de l'Acad. des Sc. 1743. p. 147. & ſuiv.

Il obſerve, par exemple, que le rouge produit le verd, qu'au jaune ſuccede le bleu, & que les couleurs accidentelles mêlées avec les réelles, donnent les mêmes phénoménes que ces derniéres, mêlées avec d'autres de même nature : ces remarques ſont fondées ſur des expériences & ſur des obſervations curieuſes, dont je ſuis obligé de ſupprimer ici le détail, mais qui feront certainement plaiſir au Lecteur, qui aura du goût pour ces ſortes de recherches, & qui prendra la peine de lire le Mémoire que j'ai cité ci-deſſus.

On y trouve, par exemple, l'expoſition d'un fait qui paroît d'abord aſſez ſingulier : »C'eſt que les ombres »des corps, qui par leur eſſence doi- »vent être noires, puiſquelles ne »ſont que la privation de la lumiére, »que les ombres, dis-je, ſont tou- »jours colorées au lever & au cou- »cher du Soleil. Je ne ſçache pas, »ajoute M. de Buffon, qu'aucun Aſ- »tronome, qu'aucun Phyſicien, que »perſonne, en un mot, ait parlé de »ce phénoméne : j'ai cru qu'en fa- »veur de la nouveauté, on me per-

V v iv

»mettroit de donner le précis de »cette obſervation ».

Il y a ainſi dans les Sciences, & ſur-tout en Phyſique, certaines découvertes qui s'oublient, qui ſe perdent même, & qu'on retrouve quelquefois après pluſieurs ſiécles; en eſt-on moins redevable à ceux qui nous les rendent? Le fait dont il s'agit étoit connu il y a 250 ans : on le trouve très-bien exprimé, dans l'ouvrage d'un ſçavant & habile Peintre Italien (*a*), qui mourut à Fontainebleau, entre les bras d'un de nos Rois (*b*). On lit au titre de ſon 328ᵉ. Chapitre : *Pourquoi ſur la fin du jour les ombres des corps produites ſur un mur blanc, ſont de couleur bleue ;* & il explique ce phénoméne, par des raiſons qui paroiſſent très-plauſibles. Je vais rapporter ſes propres paroles.

» Les ombres des corps, dit-il,

(*a*) Leonard de Vinci. L'Ouvrage dont il s'agit eſt intitulé: *Traité de la Peinture.* Il a été imprimé pour la premiére fois à Paris en 1651, en Italien & en François; on en a fait une édition Françoiſe, in-12. en 1716. Cet ouvrage eſt très-inſtructif, non-ſeulement pour les Peintres, mais même pour les Phyſiciens.

(*b*) François premier.

»qui viennent de la rougeur du So-
»leil qui fe couche & qui eft proche
»de l'horifon, feront toujours azu-
»rées : cela arrive ainfi, parce que
»la fuperficie de tout corps opaque
»tient de la couleur du corps qui l'é-
»claire ; donc la blancheur de la mu-
»raille étant tout-à-fait privée de
»couleur, elle prend la teinte de
»fon objet, c'eft-à-dire, du Soleil &
»du ciel ; & parce que le Soleil vers le
»foir eft d'un coloris rougeâtre, que
»le ciel paroît d'azur, & que les
»lieux où fe trouve l'ombre ne font
»point vus du Soleil, (puifqu'aucun
»corps lumineux n'a jamais vu l'om-
»bre du corps qu'il éclaire) comme
»les endroits de cette muraille, où le
»Soleil ne donne point, font vus du
»ciel, l'ombre dérivée du ciel, qui
»fera fa projection fur la muraille
»blanche, fera de couleur d'azur ;
»& le champ de cette ombre étant
»éclairé du Soleil, dont la couleur
»eft rougeâtre, participera à cette
»couleur rouge. »

C'eft-à-dire, que la muraille blanche fe teint fenfiblement de la lumiére azurée du ciel, & que cette

couleur ne paroît qu'à l'endroit de l'ombre ; parce qu'ailleurs elle est illuminée par une lumiére plus forte, qui empêche le bleu de paroître : il suffit pour cela que l'ombre soit foible, & c'est une condition sur laquelle on peut compter, quand le Soleil n'est pas fort élevé sur l'horison.

On a dû comprendre par tout ce que j'ai dit ci-dessus, touchant la vision, comment la lumiére en général, passant par les humeurs de l'œil, se modifie d'une maniére à tracer correctement sur le fond de cet organe, les images des objets qui nous l'envoyent. J'ai fait entendre aussi, comment les images nous représentent les couleurs naturelles de ces mêmes objets, étant tracées, non par une lumiére quelconque, mais par des rayons homogênes, seuls ou combinés ensemble. N'est-on pas en droit maintenant de me demander, par quel moyen nous voyons ce qui est noir ; puisque, selon ce que nous avons dit dans la 3ᵉ. Section, il ne vient aucune sorte de lumiére des corps de cette couleur ?

Cette question mérite certaine-

ment une réponfe ; mais ce qui m'en
déplaît un peu, c'eft que celle que
je dois produire, paroîtra peut-être
un paradoxe à ceux de mes Lecteurs
qui ne prendront pas la peine d'y réfléchir.

Quand nous regardons un corps
noir, ce n'eft pas lui que nous
voyons ; ce font les furfaces éclairées
ou lumineufes qui l'environnent &
qui lui fervent comme de champ : la
lumiére qu'elles envoyent, fait impreffion fur tout le fond de l'œil, excepté l'endroit auquel répond l'objet que nous avons en vue. Cet endroit de l'organe, qui ne reçoit point
de lumiére, eft circonfcrit ou terminé
felon la figure du corps noir qui eft
caufe de cette privation ; & c'eft par-
là que nous jugeons de la grandeur,
de la forme, de la fituation, de la
nature de celui-ci. Oui, quand nous
lifons un livre, ce ne font point les
lettres imprimées avec de l'encre, qui
font impreffion fur nos yeux, c'eft
le blanc du papier qui eft entr'elles ;
puifque c'eft de-là feulement qu'il
vient de la lumiére : nous ne les diftinguons que par les défauts de fenfation qu'elles occafionnent.

Mais si cela étoit, me dira-t-on, tous les corps noirs nous paroîtroient comme de simples taches, comme des ombres : chacun sçait par sa propre expérience, qu'un homme vêtu de noir, un animal de cette couleur, ne se voit point ainsi ; l'on en distingue toutes les parties, avec leurs reliefs.

C'est que ces objets ne sont pas entiérement noirs, comme on le suppose : les parties les plus saillantes & les plus exposées au jour se détachent des autres, par des nuances plus ou moins claires & par des réflets de lumiére, qui en font sentir les contours, les arrondissemens, &c. Cela est si vrai, qu'un Peintre qui entreprend de les représenter dans un tableau, n'en peut venir à bout, qu'en employant du blanc & d'autres couleurs capables de réfléchir de la lumiére ; & si ces corps ne sont point éclairés du côté par lequel nous les regardons, nous les voyons alors comme de véritables ombres.

ARTICLE II.

*De la vision aidée par les instrumens
d'Optique.*

La vision naturelle, lorsque l'organe est dans sa plus grande force, dans son état le plus parfait, est assujettie à des conditions & renfermée dans des limites ; si l'objet n'est point découvert au point, que de lui à nous on puisse tirer une ligne droite sans aucun obstacle, nous ne l'appercevons pas : fût-il même convenablement exposé à nos regards, s'il est trop loin ou trop petit, il nous échappe : & c'est encore pis, si l'œil est affoibli ou mal conformé ; la petitesse & la distance du corps visible le gênent davantage.

Ces inconvéniens ont subsisté long-tems sans reméde ; mais enfin, le hazard d'un côté, l'industrie de l'autre, éclairée & soutenue par l'étude, nous en ont affranchis en quelque façon : par le secours des miroirs & des verres taillés d'une certaine maniére, nous pouvons appercevoir ce qui est caché à nos regards directs ;

nous découvrons dans le sein de la nature, des êtres qui sembloient devoir être à jamais imperceptibles pour nous : les objets trop éloignés se rapprochent, pour ainsi dire, & se laissent voir distinctement : la vûe des vieillards à moitié éteinte, se ranime : celle qui est trop courte devient plus étendue : enfin, quand nos besoins sont satisfaits, les mêmes moyens fournissent encore des amusemens très-dignes de notre curiosité.

C'est le détail de ces avantages, qui va faire la matiére de cet Article : mais je ne veux y entrer, que comme je l'ai fait pour toutes les préparations qui ont servi à nos expériences ; c'est-à-dire, que je me bornerai à faire connoître en gros, comment tel ou tel effet se produit, renvoyant la description plus exacte & plus circonstanciée des moyens, à l'ouvrage dont j'ai fait mention plusieurs fois, & dans lequel je me propose de traiter *ex professo* de la construction & de l'usage de tous les instrumens de Physique ; comme je ne parle ici de ceux qui concernent l'Optique, que parce

qu'ils aident ou qu'ils perfectionnent
la vision, je ne les diftribuerai point
par claffes, je les appellerai plutôt
fuivant l'ordre de leur invention, &
& par conféquent, je ferai connoître
d'abord les plus fimples,

Lunettes dont on fe fert pour lire.

Le défaut de la vûe le plus ordinaire, & qui eft prefqu'inévitable à un
certain âge, c'eft de ne pouvoir plus
diftinguer nettement les petits objets,
à la diftance de 8 ou 10 pouces, comme on le fait ordinairement dans la
jeuneffe ; on eft obligé de regarder
de plus loin, & quand cet éloignement devenu indifpenfable, s'accroît
à un certain point, non-feulement
il eft incommode, mais il ne remédie prefque plus à rien, parce que les
petits objets, à une grande diftance
de l'œil, foutendent des angles trop
petits, ou, ce qui eft la même chofe, leur image occupe trop peu de
place au fond de l'organe, pour y
faire une impreffion fuffifante.

Les hommes qui nous ont précé-
dés de quatre à cinq fiécles ou davantage, perdoient ainfi l'ufage de

la vûe, long-tems avant que de mou-
rir ; pendant nombre d'années, ils
étoient réduits à ne plus voir que les
grands objets, & à ne les voir qu'imparfaitement ; mais enfin vers l'an
1300, on fit une heureuse application de la propriété qu'ont les verres convexes, d'amplifier l'image des
objets ; propriété connûe 200 ans auparavant (a), dont on n'avoit tiré
jusqu'alors aucune utilité. On croit
avec beaucoup de vraisemblance, que
Bacon, Cordelier d'Oxford, eut plus
de part que personne à cette importante invention (b): Quoi qu'il en soit,
on a des preuves certaines, qu'on se
servoit communément de lunettes au
commencement du 14ᵉ. siécle, & que

(a) Alhazen qui vivoit vers l'an 1100, dit
très-expressément dans son Opt. Liv. 7. Chap.
48. que si un objet est appliqué à la base d'un
grand segment d'une sphére de verre, il paroîtra plus grand.

(b) *Voici les paroles de cet Auteur :* Si homo
aspiciat litteras & alias res minutas, per medium
cristalli vel vitri vel alterius perspicui supposti
litteris, & sit portio minor sphæræ, cujus con-
vexitas sit versus oculum, & oculus sit in aere,
longe meliùs videbit litteras, & apparebunt ei
majores ..... & ideò hoc instrumentum est utile senibus & habentibus oculos debiles. *Or le*
on

c'étoit une invention nouvelle (c).

Je crois avoir suffisamment fait connoître dans l'article précédent, ce qui
manque à la vûe des presbytes ou des
vieillards, pour la vision distincte, & de
quelle maniére ils y suppléent, quand
ce défaut n'est pas trop grand ; il me
reste à expliquer ici, comment l'usage des lunettes vient au secours de
la nature, lorsque ses ressources sont
épuisées : c'est ce que je vais faire
en deux mots.

Ces sortes de vûes sont défectueu-

Frere Bacon mourut en 1292. Cependant M.
Smith prouve assez bien, par la suite même
du passage dont je viens de rapporter des fragmens, que cet Auteur n'a pas inventé lui-même les lunettes ; mais on ne peut pas nier, qu'il
n'ait bien mis sur la voie, ceux qui avoient lu
son Ouvrage.

(c) On cite un manuscrit de 1299, qui est
de la Bibliotheque de M. Redi, dans lequel on
lit ce qui suit : *Mi trovo così gravoso di anni, che
non arei volenza di legere e scrivere senza vetri
appellati okiali, trovati novellamente, per com-
modità delli poveri veki, quando affiebolano del
vedere.*

Bernard Gordon, Médecin de Montpellier, qui
écrivoit vers l'an 1305 son *Lilium Medicinæ*,
dit, en recommandant un certain collire qu'il
croyoit très-bon : *Et est tantæ virtutis, quòd de-
crepitum faceret legere litteras minutas, absque
ocularibus.*

Tome *V.* X x

ses, parce que les humeurs de l'œil ont trop peu de convexité, ou qu'en changeant de nature par succession de tems, elles ont perdu une partie de leur pouvoir réfractif : les rayons qui viennent d'un objet placé à 8 ou 10 pouces de distance, sont trop divergens, pour s'y plier autant qu'il le faudroit ; ils touchent le fond de l'organe avant que d'être rassemblés, de-là naît une vision confuse, selon ce que nous avons enseigné précédemment. On remédie à ce mauvais effet, en mettant entre l'œil & l'objet, un verre d'une certaine convexité, dont la propriété est comme l'on sçait * de rendre tels rayons, ou moins divergens, ou paralleles, ou même convergens. Ainsi, en proportionnant la convexité du verre au défaut de l'œil, on dispose de telle maniére les rayons incidens, que l'organe, tout foible qu'il est, se trouve en état de les réunir justement sur la rétine, & l'image devient nette.

* Page 302,
IV. Résultat.

Les lunettes que les vieillards mettent sur le nez , sont donc composées de deux verres un peu convexes des deux côtés ou d'un seul : el-

les font voir plus distinctement, par
les raisons que je viens de déduire, &
plus clairement, parce qu'en diminuant la divergence des rayons incidens, elles en font entrer une plus
grande quantité dans la prunelle : on
les nomme *binocles*, parce qu'elles servent en même-temps aux deux yeux,
en quoi elles font plus avantageuses
que celles qui n'ont qu'un seul verre, & qu'on appelle *lorgnettes* ou *mo-
nocles* : car l'action simultanée des
deux yeux rend la vision plus forte
& plus commode.

Comme le bon effet des lunettes,
pour ceux qui en ont besoin, vient
de ce qu'elles changent à leur avantage la disposition des rayons incidens, elles ne peuvent que nuire aux
vûes à qui la divergence naturelle de
ces rayons est convenable ; voilà
pourquoi les jeunes gens, qui voyent
bien sans lunettes, ne distinguent plus
rien, quand ils essayent de s'en servir.
Les personnes mêmes à qui elles font
utiles, pour les objets qu'elles regardent de près, les trouvent d'un mauvais usage pour voir au loin ; parce
que les rayons incidens étant alors

X x ij

comme paralleles, à cause du grand éloignement de l'objet, deviennent convergens, en paſſant par les lunettes, ce qui donne lieu à l'oeil de les réunir trop tôt, & avant qu'ils ſoient arrivés à la rétine.

L'uſage des lunettes annonce ordinairement que nous commençons à vieillir : l'amour propre nous diſſimule, autant qu'il peut, le beſoin que nous avons de ces inſtrumens ; c'eſt pourquoi l'on ménage notre délicateſſe, en nous les donnant d'abord ſous le nom de *conſerves* : tranchons le mot, ces conſerves ſont des lunettes, comme celles des vieillards, à cela près qu'elles ſont moins convexes : ſi elles ne le ſont pas du tout, comme on s'efforce de vous le faire croire, il eſt inutile de vous en maſquer le viſage ; elles ne ſont bonnes à rien, ſi ce n'eſt dans le cas où l'on auroit le fond de l'oeil ſi ſenſible, qu'on fût obligé de modérer la lumiére qui vient des objets qu'on regarde, alors on pourroit ſe ſervir de lunettes compoſées de verres plans & d'une couleur un peu verte.

Etant donnée la diſtance à laquelle

on est obligé de reculer les objets
pour les voir distinctement, on peut
déterminer le dégré de convexité que
doivent avoir les verres de lunettes,
pour rendre la vision distincte à 8 ou
10 pouces, comme elle l'est pour les
vûes ordinaires ; il ne faut pour cela,
qu'assujettir les rayons incidens aux
loix de la réfraction, que nous avons
établies dans la Dioptrique, ayant
égards aux différens dégrés de réfringence des humeurs de l'œil hu-
main, & à leurs figures ; mais il est encore plus simple & plus commode,
quand on le peut, d'entrer dans les
boutiques des marchands qui ont de
ces instrumens à choisir, & de s'accommoder de celui avec lequel on
voit le mieux.

Un autre défaut de la vûe tout-à-
fait opposé à celui dont je viens de
parler, c'est de ne pouvoir distinguer
les objets que de fort près : j'en ai
dit la cause en parlant des myopes
dans l'article précédent ; je prie le lecteur de vouloir bien se la rappeller.
Quand ces sortes de vûes sont si courtes, qu'il ne suffit pas d'approcher les
petits objets à 5 ou 6 pouces des yeux,

c'eſt une incommodité des plus grandes; on eſt à demi aveugle, parce qu'on
ne diſtingue preſque plus rien de ce qui
ſe paſſe à 5 ou 6 pas ; & pour examiner
ce qu'on tient à la main, on ne peut
employer qu'un œil à la fois, parce
que les axes optiques ne peuvent plus
ſe réunir ſur un même point, quand
l'angle qu'ils forment entr'eux, doit
être plus grand que de ſoixante dégrés : ajoutez à cela, que quand on
regarde de ſi près, il eſt très-difficile
que l'objet ſoit éclairé ſuffiſamment.

C'eſt donc rendre un très-grand
ſervice à ceux qui ont la vûe trop
courte, que de leur procurer le moyen
de bien voir de plus loin ; & c'eſt ce
que l'on fait, en mettant devant leurs
yeux un verre concave, dont la propriété eſt de rendre divergens les
rayons qui ne le ſont pas, & d'augmenter la divergence de ceux qui
n'en ont point aſſez *. Car le défaut
de cette ſorte de vûe, venant, comme je l'ai dit, de ce que les rayons
trop fortement réfractés dans les humeurs de l'œil, ſe raſſemblent avant
que d'arriver à la rétine, on porte infailliblement cette réunion plus loin,

* Pag. 326.
III. Réſultat.

en augmentant la divergence des
rayons incidens, il ne s'agit que de
proportionner la concavité du verre,
à l'excès de convexité qui fait le vice
de l'organe. C'est ce que l'on peut
déterminer encore par les régles de
la Dioptrique ; mais dans la pratique, il est plus court de choisir dans
plusieurs verres de cette espéce, celui qui fait le mieux voir.

Les personnes qui se servent de
verres concaves, voyent les objets plus
petits qu'a la vûe simple, mais ils les
voyent nettement, & à des distances plus grandes : on dit communément, que les vûes courtes durent
plus long-tems que les autres, si
cela est aussi vrai que consolant, on
en peut rendre raison en disant, que
comme les yeux des myopes pechent
par trop de convexité, s'ils s'appla-
tissent en vieillissant, ils ne doivent
point arriver aussi-tôt que d'autres, à
l'excès opposé. Ce qu'il y a de certain, c'est que les personnes qui ont
la vûe courte, écrivent, & aiment
à lire les petits caractéres : mais je
ne regarde pas ce penchant comme
le signe d'une meilleure vûe ; je crois

que cela vient plutôt, de ce qu'ils en découvrent plus d'un seul coup d'œil.

On peut faire voir très-sensible-ment les effets des lunettes, tant con-vexes que concaves, par une expé-rience très-curieuse. Prenez cet œil artificiel que j'ai employé dans l'ex-périence de l'article précédent, & qui est représenté par la *Fig.* 3. tirez un peu en avant le petit tuyau qui por-te la lentille de verre, & alors vous verrez que les images des objets se-ront très-confuses, sur le papier hui-lé; c'est le cas d'une vûe courte, ou d'un œil trop convexe, qui rassem-ble les rayons avant qu'ils soient par-venus à la rétine : présentez devant le tuyau un verre un peu concave; vous verrez aussi-tôt, que l'image qui étoit confuse, deviendra très-dis-tincte.

Faites ensuite tout le contraire : enfoncez le tuyau plus qu'il ne faut, pour représenter la vision naturelle; c'est le cas de l'œil presbyte, qui ne peut pas réfracter les rayons assez pour les réunir sur la rétine ; aussi l'image sera-t-elle encore très-confuse sur le papier huilé : mais elle deviendra nette

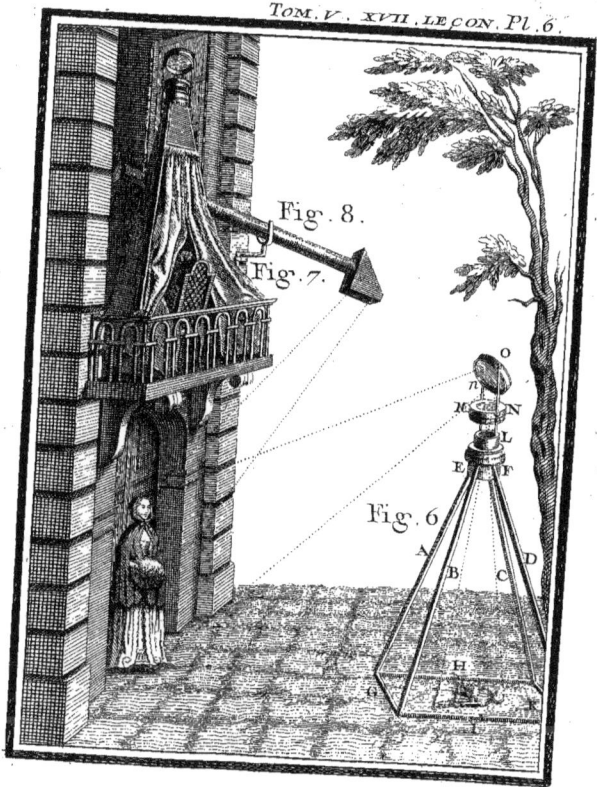

Fig. 8.

Fig. 7.

Fig. 6.

nette & diſtincte, dès que vous met-
trez devant le tuyau, la lunette d'un
vieillard, c'eſt-à-dire, un verre un
peu convexe (*a*).

Chambre obſcure.

Après l'œil artificiel dont je viens
de parler pour la ſeconde fois, rien
ne repréſente mieux les effets de la
viſion, que ce qui ſe paſſe dans une
chambre bien obſcure, dans laquelle il n'entre du jour, que par un trou
d'un pouce de diamétre ou environ,
pratiqué à la fenêtre. Un Phyſicien
du 16ᵉ. ſiecle (*b*) remarqua le premier, que les objets du dehors ſe deſ-
ſinoient comme des ombres, ſur la muraille & au plancher de ſa chambre :
cet effet le ſurprit agréablement ; il
l'étudia avec attention, il le perfec-
tionna, & enſeigna dès lors les moyens
de rendre cette repréſentation plus
diſtincte, en mettant au trou de la

(*a*) Pour faire cette expérience à coup ſûr,
il faut avoir marqué auparavant ſur le tuyau, les
dégrés d'enfoncement qu'il doit avoir, ſelon le
plus ou le moins de convexité & de concavité
des verres qu'on doit placer devant.

(*b*) Jean-Baptiſte Porta, dans ſa Magie naturelle qui fut imprimée en 1560.

fenêtre un verre lenticulaire, dont le foyer foit à la diftance de la muraille qui eft au fond de la chambre, ou d'un carton blanc qu'on approche davantage.

Depuis ce tems-là on a rendu cette expérience portative, en employant au lieu de chambre, une boîte dont on a varié d'une infinité de maniéres, la grandeur, la forme, la difpofition, en gardant toujours ce qu'il y a d'effentiel, c'eft-à-dire, un verre lenticulaire qui a fon foyer fur un fond blanc, placé dans un lieu obfcur. Suppofez, par exemple, une boîte un peu plus longue que large, comme *ABCD*, *Fig.* 5 (*a*), garnie d'un tuyau *E*, fixé à l'un de fes petits côtés, pour recevoir un autre tuyau mobile *F*, qui porte un verre lenticulaire, dont le foyer eft à la diftance du fond *A C*. On voit que par les rayons qui fe croifent en paffant dans le verre *F*, l'objet fe peint renversé au fond de la boîte, comme fur le mur de la chambre dont j'ai

(*a*) Dans la figure, on a laiffé la moitié d'un des grands côtés ouverte, pour faire mieux entendre les effets qui fe paffent au-dedans.

parlé d'abord ; & l'on en jugera encore mieux, fi ce fond *A C*, au lieu
d'être de bois, eft un morceau de
glace dépolie, ou un chaffis garni
d'un papier huilé.

Si l'on veut que l'objet paroiffe
droit à quelqu'un qui aura l'œil placé en *A*, il faut placer dans la boîte un miroir qui ait une inclinaifon
de 45 dégrés, comme *A G*, & que la
moitié du couvercle puiffe s'ouvrir
comme *H I K L*: alors, fi l'on met la
glace dépolie, ou le chaffis dont je
viens de parler, fur la partie découverte *A K L*, les rayons réfléchis par
le miroir y porteront l'image de l'objet, dans une fituation droite, pour le
fpectateur qui aura l'œil en *A*.

Il eft à propos que la partie du
couvercle qui fe leve, porte avec elle
deux joues *H m*, & fa pareille attachée au côté *I L*, pour faire de l'obfcurité fur le plan qui reçoit l'image. Et comme les rayons de lumiére qui viennent d'un objet éloigné
font moins divergens que ceux qui
viennent de plus près, il faut avancer ou reculer le tuyau mobile *F*, fuivant la diftance des objets qu'on veut

voir, pour avoir leurs images bien diftinctes.

Les chambres noires ou obſcures
qu'on fait ainſi avec des boîtes, ſoit
qu'elles ſe démontent ou non, ne
ſont pas auſſi portatives qu'on le voudroit, ou bien on eſt réduit à n'a-
voir que des images fort petites :
car ſi le foyer du verre eſt long, la
boîte doit être grande à proportion.
Il y a environ 25 ans que j'en ai imaginé une qui eſt très-légere, qui tient
peu de place, & dont le verre peut
avoir 30 pouces de foyer & même
davantage. C'eſt une pyramide quarrée, formée par quatre tringles de
bois A, B, C, D, Fig. 6. aſſemblées
par en haut dans un collet de même matiére $E F$, & par en bas aux
quatre coins d'un chaſſis $G H I K$;
tous ces aſſemblages ſont à charniéres, & chaque côté du chaſſis ſe bri-
ſe de même dans ſon milieu, de ſorte qu'en ouvrant quatre crochets pour
laiſſer le jeu libre aux charniéres $G, H,$
I, K, les montans ſe plient & ſe raſſemblent comme les balaines d'un
parapluie, & à côté d'eux, les traver-
ſes qui forment le chaſſis.

Le collet *E F* est percé à jour, pour recevoir un tuyau de carton *L*, garni d'un verre objectif, qui a son foyer à la base de la pyramide. La partie *L* plus menue que le reste, reçoit un autre collet *M N*, qui tourne dessus avec liberté, & qui porte à sa circonférence deux petits tuyaux de cuivre *N*, *n*, fendus suivant leur longueur, pour faire ressort.

Dans ces tuyaux glissent de haut en bas deux petits montans de métal, qui portent une espéce de couvercle *O*, au fond duquel est ajusté un miroir plan. On a fixé au bord de cette piéce deux tenons ou pivots diamétralement opposés, qui tournent avec un peu de frottement, dans des trous pratiqués au bout des montans, lesquels pour cet effet, sont applatis comme la tête d'un compas. Lorsqu'on a joint le second collet *M N* au premier *E F*, on peut donc, sans remuer la pyramide, tourner le miroir vers différens points de l'horison, & l'incliner, autant qu'on le veut, pour chercher les objets qu'on a dessein de voir. Et quand le couvercle est entiérement baissé, il forme, avec les

Y y iij

deux collets, une espéce de boîte qui termine la pyramide, & qui renferme le verre & le miroir, qui sont les piéces les plus casuelles de l'instrument. On couvre d'un gros drap vert doublé en dedans de taffetas noir, trois côtés entiers de la machine & une partie *A E B* du quatriéme ; en *A B* & aux parties inférieures des deux montans, on attache un rideau de quelque étoffe noire un peu épaisse, dont on puisse se couvrir la tête & les épaules. Il faut aussi que le drap des trois autres côtés déborde de 2 ou 3 doigts par en bas.

Pour faire usage de cette machine, on la pose sur une table bien droite, & couverte d'une grande feuille de papier blanc, dans un lieu sombre & qui soit un peu élevé; on prend le tems où les objets sont bien éclairés, on s'assit ayant le dos tourné vers eux, & l'on avance un peu sa tête sous le rideau, ayant soin qu'il n'entre pas d'autre jour que celui qui vient par l'objectif : voyez la *Fig.* 7. La machine étant pliée, le drap & le rideau se tournent autour des montans, & le tout se met dans un sac

de toile long & étroit ; ce qui la met
en état d'être tranfportée fort aifément.

On voit par la feule infpection de
la *Fig.* 6. que les rayons de lumiére
partant des différens points de l'objet, vont frapper le miroir ; & qu'a-
près s'être croifés dans l'objectif, ils
vont deffiner l'image fur la table, dans
une fituation droite, pour la perfonne qui regarde par le côté *A B* de la
pyramide. Cette efpéce de chambre
noire pourroit fervir pour voir ce qui
fe paffe au dehors d'une place affié-
gée, fans expofer fa tête ; car rien
n'empêche que la table fur laquelle
on la pofe, ne foit derriére un rem-
part, & que la piéce qui porte le miroir, ne s'éleve au-deffus.

Polémofcopes.

On appelle ainfi les inftrumens,
foit de Dioptrique foit de Catoptrique, par le moyen defquels on peut
voir fans être vu. Ordinairement la
partie principale eft un miroir incliné, qui renvoye l'image de l'objet au
fpectateur, qui ne peut pas les voir en
droite ligne. Un homme fédentaire

Y y iv

& curieux, du milieu de fa chambre & fans quitter fon bureau, un malade affis fur fon lit, fe procure la vûe de ce qui fe paffe dans une longue rue ou dans une place publique, par le moyen d'une glace placée au côté d'une fenêtre, avec une inclinaifon convenable; un pareil miroir incliné à l'horifon, & qui s'avance un peu hors de la fenêtre, met un homme d'étude en état de fe fouftraire aux vifites importunes, en lui faifant connoître ceux qui heurtent à la porte de fa maifon.

Quand on veut un polémofcope portatif, on incline la glace de 45 dégrés au fond d'une boîte, dont le devant refte tout-à-fait ouvert. Et l'on fait au côté de cette boîte fur lequel la glace eft inclinée, un trou de 2 pouces de diamétre ou environ, pour recevoir un tuyau de la longueur qu'on le veut avoir. Voyez dans la *Fig.* 8. comment les rayons réfléchis par le miroir, vont porter l'image de l'objet à l'œil, qu'on fuppofe au bout du tuyau.

Avec cet inftrument, l'on peut voir par-deffus la muraille d'une ville, d'un

jardin, même dans une chambre voi-
fine & placée fur la même ligne de
celle où l'on eft, pourvu que la fenêtre en foit ouverte, & qu'il y ait
affez de lumiére. Il y a des gens qui
portent de ces inftrumens dans leur
poche, en forme de lorgnette d'O-
pera, & qui regardent tout à leur
aife les perfonnes qui font à côté
d'eux, dans le tems qu'on les croit
occupés de ce qui fe paffe au loin &
devant eux : ils cachent par ce petit
ftratagême, une curiofité qui paffe-
roit fouvent pour une indifcrétion &
une impoliteffe.

Curiofités, perfpectives, ou optiques.

On donne communément tous ces
noms à certaines boîtes dans lefquelles des objets convenablement éclairés, fe font voir fous des images amplifiées & dans l'éloignement, par le
moyen des miroirs & de quelques verres convexes : la conftruction de ces
machines fe varie de tant de maniéres, que je ne puis ni ne dois parler ici de toutes celles qui font connues ; je ferai mention de deux ou
trois, & je fuppoferai des objets fort

simples, afin que l'on comprenne mieux les effets.

On se souviendra, qu'en expliquant les propriétés du miroir sphérique concave, j'ai fait remarquer, que quand l'objet est placé plus loin de la surface réfléchissante, que le foyer des rayons parallèles, son image se trouve renversée & devant le miroir. En conséquence de cela, on se procure un joli spectacle, si l'on met un tableau qui représente un paysage, devant un de ces miroirs, & qu'en s'éloignant un peu, on regarde par-dessus dans le miroir ; il faut, pour bien faire, que le tableau soit fort éclairé, & que le miroir soit dans l'obscurité : ceux qu'on fait en Angleterre avec des glaces courbées & mises au teint, rendent ces représentations plus vives & plus nettes que ceux de métal, parce qu'ils réfléchissent mieux la lumière, & qu'ils font moins sujets à se ternir.

Ces illusions se multiplient agréablement, quand on se sert d'une boîte longue représentée par la *Fig.* 9. dont le dessus n'est qu'une gaze ou un taffetas blanc & très-mince, pour laisser passer beaucoup de lumiére ; l'un des petits côtés *A B*, porte un miroir concave, dont le foyer est à la distance *F* ; & sur l'autre en dedans, on glisse successivement des cartons peints qui représentent des édifices, des jardins, & d'autres objets semblables : on place l'œil vis-à-vis d'un trou, qui est percé à jour dans le même côté de la boîte, un peu au-dessus des cartons.

Si les deux grands côtés d'une pareille boîte font ornés de peintures, telles que celles dont je viens de parler ; que fur le fond, il y ait des petites figures isolées de bois, d'émail, ou de carton, en repos ou en mouvement, & que les deux petits côtés foient couverts de deux miroirs plans ; en regardant simplement par le trou *D*, on verra tous ces objets multipliés prefque à l'infini & dans un grand éloignement, pour les raisons que j'ai déduites, en expliquant les effets des miroirs plans : & ce petit spectacle deviendra encore plus divertissant, si l'on met au trou un verre lenticulaire, dont le foyer soit à-peu-près au milieu de la longueur de la boîte; car ce verre ne manquera pas d'amplifier les images & les diſtances.

On donne encore à ces ſortes de boîtes la forme d'une tour quarrée, *Fig.* 10. au haut de laquelle il y a un miroir incliné comme *C E* : les images de tous les objets rangés dans la longueur de la boîte, ſont renvoyées par le miroir à l'œil, qui les apperçoit dans la direction horiſontale *FG.* Le côté oppoſé à *F H*, eſt celui qui eſt couvert de gaze ou de taffetas, & que l'on tourne du côté du jour. Le petit tuyau *F* porte auſſi un verre lenticulaire, pour faire paroître le lieu & les objets plus grands.

Téleſcopes & lunettes d'approche.

Ce ſont des tuyaux dans leſquels des verres ou des miroirs (quelquefois les uns & les autres) combinés d'une certaine maniére, nous ſont appercevoir diſtinctement des objets trop éloignés pour la vûe ſimple. On les nomme *téleſcopes*, parce que le premier & le plus important uſage qu'on en ait fait, a été d'examiner les aſtres connus, & d'en découvrir

d'autres qui ne l'étoient pas. Quand
on s'en fert pour les objets terreftres,
le vulgaire les appelle lunettes *d'approche*, parce que ces inftrumens femblent diminuer la diftance qui eft en-
tre l'objet & le fpectateur.

L'invention des télefcopes a été
d'un grand fecours pour les progrès
de l'aftronomie; c'eft de cette époque qu'il faut dater les plus belles découvertes qui ont été faites dans cette fcience, par Kepler, Galilée, Hughens, Dominique Caffini, Halley,
Roëmer, Bradley, &c. Avant ce tems-
là on ne connoiffoit ni ce qu'on appelle montagnes, vallées & mers dans la
Lune, ni les taches du Soleil, ni les
fatellites de Jupiter: on ignoroit pareillement ceux de Saturne & fon anneau, les phafes de Vénus, le diamétre des autres planettes, leurs ro-
tations fur leur axe, la durée de ces
révolutions, & toutes les conféquences qu'on eft en droit de tirer de tous
ces faits bien conftatés.

Auffi plufieurs Nations fe difpu-
tent-elles l'honneur d'avoir inventé
les télefcopes. Guillaume Molineux
& Samuël fon Fils le revendiquent

pour l'Angleterre, en attribuant cette invention à Roger Bacon, que j'ai déja cité ci-deſſus : mais M. Smith prouve aſſez bien, par la maniére même dont ce Religieux s'eſt énoncé, qu'il n'a fait que prévoir tout au plus, ce qu'on pourroit faire par le moyen des verres lenticulaires, & qu'il n'a jamais fait ſur cela aucune épreuve, à laquelle on puiſſe rapporter la découverte dont il s'agit.

M. Hughens croit que c'eſt un effet du hazard ; mais il le fait naître dans ſa patrie : »Quelques-uns, dit-il, » * attribuent la premiére invention » du téleſcope à Jacques Métius habitant d'Alcmaër ; mais je ſuis certain qu'un ouvrier en avoit fait avant » lui à Middelbourg en Zélande vers » l'an 1609. il ſe nommoit Jean Lipperſheim ſelon Sirturus, & Zacharie ſelon Borelli (a), &c. ». Ce qu'il y a de certain, c'eſt que les premiers téleſcopes ont été compoſés de deux verres, dont l'un étoit convexe &

* Dans ſa Dioptrique p. 163.

(a) M. Muſchenbroek rapporte cette découverte à l'année 1590, & l'attribue à Zacharie Janſze & Jean Lipperſheim, habitans de Middelbourg en Zélande. Eſſai de Phyſiq. p. 598.

l'autre concave, & que ceux de cette efpéce fe nomment encore aujour-
d'hui, *télefcopes Hollandois.*

Ces premiers inftrumens, production du hazard & d'une induftrie peu
éclairée, n'euffent jamais été d'une
grande utilité, fi l'on eût abandonné
le foin de les perfectionner, aux Artiftes qui en avoient fait la découverte: mais dès qu'ils furent connus,
les Sçavans s'en emparerent ; entre
les mains de Galilée, de Kepler, &
de M. Hughens, leur conftruction
fut réglée, fuivant les principes bien
entendus & bien médités de la Dioptrique ; & le célébre Campani (*a*) y
ajouta l'exécution la plus heureufe
& la plus réguliére.

Le télefcope de Galilée, le même
que celui des Hollandois, à cela près
qu'il eft conftruit dans de meilleures
proportions, eft compofé de deux
verres, dont l'un qui eft convexe, fe
nomme *objectif,* parce qu'il eft placé au
bout du tuyau qu'on tourne vers l'objet ; l'autre qui eft concave, s'appelle
oculaire, parce qu'il eft à l'autre bout

(*a*) Artifte de Rome très-habile & très-inf-
truit.

où se préfente l'œil de l'obfervateur :
voici autant qu'on le peut repréfenter
dans une petite figure, quelle eft la
marche des rayons dans cet inftrument, & comment il amplifie l'image
de l'objet.

Il faut fuppofer que l'objet *A B*,
Fig. 11. eft tellement éloigné, que les
jets de lumiére qui viennent de chaque point de fa furface tomber fur
l'objectif, comme *A C*, *B C*, font compofés de rayons, non fenfiblement
divergens comme dans la figure,
mais prefque paralleles entr'eux. Ces
jets cylindriques ou à peu près, en
traverfant le verre convexe, fe con-
vertiffent en autant de pyramides,
qui formeroient par leurs pointes
l'image renverfée *a b* de l'objet, fans
l'interpofition de l'oculaire *D*, lequel
étant concave, rend paralleles entr'eux
les rayons de chaque pyramide. Ainfi
chacun de ces jets ou pinceaux entrant dans le criftallin de l'œil *E*,
comme s'il venoit d'un lieu fort éloigné, ne s'y rompt qu'autant qu'il le
faut, pour former une pointe au fond
de l'organe *F G* ; & par ce moyen, il
s'y deffine une image diftincte & renverfée,

versée, comme elle le feroit à la vûe simple : c'est pourquoi cette espéce de télescope fait voir les objets dans leur situation naturelle & sous un plus grand angle, ce qui augmente leur grandeur apparente.

Ce télescope ne pouvant avoir qu'une longueur très-limitée (*a*), ne peut pas grossir beaucoup ; d'ailleurs, il a peu de champ, c'est-à-dire, que l'oeil qui s'en sert, ne peut embrasser que très-peu d'objets d'un seul aspect, parce que les faisceaux de lumiére qui sortent de l'oculaire étant divergens entr'eux, la prunelle ne peut pas comprendre en même-tems ceux qui viennent des extrêmités d'un grand objet.

On trouve dans la Dioptrique de Kepler, qui fut imprimée en 1611, la description d'un télescope, qui fut dés-lors qualifié d'*Aftronomique*, parce qu'il est bien meilleur que le précédent, pour observer le ciel ; il est composé de deux verres convexes placés aux deux extrêmités d'un tuyau, de maniére que leurs foyers coinci-

(*a*) Les plus grandes lunettes de cette espéce, n'ont que 15 ou 18 pouces.

Tome V.　　　　　Z z

dent au même endroit ; ainſi la longueur totale de l'inſtrument réſulte
de celles des deux foyers C F, D F,
priſes en ſomme, *Fig.* 12.

Les jets de lumiére A C, B C, qu'on
ſuppoſe venir de fort loin, & qui par
conſéquent ſont compoſés de rayons
preſque paralleles, en paſſant par le
verre objectif C, ſe convertiſſent en
autant de pyramides, dont toutes les
pointes deſſinent l'image de l'objet à
la diſtance F, où eſt le foyer du verre.
Mais ces rayons ſe croiſant, deviennent divergens ; s'ils tombent ſur un
verre lenticulaire D, dont le foyer
ſoit à la diſtance de F, où commence leur divergence, ils deviennent
paralleles entr'eux, en même-tems
que les jets qu'ils compoſent, tendent
à ſe réunir dans l'œil qui eſt placé
en E.

L'objet paroît donc ſous l'angle
G E H, beaucoup plus grand que ne
ſeroit A E B, par la vûe ſimple ; & l'i-
mage eſt droite au fond de l'œil,
puiſque c'eſt celle qui eſt renverſée en
F, qui devient l'objet immédiat de la
viſion ; par conſéquent le véritable
objet A B, doit paroître le haut en bas.

Ce dernier effet est un inconvénient par-dessus lequel on passe, quand
on n'a, comme les Astronomes, que
des corps ronds à observer, & que
l'on cherche, comme eux, à conserver à l'instrument toute la clarté dont
il est susceptible : mais pour voir sur
la terre cela est incommode, on aime
à voir les objets dans leurs situations
naturelles. On se procure cet avantage en ajoutant deux oculaires convexes au premier : car par la seule ins-
pection de la *Fig.* 13. on voit que, si
au lieu de placer l'œil en *E*, pour recevoir les faisceaux de rayons paralleles qui viennent s'y rendre, on les
laisse se croiser, & qu'on les reçoive
ensuite sur un second oculaire *K*, de
paralleles qu'ils sont, ils deviennent
convergens, & forment une seconde
image, mais en sens contraire de la
première qui est en *F*. Après quoi,
s'ils passent à un autre oculaire *L*, ce
verre qui les reçoit divergens de la
distance *f* où est son foyer, leur rend
le parallélisme qu'ils avoient avant
que d'entrer dans le verre *K*, & les
jets qui en résultent, vont de part &
d'autre à l'œil placé en *M*, dans le

même ordre qu'ils ont en *E*, en fortant du télefcope Aftronomique. Mais
comme c'eft la feconde image *af b*
qui eft ici l'objet immédiat de la vifion, & que cette image eft en fens
contraire de la premiére *b F a*, ou plutôt dans le même fens que l'objet
réel, elle doit être apperçue, comme
on le voit lui-même à la vûe fimple.

Dans ces télefcopes, tant à deux
qu'à quatre verres convexes, la grandeur du champ dépend de la largeur
de l'oculaire ; car comme les rayons
de lumiére qui viennent des extrêmités oppofées de l'objet, fe croifent
dans l'objectif, il eft aifé de concevoir, que plus l'oculaire eft large,
plus il embraffe de ces rayons, qui
s'écartent les uns des autres après leurs
croifemens. Cependant on ne laiffe
pas aux oculaires toute la largeur
qu'ils pourroient avoir, parce que la
lumiére qui paffe trop près des bords,
ne s'y réfracte pas auffi réguliérement,
que vers le milieu. Quant à la quantité dont ces inftrumens groffiffent
les objets, on peut prendre ceci pour
regle : la grandeur apparente par le
télefcope eft à la grandeur apparen-

te à la vûe simple, comme la distance *F C*, est à la distance *D F*, c'est-à-
dire, que si le foyer de l'objectif est
30 fois plus long que celui de l'oculaire, le diamétre de l'objet vu par la
lunette, paroîtra 30 fois plus grand
qu'à la vûe simple.

Les télescopes de réfraction, pour
grossir beaucoup, doivent être fort
longs, ce qui les rend embarrassans
& difficiles à manier ; ils ont encore
un autre défaut, c'est que les images
qu'ils amplifient à un certain point.
manquent de clarté & de netteté : on
attribua d'abord cette derniére imperfection, à des causes qui n'y avoient
pas grande part (*a*), & les moyens
dont on convint pour y remédier,
n'auroient pas réussi quand ils eussent
été praticables (*b*).

Ces considérations firent naître l'i-

(*a*) Voyez ce que j'ai rapporté à ce sujet, au
commencement du 1 Article de la 3 Section.
Consultez de plus, l'Optique de Newton, Liv.
1. Part. 1. prop. 7. où il démontre, que l'erreur
qui vient de la seule sphéricité des verres d'un
télescope est plusieurs centaines de fois moindre,
que celle qui vient d'une autre source qu'il désigne, & à laquelle on ne peut pas remédier.
(*b*) Si l'objectif d'un télescope, au lieu d'être

dée d'employer des miroirs au lieu des verres, pour former les images des objets ; ce moyen paroissoit plus sûr, en ce que les rayons de lumiére, de quelque espéce qu'ils soient, font toujours leur angle de réflection égal à celui de leur incidence : un autre avantage qui ne paroissoit pas moins réel, & qui étoit très-important, c'est qu'il étoit évident que ces nouveaux instrumens, pour grossir autant que les télescopes de Dioptrique, n'auroient pas besoin d'être aussi longs. Jacques Gregory d'Aberdéen produisit le premier télescope de réflection en 1663 : peu d'années après, Newton en fit un d'une construction différente, dont on trouve la Description dans les Transact. Philos. n°. 80. & dans son Optique vers la fin de la 1 partie du 1 Livre.

une portion de sphere, étoit d'une figure hyperbolique ou elliptique, comme on avoit trouvé qu'il falloit le faire, il seroit nécessairement fort épais, & par conséquent il intercepteroit trop de lumiére : de plus, il ne réuniroit bien que les rayons paralleles à son axe ; ceux qui viendroient des côtés de l'objet, se rassembleroient moins bien que par une lentille d'une courbure sphérique.

Pl. 7.

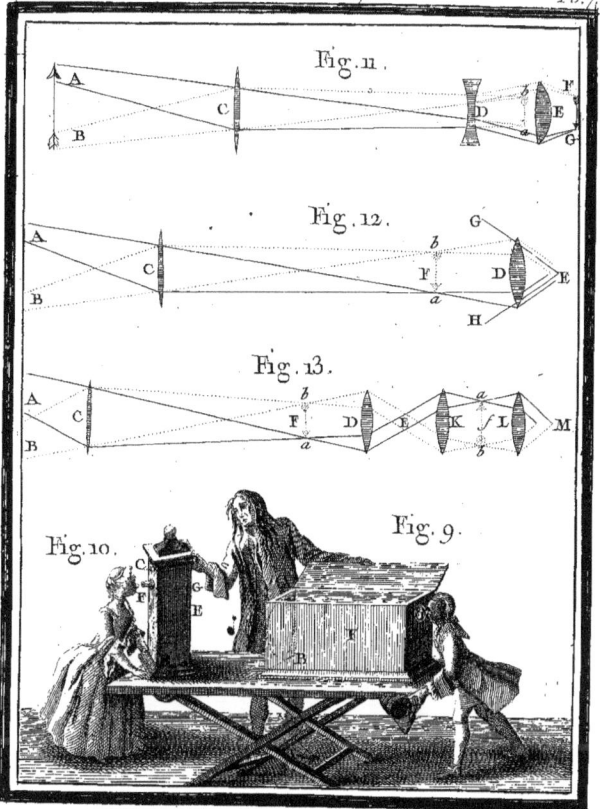

Fig. 11.

Fig. 12.

Fig. 13.

Fig. 10.

Fig. 9.

Quoique le téléscope de Newton n'ait été publié qu'après celui de Gregory, il paroît cependant que ce dernier n'a pas été aussi-tôt en usage, soit par des retardemens d'exécution, soit qu'on le trouvât moins parfait ; ce ne fut guére que vers l'année 1726, que les ouvriers commencerent à en débiter à Londres, après qu'il eut été perfectionné par M. Hadley.

Le téléscope Newtonien est composé d'un large tuyau $DDDD$, au fond duquel est fixé un miroir concave de métal GH, dont le foyer est vers l'autre bout, qui est ouvert. Entre ce miroir concave & son foyer, est un autre miroir de métal IK, plan, beaucoup plus petit que le premier, de figure ovale, incliné de 45 dégrés à l'axe du tuyau, & porté par une tige, avec laquelle il se meut en avançant & reculant suivant la longueur du tuyau. Vis-à-vis de ce petit miroir, le tuyau est percé d'un trou rond, pour recevoir un autre petit tuyau LL garni d'une ou de plusieurs lentilles. La place de l'oeil est en O, où il y a une ouverture d'une ligne de diamétre tout au plus. Voici quelle eſt la marche de la lumiére, dans cet inſtrument.

Il faut ſuppoſer que *AG*, *BH*, ſont deux faiſceaux de rayons paralléles ou très-peu divergens, qui vie nnent des deux extrêmités oppoſées d'un objet qui eſt fort éloigné, & qui ſe ſont croiſés avant que d'entrer dans le téleſcope, de ſorte que *A G* vient de la partie ſupérieure, & *B H* de la partie inférieure de cet objet. Dès que ces jets de lumiére tombent ſur les parties *G*, *H* du miroir concave, les rayons qui les compoſent, de paralleles qu'ils ſont ou à-peu-près, deviennent convergens au foyer *F*, comme on l'a vu dans la Catoptrique ; & il ſe formeroit en cet endroit, une image renverſée de l'objet, ſans l'interpoſition du petit miroir *IK*, qui arrête & réfléchit ces pyramides de lumiére, vers le trou latéral *L L* ; d'où il arrive, que l'image eſt tranſpoſée en *c d*, ſans aucun autre changement, attendu que le petit miroir eſt plan.

De l'endroit où ſe forme l'image, les rayons de chaque faiſceau recommencent à diverger entr'eux : en paſ-

ſant

fant enfuite par la lentille *L L* dont
le foyer eft à la diftance *c d*, ils re-
deviennent paralleles ; & les jets cylindriques qu'ils forment, s'avancent
en convergeant vers l'œil, qui apperçoit l'image de l'objet fous l'angle
L O L, & par conféquent beaucoup
plus grande qu'à la vûe fimple, mais
dans une fituation renverfée. On peut
la redreffer, en mettant dans le petit
tuyau trois lentilles au lieu d'une,
comme dans les télefcopes de Dioptrique.

Afin qu'on puiffe employer dans
le tuyau *L L*, des lentilles de différens
foyers, ce tuyau & le petit miroir s'a-
vancent & fe reculent enfemble, fuivant la longueur du télefcope ; par
ce moyen, l'image *c d* s'approche ou
s'éloigne de la lentille *L L*. Et comme on eft obligé de regarder de côté, pour diriger avec plus de facilité
l'inftrument vers l'objet, on y joint
ordinairement une lunette compofée
de deux verres, dont l'axe eft parallele à celui du télefcope. Le tout eft
porté fur un pied qui fe hauffe & fe
baiffe à volonté ; & le corps de l'inftrument eft foutenu par deux pivots

Tome V. A a a

fixés au milieu de sa longueur, & sur lesquels il tourne, pour s'incliner autant qu'on le veut. Voyez la *Fig.* 15.

Le télescope Grégorien, tel qu'il est aujourd'hui, est aussi composé d'un gros tuyau *DDDD*, *Fig.* 16. au fond duquel est un miroir concave de métal *GH*, percé au milieu. Vers l'autre bout, est un second miroir de métal *IK* plus concave que le premier, dont le diamétre est un peu plus grand, que celui du trou qui est au milieu du grand miroir; il est porté par une tige qui tient au tuyau, & avec laquelle il peut s'avancer & se reculer dans une coulisse pratiquée à cet effet. Le trou du grand miroir répond à un petit tuyau dans lequel il y a un verre plan convexe *Ll*, & un autre *Mm* qui est taillé en ménisque ou en lentille ; & l'ouverture du côté de l'œil en *O*, est un très-petit trou rond.

Pour entendre comment les images se forment dans cet instrument, il faut encore supposer, comme on l'a fait ci-dessus, pour le télescope Newtonien, que *AG*, *BH*, sont des faisceaux de rayons qui viennent des extrêmités opposées d'un objet très-

éloigné, & qui se font croisés avant
que d'entrer dans le télescope. Les
rayons presque paralleles qui composent chacun de ces jets de lumiére, étant réfléchis par le miroir concave *GH*, deviennent convergens,
& font une image distincte & renversée à la distance *a b*, où est le foyer
des rayons paralleles ; ensuite ils deviennent divergens, & s'avancent en
cet état jusqu'au petit miroir *IK*, qui
ayant son foyer un peu plus loin que
la distance *a b* d'où ces rayons commencent à diverger, les rend un peu
convergens après la réflection, tellement que, s'ils ne rencontroient rien
dans le petit tuyau, ils iroient former
une image bien au-delà de la distance *L l ;* mais pour rendre l'instrument plus court, on les reçoit là, sur
un verre plan convexe qui augmente
leur convergence, & qui les réunit à
la distance *c d* où se forme l'image ;
ensuite lorsqu'ils sont devenus divergens, on les fait passer par un autre
verre qui a son foyer à la distance
c d, ce qui fait qu'ils sont émergens par des lignes paralleles, & que
les faisceaux qu'ils composent, se di-

rigent de part & d'autre vers O où est

l'œil, & lui font voir l'image sous l'angle $n\,O\,p$.

Le tuyau est monté sur un genouil qui tient à un support, au moyen de quoi il a tous les mouvemens imaginables. Pour faire approcher le petit miroir du grand, ou pour l'en éloigner, il y a une verge de métal qui tourne dans deux ou trois collets placés sur la longueur du tuyau, & dont un bout qui est taillé en vis, enfile l'extrêmité de la tige qui porte le petit miroir ; cette verge est garnie à son autre bout d'une tête que l'on tient à la main pour la faire tourner d'un côté ou de l'autre, jusquà ce qu'on apperçoive l'image de l'objet bien distinctement. Ce mouvement du petit miroir est néceffaire : car quand l'objet qu'on regarde est plus éloigné, l'image s'écarte des oculaires ; & quand il est plus près, c'est tout le contraire : comme ces oculaires font fixes, il faut que le petit miroir s'avance ou fe recule, pour entretenir l'image toujours à là même diftance de ces verres. C'est pour la même raifon que dans les lunettes de

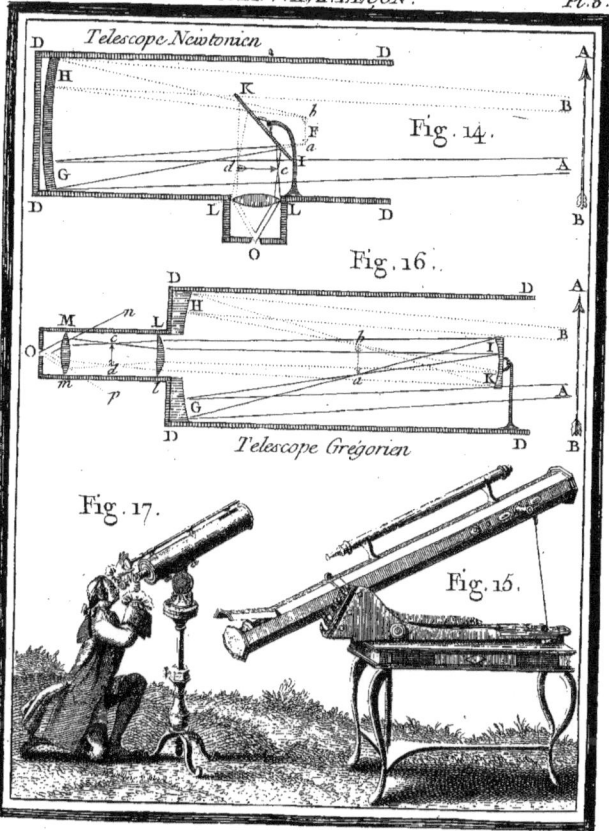

Telescope Newtonien

Fig. 14.

Fig. 16.

Telescope Gregorien

Fig. 17.

Fig. 15.

Dioptrique, le tuyau des oculaires doit fe tirer davantage, pour les objets qui font les moins éloignés.

Le télescope Grégorien que je viens de décrire, fait voir l'objet droit, puifque la derniére image *c d* que l'œil reçoit, eft dans la même fituation que *A B*. Il eft un peu moins clair que celui de Newton, parce qu'il y a deux verres, & que la lumiére fouffre d'autant plus de déchet, qu'elle a plus d'épaiffeur à traverfer. Mais à grandeurs égales, il groffit davantage; & bien des gens le préférent, parce qu'on place l'œil au bout, comme dans les lunettes de Dioptrique. Voyez la *Fig.* 17. qui repréfente un de ces inftrumens qui a 15 pouces de longueur; c'eft celui qui eft le plus en ufage maintenant pour les objets terreftres.

Microfcopes fimples & compofés.

On appelle *microfcopes*, tous les inftrumens qui nous font diftinguer les objets imperceptibles à la vûe fimple; ils nous aident à voir de près, comme les télefcopes pour regarder au loin : autant ceux-ci facilitent les

A a a iij

progrès de l'aſtronomie, autant ceux-là ſont avantageux à la Phyſique & à l'Hiſtoire naturelle ; ſans eux nous ſerions privés d'une infinité de découvertes & de connoiſſances utiles , par leſquelles ſe ſont illuſtrés les Borelli , les Hook , les Malpighi , les Lewenhoek , les Reaumur, & tant d'autres grands hommes, à qui ces nouveaux organes ont dévoilé les ſecrets de la nature.

Les microſcopes ſont ou ſimples ou compoſés. Les premiers ſont faits d'un petit corps tranſparent, de figure ſphérique ou lenticulaire, & ordinairement ce petit corps eſt du verre. Les autres ſont des aſſemblages de pluſieurs verres, par la combinaiſon & l'arrangement deſquels les images des objets ſont amplifiées , & préſentées d'une maniére commode à l'œil de l'obſervateur.

Si l'on veut conſidérer comme microſcope, tout ce qui augmente la grandeur apparente des corps qu'on regarde, il faut rapporter l'invention *du microſcope ſimple* au tems où l'on a commencé à connoître l'effet des verres lenticulaires, & c'eſt remonter au-

delà de 400 ans : mais comme ce nom
tient pour le moins autant à l'usage
qu'on a fait de cette espéce de verre,
qu'à sa figure & à la propriété qui en
résulte, je ne pense pas que cet instrument ait été connu comme tel,
avant le commencement du dernier
siecle ; car il me semble qu'on ne voit
point d'observations microscopiques,
qui ne soient postérieures à ce tems-
là (*a*). Quant aux *microscopes composés*, M. Hughens dit avoir appris de
témoins oculaires, que Drebbel son
compatriote, en faisoit à Londres en
1621 : Fontana, dans un Ouvrage qu'il
fit paroître en 1646, prétend avoir
fait de ces instrumens dès 1618 ; il
ne paroît pas que personne en ait fait
auparavant.

C'est un fait, que plus les lentilles transparentes sont petites & convexes, plus elles ont de force pour
grossir les objets : voilà pourquoi un
globule de verre fondu, au bout d'u-
ne aiguille à la bougie, ou une goutte d'eau enchâssée dans un trou rond

(*a*) François Stelluti publia en 1625. la
Description des parties des Abeilles, qu'il avoit
examinées avec une loupe de verre.

que l'on fait dans une petite lame de
plomb, fait un affez bon microfcope : on en comprendra la raifon, en
examinant ce qui fe paffe, quand on
regarde un petit corps au travers d'une
plus grande lentille ; & l'on fera peut-
être bien furpris de voir, que ce globule de verre & cette goutte d'eau
ne font pas microfcopes, en tant qu'ils
amplifient l'image de l'objet, mais
feulement parce qu'ils la font voir
plus clairement, & que le même objet vu par le même trou vuide, & à
la même diftance paroît auffi grand,
que quand on le regarde à travers la
goutte d'eau ou à travers le globule
de verre.

Suppofons l'œil placé en *C, Fig.*
18. vis-à-vis & tout près d'un très-
petit trou percé à jour dans une lame de métal *D D*, & qu'il regarde
par-là un objet placé à une petite diftance, il le verra diftinctement ; parce que, comme le trou eft fort petit,
l'œil ne peut recevoir de chaque point
vifible de l'objet qu'un rayon fimple,
pour ainfi dire, & non pas comme
d'ordinaire, un faifceau de rayons
divergens, qui ayent befoin d'un cer-

tain dégré de réfraction, pour se réunir justement sur la rétine; l'impression d'un seul rayon est toujours distincte. La grandeur apparente de l'objet sera aussi beaucoup plus grande ; car il sera apperçu sous l'angle *ACB* beaucoup plus grand que *ECF*, qu'on suppose être celui, sous lequel ce même objet pourroit être vu distinctement par le même œil, sans l'interposition de la lame trouée ; de sorte que si la distance de l'objet à l'œil qui regarde par le petit trou, est cent fois plus petite, que celle à laquelle il faut placer le même objet, pour le voir distinctement à vûe découverte & libre, on peut dire, que l'objet paroît alors cent fois plus grand, qu'on ne le voit ordinairement.

Mais qu'arrivera-t-il de plus, si au lieu de ce petit trou, nous supposons une lentille de verre *dd*, qui ait son foyer à la distance *ab* égale à *AB*? les rayons simples *ac*, *bc*, passeront de même à l'œil en traversant le verre, & l'angle visuel sera toujours *acb*, comme auparavant ; c'est-à-dire, qu'on verra l'objet de la même grandeur que par le petit trou ;

mais son image dans l'œil, sans être plus distincte, sera plus claire, parce qu'elle sera formée, non-seulement par les rayons simples *a c*, *b c*, &c. mais encore par des rayons collatéraux qui divergeant des mêmes points *a*, *b*, &c. se réfracteront dans la lentille, & en sortiront du côté de l'œil, par des lignes paralleles aux premiers *a b*, *b c*.

C'est par cette derniére raison, que les microscopes simples font mieux qu'un petit trou à jour ; mais leur pouvoir d'amplifier vient essentiellement, de ce que par leur moyen on peut voir distinctement, à une très-petite distance de l'œil. Si l'on veut donc sçavoir combien de fois grossit une lentille, il n'y a qu'à comparer la longueur de son foyer, avec la distance à laquelle on verroit distinctement l'objet, à la vûe simple ; si ces deux quantités, par exemple, font comme $\frac{1}{2}$ ligne & 8 pouces, on peut dire que la lentille grossit 192 fois, parce qu'une $\frac{1}{2}$ ligne est $\frac{1}{192}$ de 8 pouces.

Le microscope simple ne grossissant donc l'apparence des objets, qu'autant qu'ils font extrêmement

près de lui, & qu'il eſt lui-même
tout contre l'œil, ſon uſage eſt par-
là très-incommode, & même impraticable dans beaucoup d'occaſions,
parce qu'il y a quantité d'objets auxquels on ne peut pas l'appliquer, &
qu'il eſt toujours très-difficile d'é-
clairer ſuffiſamment ceux qu'on veut
examiner avec cet inſtrument. Ces
inconvéniens ont fait imaginer les
microſcopes compoſés, dont le
principal mérite eſt de faire preſqu'autant d'effet que le microſcope
ſimple, avec des lentilles d'un foyer
plus long ; ce qui les rend d'un uſage
plus étendu & plus facile, ſans compter, qu'avec ces inſtrumens on découvre d'un ſeul coup d'œil un plus
grand nombre de points viſibles.

Je n'examinerai point ici quelle eſt
la meilleure combinaiſon de verres
qu'on puiſſe employer, dans la com-
poſition du microſcope, ni la grandeur de ces verres, ni leur diſtances reſpectives ; je réſerve cette diſ-
cuſſion pour un autre ouvrage dont j'ai
déja parlé pluſieurs fois : il me ſuffira
de ſuivre ici à l'aide d'une figure, la
marche des rayons de la lumiére

dans un microscope à trois verres, c'est celui qui est aujourd'hui le plus en usage.

Soit donc un objet AB, placé un peu plus loin que le foyer de la lentille c, & suffisamment éclairé ; les rayons divergens qui partent de tous les points visibles, comme Ad, Ae, ou Bd, Be, & qui couvrent toute la surface antérieure de la lentille, après avoir souffert les réfractions ordinaires, deviennent émergens, par des lignes un peu convergentes ef, dg ; de sorte que, si rien ne les arrêtoit, ces faisceaux de rayons réunis formeroient une image renversée, à la distance E.

Mais ces jets de lumiére étant reçus par la lentille D, de divergens qu'ils étoient, deviennent convergens entr'eux ; & les rayons qui les composent, devenant plus convergens qu'ils ne l'étoient, se croisent & forment à peu de distance de-là, l'image renversée ab.

Cette image étant au foyer d'une troisiéme lentille F, les rayons divergens qui partent des points a, b, &c. en passant par ce verre, se disposent parallélement entr'eux, for-

ment des jets qui tendent à se réunir en *O* où se place l'œil, & font
voir l'image *ab*, sous l'angle *kOh*,
sans comparaison plus grand, que
AOB, qui est celui de la vûe simple.

Les plus grands avantages qu'on
puisse procurer à ces instrumens,
sont, d'être applicables à toutes sortes d'objets, d'être bien éclairés, &
de pouvoir être maniés commodément. Il seroit impossible & super-
flu de dire ici tout ce qu'on a tenté
jusqu'à présent, pour remplir ces conditions : chacun a varié la monture
du microscope, suivant son génie &
ses vûes ; la plûpart des Artistes, pour
en augmenter le prix, l'ont chargé
de tant de superfluités & d'ornemens
déplacés, qu'il faut pour s'en servir,
une étude particuliére, que peu de
gens veulent se donner la peine de
faire. Voici ce que j'y trouve d'essentiel.

Pour comprendre toutes sortes
d'objets, il faut que le microscope
puisse s'appliquer également à ceux
qui sont transparens, & à ceux qui
sont opaques. Il est donc à propos
pour les premiers, que l'instrument

puisse se tenir dans une situation à
peu près horisontale, afin que le jour
y entre, comme dans une lunette ;
ou, ce qui est encore mieux, qu'il y
ait à quelque distance sous la lentille
objective, un miroir qui s'incline à volonté, pour prendre la lumiére du
jour, ou d'une bougie, & la réfléchir sous l'objet qu'on observe. Quant
aux corps opaques, on les illumine
en rassemblant la lumiére dessus par
le moyen d'un miroir, ou d'un verre
lenticulaire disposé convenablement
pour cet effet.

La plus grande difficulté qui se
rencontre dans l'usage du microscope,
c'est de placer l'objet à la distance
précise, à laquelle il convient qu'il
soit de la lentille objective ; il faut
que cela se fasse par des mouvemens
très-aisés à mesurer, sur-tout quand
le verre est d'un foyer fort court ;
& c'est en quoi la plupart des Artistes réussissent le moins ; ou le plus
souvent, cet avantage est compensé
par des défauts qui en diminuent
bien le mérite. Ce qui s'est pratiqué
de mieux jusqu'à présent, ce sont
des vis bien faites, qui font des-

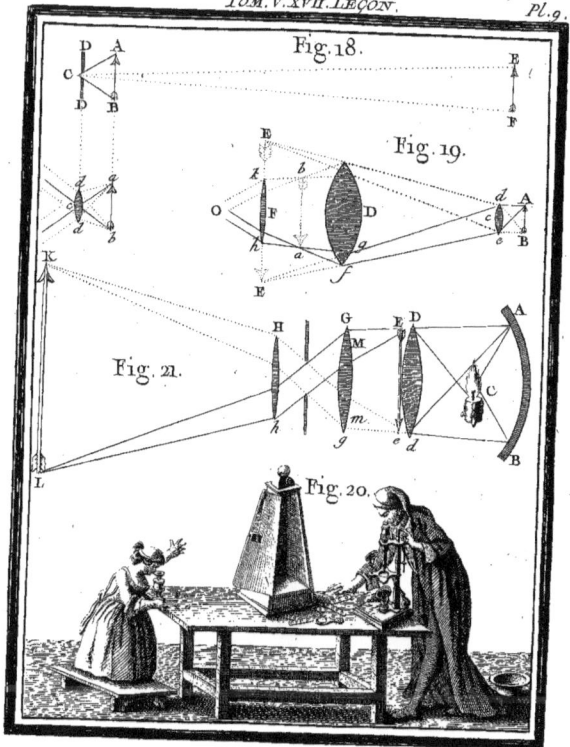

Fig. 18.

Fig. 19.

Fig. 21.

Fig. 20.

cendre & glisser également le corps
du microscope le long de son portant.

Un microscope qui n'auroit qu'une
lentille objective, ne pourroit servir
qu'à des objets d'une certaine grandeur ; il faut qu'il y en ait plusieurs
de différentes forces qu'on puisse placer successivement au bout du tuyau :
mais je trouve aussi, qu'il est inutile
d'en avoir un si grand nombre ; trois
ou quatre suffisent pour l'observateur
le plus exact & le plus occupé. Si
l'on est curieux de connoître la forme extérieure des microscopes dont
je me sers le plus, on peut jetter
les yeux sur la *Fig.* 6ᵉ. de la première
Leçon, *Tome I.* & sur la *Fig.* 20ᵉ, gra-
vée ci après.

Lanterne Magique, & Microscope Solaire.

LA Lanterne magique est un de
ces instrumens, qu'une trop grande
célébrité a presque rendu ridicules aux
yeux de bien des gens. On la pro-
mene dans les rues, on en divertit
les enfans & le peuple ; cela prouve,
avec le nom qu'elle porte, que ses
effets sont curieux & surprenans :

& parce que les trois quarts de ceux qui les voyent, ne font pas en état d'en comprendre les caufes, quand on les leur diroit, eft-ce une raifon pour fe difpenfer d'en inftruire les perfonnes qui peuvent les entendre ? Si le grand Newton s'eft occupé férieufement à fouffler des globes creux, avec de l'eau chargée de favon; n'eft-ce point une leçon qui nous apprend, qu'aux yeux d'un Philofophe rien ne doit paroître puérile, quand on en peut tirer des inftructions ?

Nous tenons la Lanterne magique du Pere Kirker, Jéfuite Allemand, qui joignoit à un grand, fçavoir une fagacité finguliére, & un génie fort inventif. La propriété de cette machine eft de faire paroître en grand, fur une muraille blanche, ou fur une toile tendue dans un lieu obfcur, des figures peintes en petit, fur des morceaux de verre mince, & avec des couleurs bien tranfparentes.

Pour cet effet, on éclaire fortement par derriére le verre peint, qu'ont peut appeller *porte-objets*, & l'on place par-devant, à quelque

diftance

distance l'un de l'autre, deux verres
lenticulaires qui raffemblent fur la
toile, ou fur la muraille, les rayons
divergens qui partent de chaque
point de l'objet, & qui laiffent diverger entr'eux, tous les pinceaux de lumiére formés par ces rayons : rendons ceci fenfible par une figure.

A B, *Fig.* 21. eft un miroir concave
de métal ou de glace. *C*, eft la flamme d'une très-groffe chandelle, ou
d'une lampe, placée un peu plus près
du miroir, que le foyer des rayons
paralleles. *D d* eft un verte convexe
des deux côtés, & plus large que le
porte-objet *E e*, qui eft immédiatement après. A quelque diftance de-
là eft un autre verre lenticulaire *G g*;
& un peu plus loin encore, un autre
moins convexe *H h*, & un peu moins
large.

Ces deux derniers verres font mobiles dans un gros tuyau, afin qu'on
puiffe les éloigner & les approcher
l'un de l'autre, autant qu'il eft néceffaire pour rendre l'image diftincte fur la toile. Ce tuyau eft attaché
au-devant d'une boîte quarrée dans
laquelle on renferme le miroir, le

Tome V. Bbb

lampe & le premier verre lenticulaire ; de sorte qu'il ne passe de lumière dans la chambre, que celle qui vient au travers du verre peint. Tout étant ainsi disposé, si la figure qui est peinte se trouve renversée, comme *E e*, elle paroît sur la muraille amplifiée & droite comme *K L.*

On produit le même effet, & d'une manière beaucoup plus belle, en faisant tomber derrière le verre peint, un gros rayon solaire, par le moyen d'un miroir placé en dehors d'une fenêtre ; mais afin que cette lumière se distribue plus également, il faut mettre un morceau de papier huilé en place du verre convexe *D*, qui doit être supprimé, ainsi que la lampe & le miroir concave.

L'objet *E e* étant transparent & fortement illuminé par derrière, laisse passer dans la chambre, par tous les points visibles de sa surface, des faisceaux de rayons divergens, comme *E M*, *e m*, lesquels faisceaux sont inclinés entr'eux vers le verre lenticulaire *G g*. Ce verre produit deux effets : il augmente la convergence des faisceaux, qui se croisent bientôt après, & il diminue jusqu'au parallélisme, la divergence des rayons qui les composent. Enfin toute cette lumiére passant encore à travers la lentille *H h*, les faisceaux continuent de diverger entr'eux, & les rayons dont ils sont formés, se rassemblent dans des points *K*, *L*, &c. sur la muraille ou sur la toile ; & comme ces faisceaux de lumiére se sont croisés entre les deux verres lenticulaires *G g*, *H h*, ils tracent l'image en sens contraire de l'objet d'où ils sont partis. Pour rendre l'image plus distincte, on met entre les deux verres *G*, *H*, où les rayons se croisent, un anneau de bois ou de carton, dont l'ouverture est telle, qu'elle ne laisse passer que la lumiére nécessaire, & réguliérement réfractée par la lentille *G*. Voyez la *Fig.* 22. qui représente toute la machine & son effet dans l'obscurité.

Ordinairement les verres peints qui servent d'objets aux Lanternes magiques, sont des bandes qui ont 8 ou 10 pouces de longueur, & que l'on fait glisser par une coulisse pratiquée auprès du verre *D d*, à l'endroit où est attaché le tuyau qui porte les deux

lentilles Gg, Hh, & ces bandes de verre font fimples. Mais dans un voyage que je fis en Hollande en 1736, M. Mufchenbroek m'en fit avoir d'autres que je trouvai bien imaginés, en ce que les figures y ont des mouvemens qui femblent les animer. L'une eft un moulin à vent, dont les aîles tournent : l'autre eft une femme qui fait la révérence en paffant : dans un autre, c'eft une mâchoire qui fe meut, ou un cavalier qui ôte fon chapeau, & qui le remet, &c. On peut voir dans les Effais de Phyfique de M. Mufchenbroek, * comment toutes ces petites manœuvres s'exécutent ; je dirai feulement en général, que cela fe fait par le moyen de deux morceaux de verre, dont l'un enchâffé dans un morceau de planche percée à jour, porte une partie de la figure, & l'autre placé par-deffus, & qui n'eft chargé que de la partie mobile, fe met en mouvement par le moyen d'un cordon, ou d'une petite regle qui gliffe dans une couliffe, pratiquée dans l'épaiffeur de la planche.

* P. 623.
in-4°.

En 1743, il nous vint de Londres

un nouvel instrument d'optique sous
le nom de *microscope solaire* inventé, peu de tems auparavant, par M. Lié-berkuyn de l'Académie Royale des Sciences de Berlin ; c'est à proprement parler, une lanterne magique, éclairée par la lumiére du Soleil, & dont le porte-objet, au lieu d'être peint, n'est qu'un petit morceau de verre blanc, que l'on charge d'une goutte de liqueur dans laquelle il y a des insectes, de quelques poussieres, ou autres corpuscules transparens : il y a encore cette différence, (qui n'est point essentielle) qu'au lieu des deux lentilles *G*, *H*, *Fig.* 21. il n'y en a qu'une, d'un foyer fort court.

Supposez donc une chambre bien fermée & bien obscure, qui ait une fenêtre au midi, ou à peu près, qu'il y ait un trou au volet, pour introduire un gros rayon du Soleil par le moyen du miroir *A B*, *Fig.* 23. placé en dehors ; qu'au trou de la fenêtre, soit ajusté un tuyau garni d'une lentille de verre *C*, dont le foyer soit à 8 ou 9 pouces de distance. Le petit verre *D* qui porte l'objet étant placé dans ce jet de lumiére vive, si l'on approche la lentille *E*, de maniére que le porte-objet ſoit un peu plus loin que ſon foyer, tout ce qui eſt deſſus paroît prodigieuſement amplifié ſur une muraille, ou ſur une toile blanche élevée verticalement, à 10 ou 12 pieds de diſtance vers le fond de la chambre ; & ce qu'il y a de ſingulier, c'eſt que les images ſont diſtinctes à toutes ſortes de diſtances de la lentille.

Pour bien entendre la raiſon de cet effet, il faut ſçavoir que la lentille E eſt couverte du côté de l'objet, avec une petite lame de plomb mince, qui n'a d'autre ouverture qu'un trou percé au milieu, comme celui que pourroit faire une épingle ; cela, fait que les jets de lumiére qui partent des différens points de l'objet, & qui viennent ſe croiſer dans ce petit trou, reſtent dans toute leur longueur, comme des rayons ſimples & fort vifs : ils ſont capables par ces deux raiſons, de tracer diſtinctement les images à différentes diſtances ; & parce qu'ils ſe ſont croiſés dans la lentille, ils peignent ſur le haut de la toile, ce qui eſt placé en bas ſur le petit verre blanc qui porte les objets.

Le microfcope folaire eft encore plus curieux & plus intéreffant que la lanterne magique. Une puce écrafée fur le porte-objet, fe voit groffe comme un mouton ; les pouffiéres de papillon reffemblent à des feuilles d'œillet ; un cheveu paroît gros comme un manche à ballet ; & les plus petits infectes, qu'on puiffe faifir avec la pointe d'une aiguille dans les eaux croupies, fe préfentent avec des formes & des variétés qu'on ne fe laffe point d'admirer : mais rien n'eft fi beau que la circulation du fang, obfervée avec cet inftrument dans le méfentere d'une petite grenouille, ou dans la queue d'un teftard ; on diroit voir une carte de Géographie, dont toutes les riviéres feroient animées par un écoulement réel.

Mais comme l'objet eft au foyer d'un verre convexe, il peut y être expofé à un dégré de chaleur qui le deffeche trop vîte, ou qui le faffe périr ; quand on craint cet accident, il faut couvrir une partie du verre lenticulaire, ou placer l'objet un peu plus près, ou un peu plus loin que le vrai foyer.

XVII. Leçon.

Dès les premieres épreuves que je fis du microſcope ſolaire, il me parut propre à étendre les progrès de l'Hiſtoire Naturelle, par la facilité qu'il donne de voir en grand, & de deſſiner certaines parties des animaux & des végétaux, qui peuvent acquérir une tranſparence ſuffiſante, par la macération ou autrement. Mais cet inſtrument, tel qu'il m'eſt venu d'Angleterre me laiſſoit quelque choſe à déſirer : il n'étoit pas d'un uſage commode pour toutes ſortes d'objets, & il étoit d'un prix aſſez haut, pour faire craindre que tous ceux qui ſeroient en état de s'en ſervir utilement, ne puſſent l'acquérir ſans s'incommoder. Je m'appliquai donc à ſimplifier ſa conſtruction, & à la rendre telle cependant, qu'on pût examiner tout ce qu'on voudroit : celui qui eſt repréſenté par la *Fig.* 24. a ce dernier avantage ; & l'ouvrier qui les fait & qui les débite, ne les vend que quarante - huit livres, argent de France (*a*).

(*a*) Je dois avertir ici que depuis la premiére Edition de ce volume, j'ai remarqué que ces inſtrumens dont toutes les piéces étoient de bois

A B C,

A B C Fig. 24. eſt une planche quarrée, dont chaque côté a 7 à 8 pouces. Elle eſt percée aux quatre coins, pour recevoir 4 vis, avec leſquelles on l'attache ſur le volet de la fenêtre, où il y a un trou rond de 5 à 6 pouces de diamétre.

Au milieu de cette planche qui fait partie du volet, quand elle y eſt attachée, eſt un trou rond dans lequel tourne librement le tuyau *D*, qui porte à l'une de ſes extrêmités le cercle de bois plat *E e*.

Ce cercle eſt percé au milieu, pour recevoir un verre lenticulaire qui a près de deux pouces de diamétre, & 9 pouces de foyer; & ſur les bords ſont fixées deux régles de métal *F f*, qui porte en avant le miroir *G g*.

Ce miroir, qui eſt en dehors de la fenêtre, & qui ſert à jetter la lumiére du Soleil ſur le verre lenticulaire dont je viens de parler, peut ſe tourner à droite ou à gauche avec le tuyau *D*, & s'incline plus ou moins quand on tire, ou quand on pouſſe

perdoient quelquefois la liberté de leurs mouvemens, j'ai mieux aimé augmenter la dépenſe d'un tiers pour les rendre plus ſolides.

la petite lame *H*, qui répond dans la chambre; de forte que par ces deux mouvemens, on peut toujours le préfenter convenablement au Soleil, pour faire tomber la lumiére de cet aftre dans la direction du tuyau *D*.

K eft un autre tuyau qui gliffe dans le premier, & au bout duquel eft fixée une petite platine de bois dur, ou de buis, au centre de laquelle il y a un trou rond de 4 à 5 lignes de diamétre, & au-deffous, une efpéce de pince plate, dans laquelle s'engage le verre qui fert de porte-objet; de maniére, que ce que l'on a deffein de voir, fe trouve vis-à-vis du trou, & que le trou, lorfqu'on fait avancer le tuyau, fe met lui-même au foyer du grand verre convexe.

La platine de bois dont je viens de parler, a une queue qui porte deux petits bouts de tuyau de cuivre qui font reffort, & dans lefquels gliffent deux petites tiges d'acier, aux bouts defquelles eft fixé le porte-lentille *I*; ainfi, en appuyant doucement avec le doigt, on fait approcher la lentille de l'objet, autant qu'il eft néceffaire, pour voir diftinctement les ima-

ges, sur la toile qui est au fond de
la chambre.

Cette construction a cela de commode, qu'on peut placer l'objet tout
à son aise, & appercevoir quand le
rayon solaire tombe en plein sur le
petit trou de la lame de plomb qui
couvre la lentille : ce qui met l'usage de cet instrument à la portée de
tout le monde.

Voilà quels sont les instrumens
d'optique les plus connus & les plus
usités. Ce que j'en ai dit ne suffiroit
pas sans doute, pour quiconque voudroit les construire ou les perfectionner : dans cet Ouvrage qui est purement élémentaire, j'ai cru devoir
me borner au seul dessein d'en faire
comprendre les effets.

Fin du cinquiéme Volume.

Cccij

TABLE
DES MATIERES.
Contenues dans ce Volume.

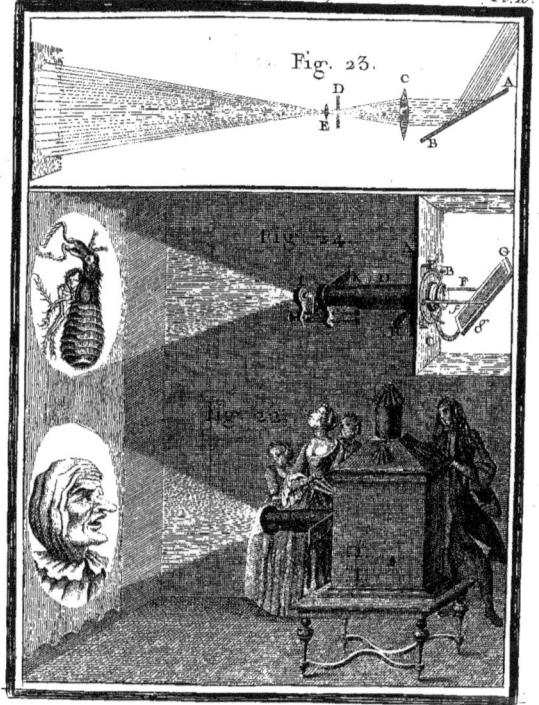

Fig. 23.

PREMIER CAS.

SECOND CAS.

TROISIEME CAS.

XVII. LEÇON.

Suite des Propriétés de la Lumiére.

III. SECTION.

*De la lumiére décomposée, ou de la nature
des Couleurs.*

IV. SECTION.

Sur la vifion & fur les inftrumens d'Optique.

Fin de la Table des Matiéres du Tome cinquiéme.

Le *Privilege est dans les précédens Volumes.*

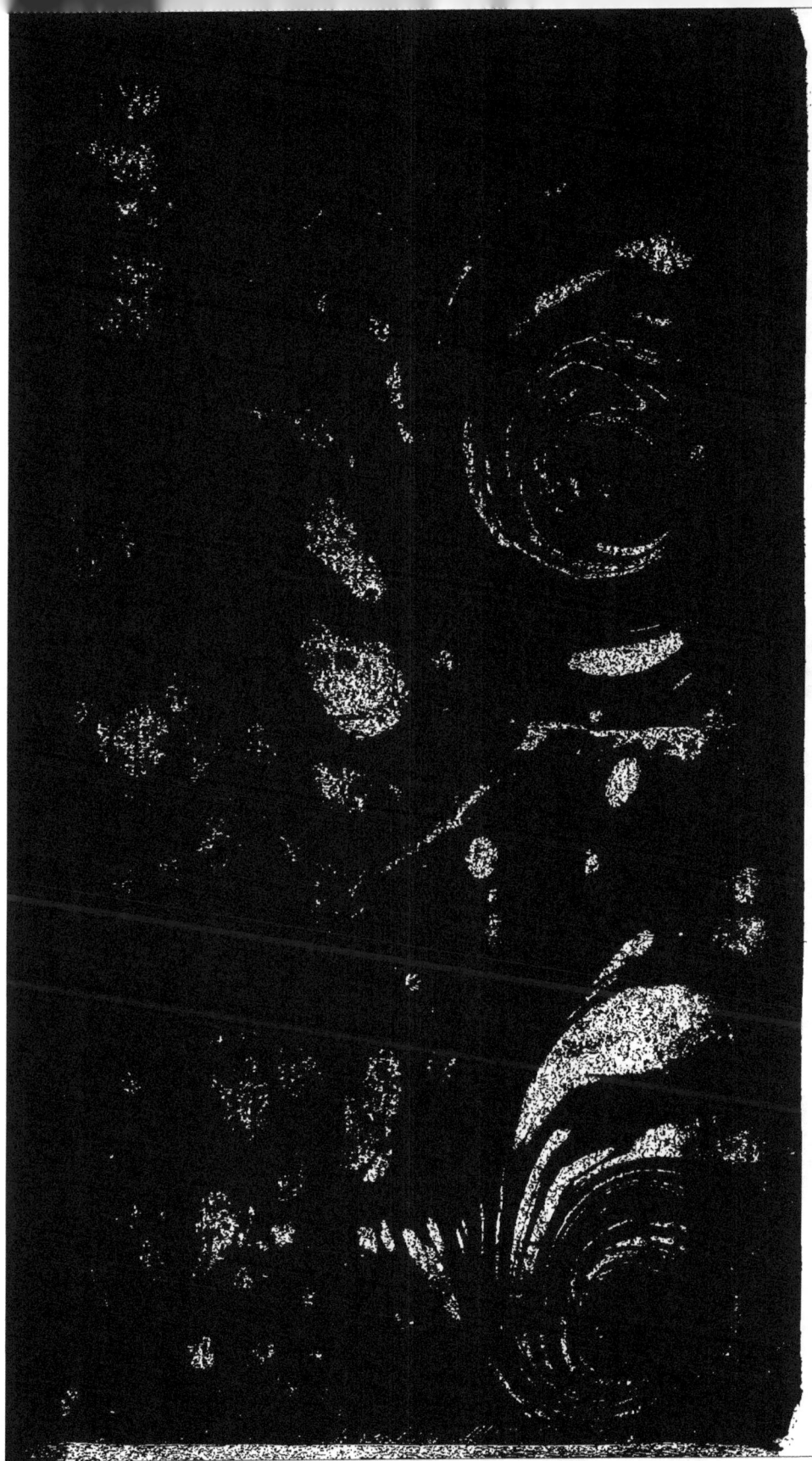

LEÇONS
DE
PHYS...

www.ingramcontent.com/pod-product-compliance
Lightning Source LLC
Chambersburg PA
CBHW031452210326
41599CB00016B/2200